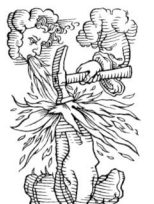

Günter Engel / Paul Herrling (Hg./Eds)

GRENZGÄNGE – ALBERT HOFMANN ZUM 100. GEBURTSTAG

EXPLORING THE FRONTIERS – IN CELEBRATION OF ALBERT HOFMANN´S 100TH BIRTHDAY

Schwabe Verlag Basel

Publiziert mit Unterstützung der Novartis Pharma AG, Basel
Published with the support of Novartis Pharma AG, Basel

Von dieser Publikation erscheinen eine in Leder gebundene Luxusausgabe,
nummeriert von 1 bis 20, und eine in Leinen gebundene Vorzugsausgabe,
nummeriert von 21 bis 200; diese Ausgaben sind nicht im Handel erhältlich.
Auflage der Normalausgabe: 1300

Limited editions of this publication have been produced, which are
not commercially available: a leather-bound deluxe edition (numbered from 1 to 20)
and a linen-bound special edition (numbered from 21 to 200).
Standard edition: 1300 copies

Fotografie Umschlag/Cover photograph: Rolf Verres
(Albert Hofmann auf der Rittimatte/Albert Hofmann in Rittimatte, 1989)
Übersetzungen ins Englische/English translation: Jeff Acheson
Gestaltung/Design: Karl Leiner
Satz/Composition: Urs Stöcklin
Gesamtherstellung/Production: Schwabe AG, Druckerei, Muttenz/Basel
Printed in Switzerland
ISBN-13: 978-3-7965-2210-9
ISBN-10: 3-7965-2210-6

www.schwabe.ch

Inhalt / Content

Zum Geleit

Dieses Buch ist als eine Festschrift eigener Art einer einzigartigen Persönlichkeit gewidmet: Albert Hofmann als Menschen und Wissenschaftler. Seine Freunde haben die Beiträge zu seinem hundertsten Geburtstag am 11. Januar 2006 verfasst.

Auf der Suche nach ehemaligen Mitarbeitern Albert Hofmanns in der Firma Novartis fanden wir Werner Huber, der vor nunmehr vierzig Jahren als Chemielaborant in seine Abteilung bei Sandoz eintrat und sich nun mit grosser Freude bereit erklärt hat, über seine erste Begegnung mit ihm bis hin zu den gemeinsamen Exkursionen zur Schmetterlingsbeobachtung zu berichten.

Einige der anderen Autoren traten in die Firma Sandoz, später Novartis, ein, als Albert Hofmann schon im Ruhestand auf der Rittimatte lebte. Seine veröffentlichten Studien, Monografien und Interviews, aber auch persönliche Mitteilungen, die uns in Erinnerung blieben oder für die sich Niederschriften vorfanden, dienten uns als Quelle. So ist ein abgerundetes Bild entstanden, das jedoch keineswegs den Anspruch erhebt, eine biografische Darstellung im strengen Sinne zu sein. Es soll vielmehr Momentaufnahmen aus einem überaus reichen Leben wiedergeben. Wir hoffen, damit interessierten Lesern die Möglichkeit zu eröffnen, einen näheren Blick auf einzelne Etappen von Hofmanns wissenschaftlicher Karriere und persönlichem Werdegang zu werfen.

Günter Engel und Rudolf Giger zeigen auf, wie Albert Hofmann forschte, welche Arzneimitteln er durch Abwandlung von Naturstoffen entwickelte und wie er zu der grossen Erfindung von LSD gelangte, die ihn in der ganzen Welt bekannt machte. Frank Petersens auf die Naturstoffforschung bei Sandoz, Ciba und Novartis fokussierter Beitrag beleuchtet den Kontext, in dem Hofmann tätig war.

Als geradliniger Charakter verfolgte Albert Hofmann seine Ziele stets konsequent und mutig, als Forscher ebenso wie in der Zeit nach seiner aktiven medizinalchemischen Tätigkeit. Zwei seiner engen Freunde, Rolf Verres und Volker Biesenbender, haben faszinierende Darstellungen seiner philosophischen Gedanken und Weltsicht im Zusammenhang mit seiner Biografie beigesteuert.

Es ist oft so, dass die Geschichte einer Krankheit älter ist als die Kenntnis ihrer Ursache. Das trifft auch auf das Mutterkorn und die Mutterkornvergiftungen zu. Albert Hofmann hat einen wesentlichen Beitrag dazu geleistet, dass aus dem Gift ein Heilmittel wurde. Günter Engels Untersuchung über die Bedeutung von Mutterkorn in der Medizin- und Kunstgeschichte vervollständigt die in diesem Buch vorgestellten «Grenzgänge».

Die Herausgeber   Dr. Günter Engel und Professor Paul Herrling

Preface

This book, a *Festschrift* of a special kind, is dedicated to a unique personality: Albert Hofmann, the scientist and the man. The contributions have been written by his friends in celebration of his hundredth birthday, which falls on 11 January 2006.

As we cast around within Novartis for former coworkers of Albert Hofmann, we came upon Werner Huber, who joined his department at Sandoz as a chemical laboratory technician some forty years ago. He was delighted to provide an account of their first meeting and, from the more recent past, of the two men's butterfly-watching expeditions.

Some of the other authors joined Sandoz (subsequently Novartis) much later, when Albert Hofmann was already enjoying his retirement at his home in Rittimatte. Drawing on his published studies, monographs and interviews, as well as various personal recollections and records, we have produced a fully rounded portrait, but not one that is intended to serve as a formal biography. Instead, our aim is to offer snapshots from a richly diverse life. We hope that this will encourage interested readers to take a closer look at the individual stages of Hofmann's scientific career and personal development.

Günter Engel and Rudolf Giger describe Albert Hofmann's research, the pharmaceuticals he created by modifying natural substances, and the background to his major discovery – that of LSD, which made him a world-renowned figure. Frank Petersen's historical overview of Natural Products Research at Sandoz, Ciba and Novartis places Hofmann's activities in a broader context.

A man of upright character, Albert Hofmann has always pursued his goals resolutely and courageously, both in his research and in the period that followed his active career in medicinal chemistry. Fascinating discussions of how Hofmann's philosophical reflections and worldview were shaped by his experiences are contributed by two of his closest friends, Rolf Verres and Volker Biesenbender.

Very often, the history of a disease is older than the knowledge of its cause. This is true of ergot poisoning and ergot. Albert Hofmann made a vital contribution to the transformation of this substance "from toxin to therapeutic agent". An investigation by Günter Engel of the significance of ergot in the history of medicine and art rounds off the "frontier explorations" presented in this collection.

The Editors   Dr. Günter Engel and Professor Paul Herrling

Die Arbeiten von Dr. Albert Hofmann auf dem Gebiet der Mutterkornalkaloide und deren Einfluss auf die Medikamentenentwicklung der Firma ehemals Sandoz, heute Novartis

Günter Engel und Rudolf Giger

Die vorliegende Arbeit versucht das medizinalchemische Werk von Albert Hofmann zu würdigen. Wir konzentrieren uns dabei auf die verschlungenen Wege, die Hofmann zu gehen wagte, um aus Mutterkornalkaloiden innovative Medikamente herzustellen.

Es sei in Erinnerung gerufen, dass das Mutterkorn *(Secale cornutum)* das Sklerotium eines Fadenpilzes darstellt, der auf Roggenähren wächst (Abb. 1). Seit dem frühen Mittelalter wurde Mutterkorn von Hebammen zur Beschleunigung der Geburt – daher der Name Mutterkorn – benutzt. 1907 gelang es den englischen Chemikern George Barger und Francis Howard Carr, ein auf die Gebärmutter wirkendes Alkaloid zu isolieren. Dieses wies toxische Nebenwirkungen auf und erhielt den Namen Ergotoxin. In der Medizin fand es keine Anwendung.

Hofmanns Vorgesetzter Professor Arthur Stoll, der Begründer der Pharmaabteilung der vormaligen Farbenfirma Sandoz, hatte auf der fortgesetzten Suche nach dem uterusaktiven Prinzip des Mutterkorns 1918 ein Alkaloid aus Mutterkorn extrahiert und aufgereinigt, das er Ergotamin nannte (Abb. 6, siehe auch den Beitrag von Frank Petersen in dieser Publikation). Ergotamin zeigte ausser seiner Wirkung auf die Gebärmutter auch vegetative und das Zentralnervensystem dämpfende Wirkungen und wurde unter der Markenbezeichnung Gynergen® in der Geburtshilfe zur Stillung von Nachgeburtsblutungen und in der inneren Medizin als Migränemittel eingeführt.

Dr. Albert Hofmann trat 1929 als einer der ersten Chemiker in die chemische Abteilung von Professor Arthur Stoll ein. Zu Beginn seiner industriellen Tätigkeit erforschte er die Wirkstoffe der Meerzwiebel *(Scilla maritima)*. Diese Arbeiten schloss er mit der Strukturaufklärung des Grundbausteins dieser Stoffklasse ab.

1932 stellte der englische Frauenarzt Chassar Moir fest, dass ein wässriger Extrakt aus Mutterkorn ebenfalls eine starke Kontraktion des Uterus hervorrief. Es konnte kein Ergotamin sein, da dieses wasserunlöslich war. Von drei unabhängigen Forschergruppen, darunter eine bei Sandoz, wurde wenige

Dr. Albert Hofmann's work on ergot alkaloids and its influence on the development of pharmaceuticals at Sandoz – a predecessor company of Novartis

Günter Engel and Rudolf Giger

In this paper, we seek to pay tribute to Albert Hofmann's work in medicinal chemistry, focusing on the tortuous paths that Hofmann ventured along in his efforts to produce medically valuable pharmaceuticals from ergot alkaloids.

It may be recalled that ergot (*Secale cornutum*) is the sclerotium of a filamentous fungus that infects ears of rye (fig. 1). From the early Middle Ages, ergot was used by midwives as an agent to hasten childbirth during labour, hence its German name *Mutterkorn*. In 1907, the British chemists George Barger and Francis Howard Carr managed to isolate an alkaloid that acts on the uterus. As it had toxic side effects, they named the alkaloid ergotoxine. This substance was not used in medicine.

The search for the uterotonic principle of ergot continued. In 1918, Hofmann's superior, Professor Arthur Stoll (the founder of the pharmaceutical division of Sandoz, originally a dye-making company), extracted and purified an ergot alkaloid which he named ergotamine (see fig. 6 and cf. Frank Petersen's contribution to this publication). As well as acting on the uterus, ergotamine showed autonomic and CNS-depressant effects. Under the trade name of Gynergen®, ergotamine was used in obstetrics to control postpartum bleeding, and in internal medicine to treat migraine.

In 1929, Dr. Albert Hofmann was one of the first chemists to join Professor Arthur Stoll's chemical department. At the beginning of his industrial career, Hofmann worked in the field of cardiac glycosides derived from squill (*Scilla maritima*). He completed this research by elucidating the structure of the building block fundamental to this class of substances.

In 1932, the British obstetrician and gynecologist Chassar Moir discovered that an aqueous extract of ergot also exhibited strong uterotonic effects. The agent could not be ergotamine, as this substance is not soluble in water. A few years later, the uterotonic alkaloid in question was isolated by three independent groups of researchers, including a Sandoz team; the substance was named ergobasine at Sandoz and ergometrine in Great Britain (fig. 2).

Abb. 1: Erster Mutterkornextraktor aus dem Jahre 1920. Vorrichtung zum Herauslösen des Wirkstoffs Ergotamin aus dem pflanzlichen Substrat. Zu diesem Zeitpunkt schien das Mutterkornproblem gelöst, denn der reine, auf die Gebärmutter wirkende Stoff war isoliert. Die Mutterkornforschung ruhte nun bis 1932.

Detail
Mutterkornzapfen auf Roggenähre.

Fig. 1: First ergot extractor, dating from 1920: a device used for extracting the active substance ergotamine from the fungus. At this point, the ergot "problem" (isolation and identification of the pure uterotonic substance) appeared to have been solved. Ergot research was therefore neglected until 1932.

Detail
Ergot on ears of rye.

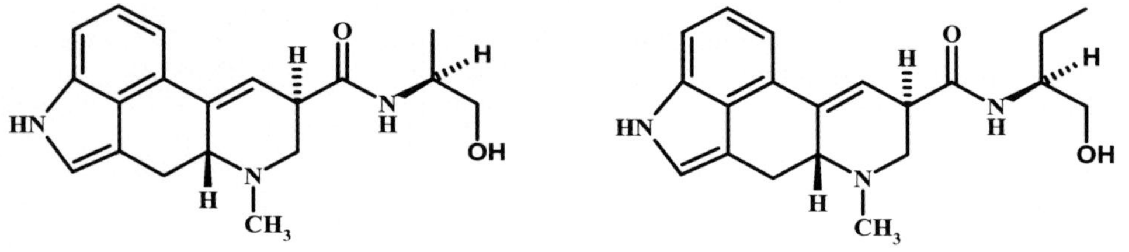

Abb. 2: Ergobasin/Ergometrin und Methylergometrin (Methergin®).

Fig. 2: Ergometrine/ergobasine and methylergometrine (Methergine®).

Jahre später das uterotone Alkaloid isoliert, das bei Sandoz als Ergobasin, in England als Ergometrin bezeichnet wurde (Abb. 2).

1935 erbat sich Hofmann von Professor Stoll die Erlaubnis, auf das Mutterkorngebiet überzuwechseln, und schlug eine Teilsynthese von Ergobasin vor. Die Synthese von Ergobasin versprach in zweierlei Hinsicht von Vorteil zu sein. Erstens wäre dadurch die Substanz, die im Mutterkorn nur in sehr kleinen Mengen vorhanden ist, rationeller herzustellen. Zweitens liesse sich mit einer Synthese die vorgeschlagene Struktur beweisen. Ausgangsmaterial war die Lysergsäure, die am einfachsten durch Hydrolyse von Ergotamin (Abb. 6) in die freie D-Lysergsäure (Abb. 3) und den zyklischen Peptidrest gewonnen wurde. Die Ergobasinsynthese bestand in der Verknüpfung der Lysergsäure mit Propanolamin. Damit war Hofmann die erste Synthese eines natürlichen Mutterkornalkaloids gelungen. Nach der Isolation des Ergotamins war damit ein zweiter Meilenstein in der Mutterkornforschung erreicht.

Mit dieser Synthesemethode konnte eine ganze Anzahl verwandter Strukturen des natürlichen Alkaloids hergestellt werden, von denen zwei in den Arzneimittelschatz eingegangen sind: das Lysergsäurebutanolamid oder Methylergometrin (das um eine Methylgruppe vergrösserte Ergometrin bzw. Ergobasin) mit dem Markennamen Methergin® (Abb. 2) und das Lysergsäurediethylamid (Abb. 4).

Das Methylergobasin übertraf in seinen pharmakologischen Eigenschaften noch das natürliche Alkaloid, da es schneller und stärker uteruskontrahierend war, ohne vasokonstriktorisch zu sein. Methergin® (Methylergobasin/Methylergometrin) wurde zur Stillung der Nachgeburtsblutungen in der Geburtshilfe eingeführt. Damit war das ursprüngliche Ziel der Mutterkornforschung, nämlich das auf die Gebärmutter wirkende Prinzip in reiner und genau dosierbarer Form zur Verfügung zu stellen, erreicht.

Die zweite von Hofmann hergestellte Verbindung, das Lysergsäurediethylamid (LSD, Abb. 4), war wohl die am stärksten öffentliches Aufsehen

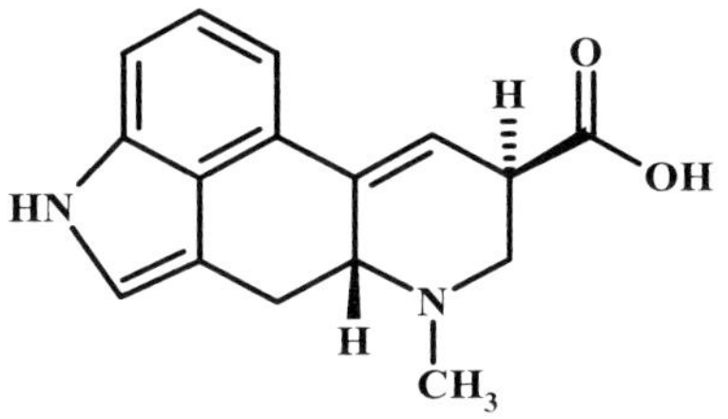

Abb. 3: D-Lysergsäure.

Fig. 3: D-lysergic acid.

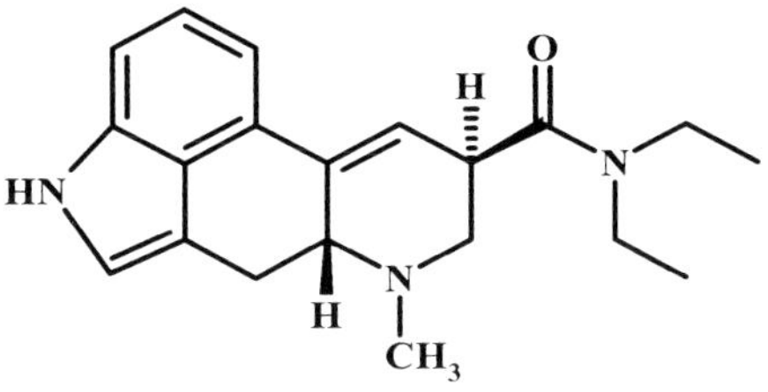

Abb. 4: LSD, Lysergsäurediethylamid.

Fig. 4: Lysergic acid diethylamide (abbreviated as LSD, from its German name).

In 1935, Hofmann sought permission from Professor Stoll to switch over to the ergot field, proposing to attempt the partial synthesis of ergobasine. The synthesis of ergobasine could prove advantageous in two respects. Firstly, it would permit more rational production of this substance, of which only very small quantities were to be found in ergot. Secondly, synthesis would provide proof of the proposed structure. The starting material was lysergic acid, which was most readily obtained by hydrolysis of ergotamine (fig. 6), yielding free D-lysergic acid (fig. 3) and the cyclic peptide residue. The synthesis of ergobasine resulted from combining lysergic acid with propanolamine. Thus, the first synthesis of a natural ergot alkaloid was achieved by Hofmann. This represented – after the isolation of ergotamine – the second significant milestone in ergot research.

With this method of synthesis, it was possible to produce a whole series of structures related to the natural alkaloid. Two of these structures were used medicinally: lysergic acid butanolamide or methylergometrine (i.e., ergometrine with the addition of a methyl group, fig. 2) and lysergic acid diethylamide (fig. 4).

The pharmacological properties of methylergometrine surpassed those of the natural alkaloid, as it stimulated uterine contractions more rapidly and potently without producing vasoconstriction. Methergine® (methylergobasine/methylergometrine) was introduced to control postpartum bleeding in obstetrics. This marked the attainment of the original goal of ergot research, namely to make the specific uterotonic agent available to obstetricians in a pure form, permitting precise dosage.

The second compound produced by Hofmann, lysergic acid diethylamide (LSD, fig. 4), was surely the most sensational of all the compounds ever synthesized in Basel (cf. Frank Petersen's contribution to this publication). The legendary story of its discovery and the initial experiments in humans is vividly recounted by Hofmann in his book *LSD – mein Sorgenkind* [2]. Under the

erregende Verbindung, die je in Basel synthetisiert wurde (siehe den Beitrag von Frank Petersen in dieser Publikation). Die phantastische Entdeckungsgeschichte und die ersten Prüfungen am Menschen schildert Hofmann sehr anschaulich in seiner Monografie *LSD – mein Sorgenkind* [2]. Unter dem Namen Delysid® wurde LSD zehn Jahre lang erfolgversprechend klinisch als pharmakologisches Hilfsmittel in der Psychoanalyse untersucht. Allerdings stiess LSD nicht nur bei Psychiatern auf lebhaftes Interesse, da die von ihm erzeugten Visionen den Weg ins Unbewusste des Patienten zu öffnen vermögen, sondern wurde auch zur bevorzugten Droge der Hippies und anderer Subkulturen. Mitte der sechziger Jahre erreichte der LSD-Missbrauch seinen Höhepunkt, und die Substanz wurde auf die Liste der Rauschmittel gesetzt. Die Zweckmässigkeit und der Erfolg der medikamentösen Unterstützung von Psychoanalyse und Psychotherapie durch LSD sind in Fachkreisen bis heute umstritten.

Als weit wichtiger für den Erfolg der Pharmafirma Sandoz sollte sich die Hydrierung der Ergotalkaloide erweisen.

Im Jahre 1943 zeigten Stoll und Hofmann, dass das schon lange bekannte Ergotoxin nicht ein einheitliches Mutterkornalkaloid, sondern ein variables Gemisch aus den drei Alkaloiden Ergokristin, Ergokornin und Ergokryptin darstellt (Abb. 5). Hofmann gelang die Hydrierung, das heisst die katalytische

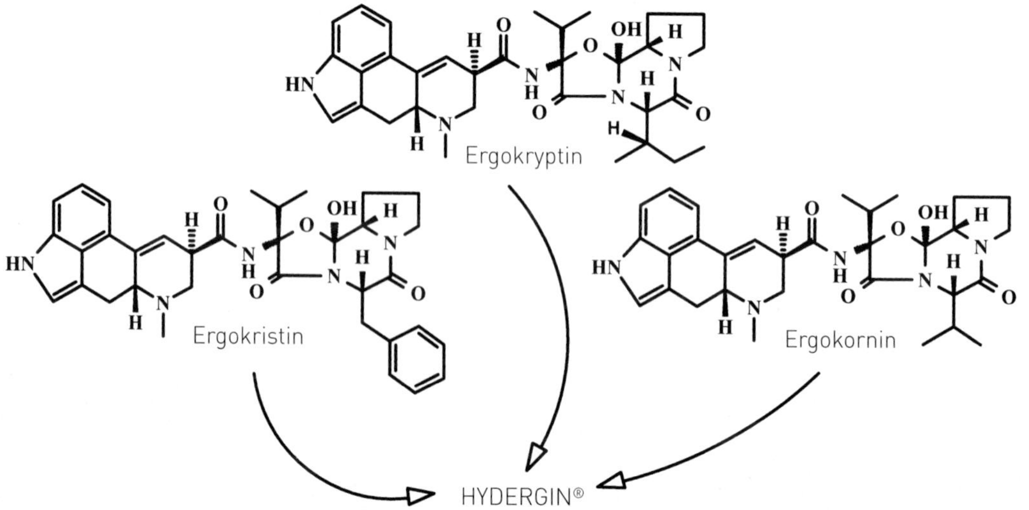

Abb. 5: Durch Hydrierung von Ergotoxin (einem Gemisch von Ergokristin, Ergokryptin und Ergokornin) wurde Hydergin® erhalten.

Fig. 5: Hydergine® was obtained by hydrogenation of ergotoxine (a mixture of ergocristine, ergocryptine and ergocornine).

name of Delysid®, LSD was studied clinically for ten years and showed great promise as a pharmacological aid in psychoanalysis. However, LSD not only aroused great interest among psychiatrists (as the visions it produces may provide access to the patient's unconscious mind), but also became the preferred drug of hippie and other subcultures. In the mid-1960s, as LSD abuse escalated, the substance was classified as a narcotic. In professional circles, a final verdict on the suitability and effectiveness of LSD-assisted psychoanalysis and psychotherapy has yet to be reached.

But a development that was to prove much more important for the success of the pharmaceutical company Sandoz was the hydrogenation of ergot alkaloids.

In 1943, Stoll and Hofmann demonstrated that what had long been known as ergotoxine was not a homogeneous ergot alkaloid, but a variable mixture of three alkaloids – ergocristine, ergocornine and ergocryptine (fig. 5). Hofmann's catalytic addition of hydrogen to these alkaloids (i.e., hydrogenation) marked the birth of the combination of dihydroergocristine, dihydroergocornine and dihydroergocryptine that became known as Hydergine®.

Pharmacological studies carried out by Professor Ernst Rothlin revealed significant changes in the spectrum of activity of the hydrogenated compounds. In contrast to the vasoconstriction and elevation in blood pressure observed with the natural ergotoxine alkaloids, the hydrogenated alkaloids produced vasodilatation and a decrease in blood pressure, combined with lower toxicity. On account of these improved pharmacological properties, the three hydrogenated alkaloids were introduced under the trade name Hydergine® for the treatment of hypertension and circulatory disorders. In the 1960s, there was a shift towards geriatric indications when Hydergine was found to improve cerebral blood flow and oxygen utilization in the brain.

For more than a decade around the 1970s, the hydrogenated ergotoxine prepared by Dr. Hofmann and marketed as Hydergine® (fig. 5) was Sandoz's number one product, with annual sales of Swiss francs 400 to 600 million.

Another hydrogenation step, whereby ergotamine was transformed into dihydroergotamine (DHE, fig. 6), had likewise yielded an improved pharmacological profile. Chemically, the hydrogenation had a stabilizing effect. As Dihydergot®, DHE was used successfully in the treatment of orthostatic hypotension and vascular headaches.

After LSD had been shown by the British pharmacologist John H. Gaddum to be a highly potent serotonin antagonist, efforts to synthesize further LSD derivatives were vigorously pursued. It was conjectured correctly that serotonin might be involved in inflammatory processes, and in migraine. In pharmacological tests, Dr. A. Cerletti observed the potent effects of another lysergic acid derivative that had been produced by Hofmann – methysergide (fig. 7). This substance was introduced under the trade name of Deseril® for

Anlagerung von Wasserstoff an diese Alkaloide. Das war die Geburtsstunde der als Hydergin® bekannten Kombination von Dihydroergokristin, Dihydroergokornin und Dihydroergokryptin.

Die pharmakologischen Untersuchungen von Professor Ernst Rothlin deckten bei den hydrierten Verbindungen bedeutsame pharmakologische Veränderungen in ihrem Wirkungsspektrum auf: Anstelle von Gefässverengung und Blutdrucksteigerung bei den natürlichen Ergotoxinalkaloiden stellten sich Gefässerweiterung und Blutdrucksenkung ein, gepaart mit einer geringeren Toxizität. Aufgrund dieser pharmakologisch verbesserten Eigenschaften fanden die drei hydrierten Alkaloide unter der Markenbezeichnung Hydergin® Eingang in die Therapie des Bluthochdrucks sowie der Gefässverengungen. Die Verschiebung der Indikation zum Geriatrikum fand in den sechziger Jahren statt, als man unter Hydergin® eine verbesserte Gehirndurchblutung und Sauerstoffausnutzung des Gehirns feststellte.

Für mehr als ein Jahrzehnt war in den siebziger Jahren das von Dr. Hofmann hydrierte Ergotoxin unter dem Handelsnamen Hydergin® das Produkt Nummer eins der Firma Sandoz (Abb. 5) mit einem Jahresumsatz von 400 bis 600 Millionen Schweizer Franken.

Ein anderer Hydrierungsschritt, nämlich derjenige von Ergotamin zu Dihydroergotamin (DHE, Abb. 6), hatte ebenfalls eine Verbesserung des pharmakologischen Wirkungsprofils zur Folge. Die Hydrierung verursachte einen chemisch stabilisierenden Effekt. Als Dihydergot wurde DHE in der orthostatischen Hypotonie und bei vaskulären Kopfschmerzen erfolgreich eingesetzt.

Die Synthese weiterer LSD-Derivate wurde vorangetrieben, nachdem der englische Pharmakologe John H. Gaddum gezeigt hatte, dass LSD ein hochwirksamer Serotoninantagonist war. Man vermutete zu Recht, dass Serotonin

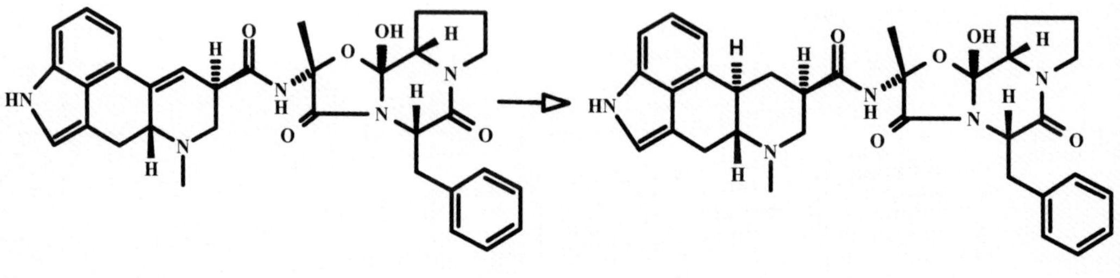

Abb. 6: Ergotamin und Dihydroergotamin (Dihydergot®).

Fig. 6: Ergotamine and dihydroergotamine (Dihydergot®).

Abb. 7: Methysergid (Deseril®).

Fig. 7: Methysergide (Deseril®).

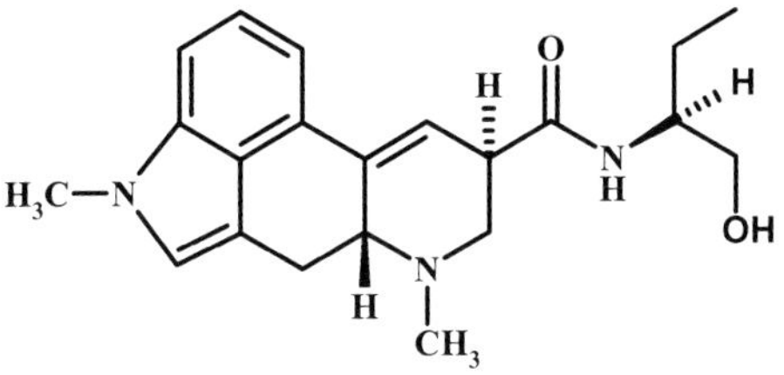

the prophylaxis of migraine. Methysergide was one of the first pharmacologically specific serotonin antagonists and also found application for treatment of carcinoid syndrome.

Also of major significance were, both the synthesis of ergotamine on an industrial scale by Dr. Hofmann and his coworkers Dr. A. Frei and Dr. H. Ott, and the structural elucidation of this alkaloid by Dr. Paul Stadler.

By combining crude paspalic acid (obtained by fermentation) with totally synthesized aminocyclol, a method was established which enabled ergotamine to be produced more economically than was possible with the fermentative process (fig. 8).

Finally, in 1951, the complex structures of ergotamine and the other ergot alkaloids of higher molecular weight were fully elucidated, rounding off the research on the chemical composition of the ergot group. The ergot problem initially addressed by Stoll thus appeared to have been solved. An overview of

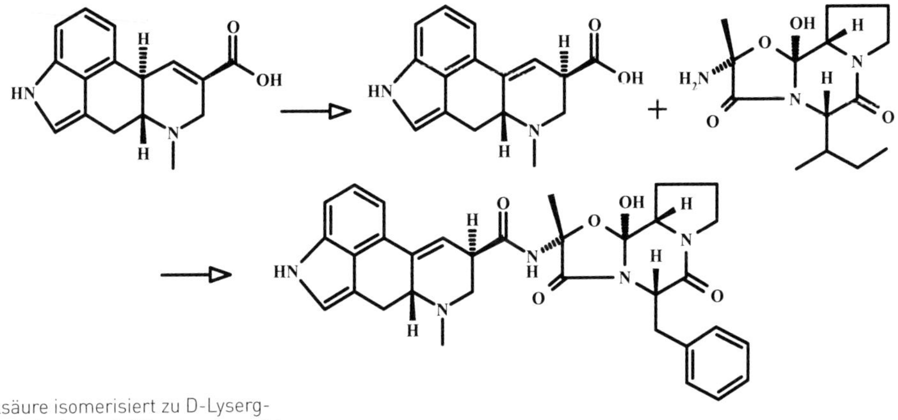

Abb. 8: Paspalsäure isomerisiert zu D-Lyserg-säure, welche mit Aminocyclol Ergotamin ergibt.

Fig. 8: Paspalic acid isomerized to D-lysergic acid, which in combination with aminocyclol yields ergotamine.

17

bei entzündlichen Prozessen und bei Migräne eine Rolle spielen könnte. Bei der pharmakologischen Prüfung fiel Dr. A. Cerletti ein sehr stark wirksames Lysergsäurederivat von Hofmann auf, das als Methysergid (Abb. 7) unter der Markenbezeichnung Deseril® zur Intervallbehandlung von Migräne eingeführt werden konnte. Methysergid war einer der ersten pharmakologisch spezifischen Serotoninantagonisten (Karzinoidsyndrom).

Weitere grosse Verdienste von Dr. Hofmann und seinen Mitarbeitern sind die Synthese von Ergotamin im technischen Massstab (mit Dr. A. Frei und Dr. H. Ott) und die Aufklärung von dessen korrekter Struktur (durch Dr. Paul Stadler).

Durch Verknüpfung von fermentativ gewonnener Rohpaspalsäure mit dem totalsynthetischen Aminocyclol wurde ein Verfahren etabliert, das es erlaubte, Ergotamin preisgünstiger herzustellen als mit dem fermentativen Prozess (Abb. 8).

Schliesslich gelang 1951 die vollständige Aufklärung der komplexen Strukturformeln des Ergotamins und der anderen höhermolekularen Mutterkornalkaloide, womit die chemische Konstitutionsforschung der Mutterkorngruppe zu einem gewissen Abschluss kam. Das von Stoll initiierte Mutterkornproblem schien gelöst. Hofmann fasste seine Arbeiten über sein grosses medizinalchemisches Wirken in der Monografie *Die Mutterkornalkaloide* zusammen, die 1964 erschienen ist und im Jahr 2000 eine Neuauflage erlebt hat [1].

Die Derivierung der Mutterkornalkaloide stellte über mehr als sechzig Jahre für die Firma Sandoz eine medizinalchemische «Fundgrube» dar. Eines der letzten Ergotalkaloide, das Medizingeschichte geschrieben hat, war das Bromokryptin (Abb. 9). Das in 2-Stellung bromierte Ergokryptin (Bromokryptin oder Parlodel®) erhielt Ende der sechziger Jahre eine Marktzulassung für endokrinologische Indikationen wie Prolaktinhypersekretion (Professor E. Flückiger) und die damit zusammenhängende weibliche Infertilität sowie für Parkinson, Akromegalie und die Therapie hypophysärer Tumore. Der Grund für die späte Entdeckung dieser Verbindung lag in ihrer schwierigen Synthese, die erst Dr. P. Stadler, einem Mitarbeiter Hofmanns, in den fünfziger Jahren gelang. Mit Bromokryptin wurde ein neues Kapitel in der Endokrinologie und speziell in der Neuroendokrinolgie aufgeschlagen. Unzählige Elternpaare verdanken dem Bromokryptin, dass ihr Kinderwunsch in Erfüllung ging.

Das Interesse für die phantastischen psychischen Wirkungen des LSD brachte Hofmann in den fünfziger Jahren die mexikanischen Zauberdrogen ins Labor. Deren Geschichte und Chemie ist in seinem in mittlerweile zehn Sprachen übersetzten Buch *LSD – mein Sorgenkind* mit enthalten [2]. Das pflanzliche Substrat war in diesem Falle wieder ein Pilz, *Psilocybe mexicana*. Die Isolation und Strukturbestimmung des psychisch aktiven Prinzips Psilocybin gelang Hofmann 1958. Psilocybin ist ein 4-Hydroxyindol-Phosphor-

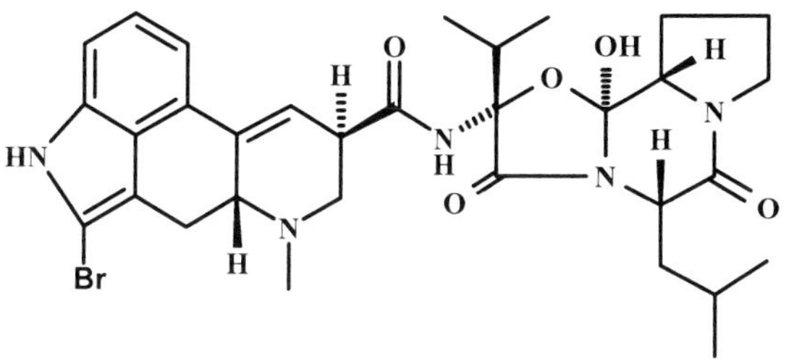

Abb. 9: Bromokryptin (Parlodel®).
Fig. 9: Bromocriptine (Parlodel®).

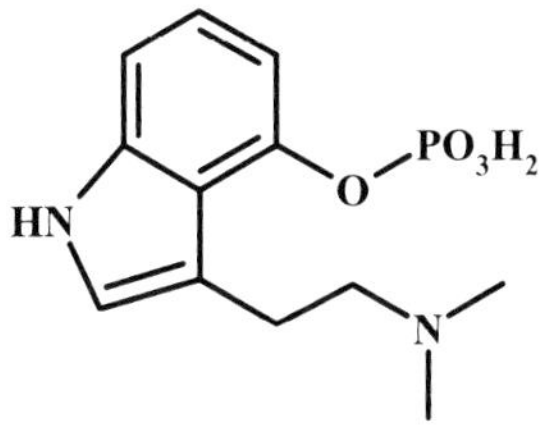

Abb. 10: Psilocybin.
Fig. 10: Psilocybin.

Dr. Hofmann's achievements in medicinal chemistry is provided by his monograph entitled *Die Mutterkornalkaloide*, which was published in 1964 and reissued in 2000 [1].

For Sandoz, ergot alkaloid derivatization represented a treasure trove of medicinal chemistry for more than sixty years. One of the last ergot alkaloids to enter the annals of medical history was bromocriptine (fig. 9). 2-Bromo-alpha-ergocryptine (Parlodel®) was approved at the end of the 1960s for the indications hyperprolactinemia (Professor E. Flückiger) and associated female infertility, as well as for Parkinson's disease, acromegaly, and for the treatment of pituitary tumors. The relatively late discovery of this compound was due to the difficulty of its synthesis, which was only accomplished by Dr. P. Stadler, one of Hofmann's coworkers, in the 1950s. The introduction of bromocriptine opened a new chapter in endocrinology, and especially in neuroendocrinology. Bromocriptine has made it possible for countless couples to fulfill their desire to have children.

In the 1950s, Hofmann's interest in the psychedelic effects of LSD also led him to study the Mexican "sacred drugs" in the laboratory. Details of the history and chemistry of these substances are included in *LSD – mein Sorgenkind* [2]. In this case, too, the plant from which the drugs derived was a fungus, *Psilocybe mexicana*. In 1958, Hofmann succeeded in isolating and defining the chemical structure of the psychoactive principle psilocybin. Psilocybin is a 4-hydroxy indole phosphoric acid ester derivative and has an indole substructure in common with LSD (fig. 10).

The structural elucidation of psilocybin marked a shift in the focus of Dr. Hofmann's work, away from the ergot alkaloids and complex derivatives of lysergic acid towards less complex synthetic indole derivatives. These substances produced remarkable biological effects on account of their structural similarities to endogenous adrenergic and serotoninergic neurotransmitters.

Abb. 11: *Chemiebild: Die neue Zeit*, so nannte der Basler Maler Niklaus Stoecklin sein Ölgemälde, das die Sandoz im Jahre 1940 in Auftrag gegeben hatte. Viele Jahre hing das 140 × 220 cm grosse Gemälde im Arbeitszimmer von Professor A. Stoll. Heute hat es einen würdigen Platz in der Eingangshalle des Gebäudes WSJ-200 gefunden. Dargestellt ist ein Labortisch mit Ausblick auf das Himmelszelt, die Mondsichel und Sterne. Der Künstler zeigt von links nach rechts den Werdegang vom Rohmaterial zum fertigen Medikament. Unter den Pflanzen – ganz links aussen – erkennt man eine Roggenähre mit Mutterkorn. Es folgen der Mahlprozess als Vorbereitung zur Extraktion, dann die säulenchromatografische Trennung und Aufreinigung der Inhaltsstoffe und schliesslich ein wichtiger Schritt, die pharmakologische Untersuchung in vitro in zwei Organglasbädern. Die Kontraktion oder Dilatation der isolierten Muskelpräparate in den Organbädern wurde über Hebel auf eine sich langsam drehende Trommel übertragen, die mit von Russ geschwärztem Papier bezogen war. Die Ausschläge der Federspitzen der mechanischen Kraftüberträger «schrieben» dabei in die Russschicht die «Signatur» der jeweils zur Untersuchung benutzten Substanzen ein. Daneben erkennt man Quecksilbermanometer und chemisch-pharmazeutische Apparaturen. Ganz rechts aussen ist eine kleine Kollektion von Medikamentenschachteln aufgestellt, darunter Gynergen®.

Fig. 11: *Chemiebild: Die neue Zeit* [Portrait of chemistry: the new era] was the title given to an oil painting by the Basel artist Niklaus Stoecklin that was commissioned by Sandoz in 1940. For many years, this work (measuring 140 × 220 cm) hung in Professor Stoll's office. Today, it is fillingly displayed in the lobby of Building WSJ-200. The picture shows a laboratory bench with a view of the vault of heaven, the crescent moon and stars. Depicted from left to right is the progression from starting materials to finished medicinal product. Among the plants – on the far left – an ergot-infected ear of rye can be seen. This is followed by the process of grinding in preparation for extraction, column chromatographic separation and purification of the constituents and, finally, another important step – in vitro pharmacological studies conducted in two organ baths. The contraction or relaxation of isolated muscle preparations in the organ baths was transmitted via mechanical arms to a slowly revolving smoked drum. The "signature" of the substances under investigation was thus traced in the carbon layer by the deflections of the tips of the mechanical transducers. Also visible are mercury manometers and chemical/pharmaceutical apparatuses. Displayed on the far right is a small collection of drug packages, including Gynergen®.

Abb. 12: Pindolol (Visken®).

Fig. 12: Pindolol (Visken®).

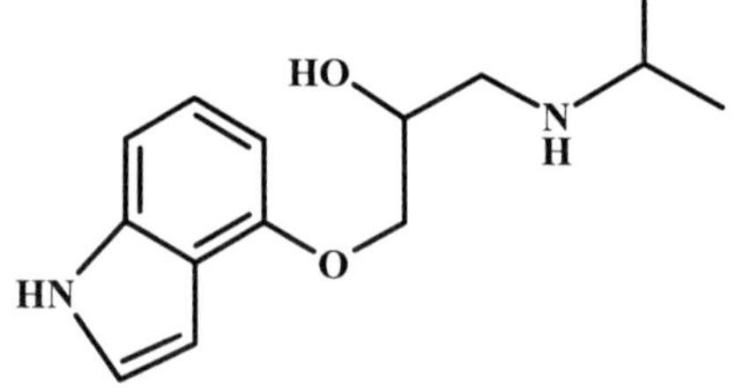

säureesterderivat und hat mit dem LSD die Substruktur des Indols gemein (Abb. 10).

Mit der Strukturaufklärung von Psilocybin gelang Dr. Hofmann de Übergang von den Ergotalkaloiden und den komplexen Derivaten der Lyserg säure zu einfacheren synthetischen Indolderivaten, die erstaunliche biologi sche Wirkungen auslösten, weil sie mit den Neurotransmittern Adrenalin und Serotonin Strukturähnlichkeiten aufweisen.

Eine weitere, damals noch nicht aufgeklärte mexikanische Zauberdroge war das *Ololiuqui*. Das ist die aztekische Bezeichnung für die Samen von gewissen Windengewächsen *(Convolvulaceae)*, die schon in präkolumbischer Zeit in religiösen Zeremonien und in magischen Heilpraktiken verwendet wurden.

Als Hauptwirkstoffe von *Ololiuqui* konnte Hofmann das Lysergsäure hydroxyethylamid und erstaunlicherweise auch Ergobasin identifizieren, des sen Synthese Ausgangspunkt seiner Mutterkornalkaloidforschung gewesen war. Mit diesem Befund löste Hofmann eine Sensation in der Welt der Natur stoffforscher aus. Das Vorkommen von Ergotalkaloiden beschränkte sich demnach nicht nur auf die niederen Pilze (Mutterkorn), sondern existiert auch in höheren Pflanzen (Windengewächse). Damit war das Dogma, dass gewisse Inhaltsstoffe typisch für die betreffende Pflanzenfamilie sind und auf diese beschränkt bleiben, widerlegt.

Für die Firma Sandoz war Hofmanns Arbeit an der Psilocybinstruktur ein Meilenstein in der Medizinalchemie von Indolstrukturen. Sandoz wurde vor diesem Zeitpunkt an weltweit führend in der Indolchemie.

Dr. F. Troxler, ebenfalls Mitarbeiter von Dr. Hofmann, hatte bereits eine rationelle Synthese von 4-Hydroxyindol, des Ausgangsprodukts für Psy locybin, ausgearbeitet, als Anfang der sechziger Jahre von dem englischen Pharmakologen James Black der erste hochwirksame Betablocker Propranolol (Inderal®) beschrieben wurde. Diese Substanzklasse zur Regulierung der Herzfunktion *(Angina pectoris)* fand später als Blutdrucksenker eine grosse therapeutische Bedeutung. Die Seitenkette des Propranolols wurde mit

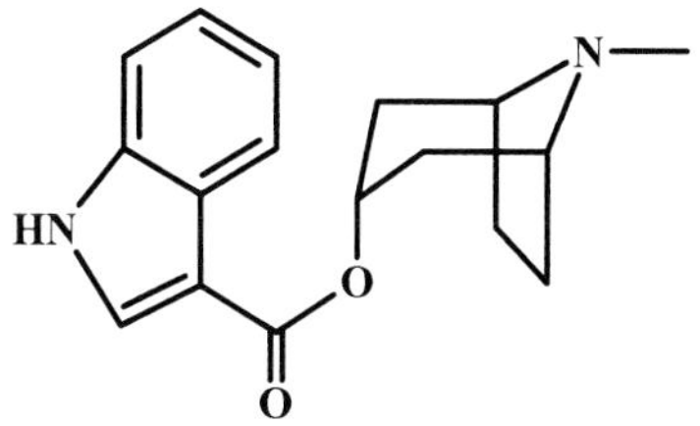

Abb. 13: Tropisetron (Navoban®).
Fig. 13: Tropisetron (Navoban®).

Another Mexican sacred drug that had yet to be chemically described was *ololiuqui* – the Aztec name given to the seeds of certain climbing plants *(Convolvulaceae)* which had been used in religious ceremonies and magical healing practices since pre-Columbian times.

The main active principles of ololiuqui, successfully identified by Hofmann, turned out to be lysergic acid hydroxyethylamide and (surprisingly also) ergobasine, the substance he had synthesized at the start of his research on ergot alkaloids. Hofmann's findings caused a sensation among researchers in the field of natural substances. Ergot alkaloids had been shown to occur not only in lower fungi (ergot) but also in higher plants (climbing plants). Thus, in this instance, the established rule that certain constituents are typical of, and restricted to, a given plant family had been refuted.

For Sandoz, Hofmann's work on the structure of psilocybin represented a milestone in the medicinal chemistry of indole compounds. The company subsequently became a world leader in indole chemistry.

Dr. F. Troxler, another of Dr. Hofmann's coworkers, had already developed a rational synthesis for the psilocybin precursor 4-hydroxy indole when, at the start of the 1960s, the first potent beta-blocker propranolol (Inderal®) was described by the British pharmacologist James Black. This class of substances for the regulation of cardiac function (angina pectoris) subsequently played a major role in the treatment of hypertension. In 1965, the side chain of propranolol was combined with 4-hydroxy indole to produce pindolol (Visken®, fig. 12), which proved particularly valuable in the hypertension indication.

The pharmacophoric properties of indole derivatives were developed in a number of other substances that were introduced onto the market in later years, such as tropisetron (fig. 13).

Towards the end of the 1970s, the company had once again turned its attention to the pharmacology of serotonin, with the aim of developing a new small-molecule drug for the treatment of migraine. As serotonin plays a key role in migraine attacks and particularly in the pain phase, efforts were made to find

4-Hydroxyindol verbunden, und so entstand 1965 Pindolol (Visken®, Abb. 12), das vor allem in der Indikation Hypertonie Bedeutung erlangte.

Die pharmakophore Eigenschaft der Indolderivate entfaltete sich in weiteren Substanzen, die in späteren Jahren zur Markteinführung kamen als das Tropisetron (Abb. 13).

Gegen Ende der siebziger Jahre wurde in der Firma die Pharmakologie des Serotonins wieder aufgegriffen mit dem Ziel, ein neues kleinmolekulares Migränemittel zu entwickeln. Da Serotonin in der Migräneattacke und besonders in der Schmerzphase eine wesentliche Rolle spielt, versuchte man einen Serotoninantagonisten durch Derivierung der Serotoninstruktur zu finden. 1982 gelang Dr. P. A. Stadler, einem der frühen Pioniere aus der Arbeitsgruppe von Dr. Hofmann und Spezialisten auf dem Gebiet der Indolchemie, die Synthese von Tropisetron (Abb. 13). Zwar war Tropisetron gegen Migräne unwirksam, konnte aber von Dr. B. Richardson, Dr. P. Donatsch und Dr. G. Engel als erster pharmakologisch hochselektiver Serotoninantagonist auf neuronal lokalisierten Rezeptoren pharmakologisch beschrieben werden. 1995 kam Tropisetron als Antiemetikum gegen chemotherapieinduzierte Übelkeit und Erbrechen unter dem Markennamen Navoban® auf den Markt.

Mit der Entwicklung von Navoban® hatte sich die Firma grosses Knowhow auf dem Gebiete der Serotoninpharmakologie erworben. 1986 startete ein Projekt zur Auffindung von Agonisten an Serotoninrezeptoren mit der allgemeinen Indikation Motilitätsstörungen des Darms. Wieder war der Neurotransmitter Serotonin die Ausgangsverbindung, aus der Dr. Rudolf Giger und Dr. Henri Mattes 1988 Tegaserod (Abb. 14) synthetisierten. Dessen pharmakologische Bearbeitung wurde von Dr. K. H. Buchheit, Dr. R. Gamse und Dr. H.-J. Pfannkuche vorangetrieben, so dass es als Zelmac®/Zelnorm® im Jahre 2001/02 für die Indikation Reizdarm die Marktzulassung erlangte.

Ohne Übertreibung kann man sagen, dass die medizinalchemischen Beiträge von Dr. Albert Hofmann für die Firma Sandoz nicht nur zu einem lang anhaltenden finanziellen Erfolg führten, sondern auch zu einer hohen wissenschaftlichen Anerkennung in der pharmazeutischen und medizinischen Welt.

Nebenbei sei erwähnt, dass Dr. Hofmann dreimal den Ehrendoktor verliehen bekam, und zwar von der ETH in Zürich, von der Freien Universität in Berlin und dem Königlichen Pharmazeutischen Institut in Stockholm für seine Verdienste um die Erforschung der Arzneipflanzen.

Schauen wir noch einmal zurück. 1964 schreibt Hofmann in seinem Buch *Die Mutterkornalkaloide:*

> So ist also die in chemischer Hinsicht faszinierende Stoffklasse der Mutterkornalkaloide als Quelle von pharmakologisch wirksamen Stoffen, die zu wertvollen Heilmitteln führen können, immer noch nicht erschöpft.

Damit hatte er mehr als Recht.

a serotonin antagonist through derivatization of the serotonin structure. In 1982, tropisetron (fig. 13) was synthesized by Dr. P. A. Stadler, one of the early pioneers from Dr. Hofmann's research group and a specialist in the field of indole chemistry. Although this agent was not effective against migraine, it was (thanks to the efforts of Drs. B. Richardson, P. Donatsch and G. Engel) the first highly selective antagonist against neuronal serotonin receptors to be pharmacologically described. In 1995, tropisetron was introduced under the trade name of Navoban® as an antiemetic for patients with chemotherapy-induced nausea and vomiting.

Through the development of Navoban®, the company had built up considerable expertise in the area of serotonin pharmacology. In 1986, a project was launched with the aim of discovering serotonin receptor agonists for the general indication of intestinal motility disorders. With the neurotransmitter serotonin once again serving as the starting compound, Dr. Rudolf Giger and Dr. Henri Mattes synthesized tegaserod (fig. 14) in 1988. Following pharmacological development efforts led by Dr. K. H. Buchheit, Dr. R. Gamse and Dr. H.-J. Pfannkuche, the product received approval in 2001/02 for the indication irritable bowel syndrome (Zelmac®/Zelnorm®).

It is no exaggeration to say that, thanks to Dr. Albert Hofmann's contributions in the area of medicinal chemistry, Sandoz not only enjoyed long-term commercial success but was also held in high esteem by scientists in pharmaceutical and medical circles.

It may be mentioned in passing that Dr. Hofmann was awarded honorary doctorates by the Swiss Federal Institute of Technology (ETH) in Zurich, the Free University of Berlin and the Royal Institute of Technology in Stockholm in recognition of his achievements in medicinal plant research.

To look back once again: in 1964, Hofmann wrote in his book *Die Mutterkornalkaloide:*

> Thus, the chemically fascinating ergot alkaloid class has still not been fully tapped as a source of pharmacologically active substances that may yield valuable remedies.

How right he was.

Wir versuchten die komplexe Geschichte der Chemie des Mutterkorns, das über Jahrhunderte in der Volksmedizin für die Geburtshilfe Verwendung gefunden hatte, in seiner Aufklärungsphase nachzuzeichnen. Hofmann trug einen Löwenanteil dazu bei und legte gleichzeitig den Grundstein für die Indolchemie und die daraus abgeleiteten zahlreichen modernen Medikamente.

Literatur

Stellvertretend für die zahllosen medizinalchemischen Publikationen von Albert Hofmann und seiner Arbeitsgruppe wollen wir nur Hofmanns Monografien zitieren: *Die Mutterkornalkaloide,* 1964 erschienen und 2000 neu aufgelegt, und sein Buch *LSD – mein Sorgenkind.*

Für den interessierten Leser sei auf eine weitere umfangreiche Zusammenfassung über die Ergotalkaloide verwiesen [3] und auf ein Interview mit A. Hofmann [4].

1   Albert Hofmann, Die Mutterkornalkaloide, Stuttgart: Ferdinand Enke Verlag, 1964. Reprint: Solothurn: Nachtschatten Verlag, 2000.
2   Albert Hofmann, LSD – mein Sorgenkind, Stuttgart: Klett-Cotta, 1979, 2. Auflage 2001.
3   B. Berde/H. O. Schild (Hg.), Ergot Alkaloids and Related Compounds, Berlin/Heidelberg/New York: Springer Verlag, 1978 (Handbook of Experimental Pharmacology, Vol. 49).
4   Albert Hofmann, Verschlungene Pfade der Forschung, in: Sandoz-Gazette, Nr. 281, Basel: Sandoz AG, 1990, S. 2f.

We have sought to trace the complex history of the chemistry of ergot – a substance used for centuries in folk medicine as an aid to childbirth. Dr. Hofmann's seminal work on its elucidation also laid the foundations for indole chemistry, and for the many modern pharmaceuticals deriving from this source.

References / Further reading

As examples of the numerous works in the field of medicinal chemistry published by Dr. Hofmann and his coworkers, we wish to cite only two of Hofmann's books: *Die Mutterkornalkaloide,* which appeared in 1964 and was reprinted in 2000, and *LSD – mein Sorgenkind,* a work that has been translated into ten different languages.

Interested readers are also referred to another comprehensive account of the ergot alkaloids [3] and to an interview with Dr. Hofmann [4].

1   Albert Hofmann, Die Mutterkornalkaloide, Stuttgart: Ferdinand Enke Verlag, 1964. Reprint: Solothurn: Nachtschatten Verlag, 2000.

2   Albert Hofmann, LSD – mein Sorgenkind, Stuttgart: Klett-Cotta, 1979, 2nd edition 2001 (English translation by Jonathan Ott: LSD – My Problem Child, New York: McGraw-Hill, 1980).

3   B. Berde/H. O. Schild (Eds), Ergot Alkaloids and Related Compounds, Berlin/Heidelberg/New York: Springer Verlag, 1978 (Handbook of Experimental Pharmacology, Vol. 49).

4   Albert Hofmann, Verschlungene Pfade der Forschung, in: Sandoz-Gazette, no. 281, Basel: Sandoz AG, 1990, pp. 2f.

Naturstoffforschung bei Novartis Pharmaceuticals – ein historischer Überblick

Frank Petersen

Naturstoffe und ihre chemischen Derivate bilden einen Grossteil der heutigen Pharmazeutika. Obwohl vor allem im Bereich der Antibiotika bekannt, sind sie bei weitem nicht auf dieses Gebiet beschränkt. Sie werden in allen Krankheitsbereichen eingesetzt und machen rund dreissig bis vierzig Prozent des weltweiten Arzneimittelumsatzes aus, obwohl sie weniger als ein Prozent aller veröffentlichten chemischem Strukturen darstellen (Shen et al., 2003). Eine im *Journal of Natural Products* veröffentlichte Studie zeigte, dass dreissig bis vierzig Prozent von rund 900 Pharmazeutika, die zwischen 1981 und 2002 eingeführt wurden, auf Naturstoffen beruhen. Darunter sind antibakterielle und krebshemmende Wirkstoffe, cholesterinsenkende Statine, ACE-Hemmer (ACE = Angiotensin-konvertierende Enzyme), eine Medikamentenklasse, die zur Behandlung von Bluthochdruck und Herzversagen eingesetzt wird (Newman, 2003), oder der Neuraminidaseinhibitor Tamiflu®: Die aus dem Sternanis isolierte Shikimisäure ist die Vorläuferverbindung des bei der Influenza eingesetzten Wirkstoffs.

Naturstoffe werden aus Pflanzen, marinen Makroorganismen, Pilzen oder aus Bakterien extrahiert. Man bezeichnet sie auch als Sekundärmetabolite, wenn sie für das Wachstum und die Entwicklung ihrer Produzenten nicht notwendig sind. In der Regel werden diese Substanzen am Ende des mikrobiellen Wachstums gebildet. Bei Pflanzen dagegen ist die Naturstoffproduktion eng mit dem saisonal beeinflussten Lebenszyklus und der damit einhergehenden Differenzierung verbunden.

Die Wurzeln der Novartis-Naturstoffabteilung reichen zu den Unternehmen zurück, aus denen Novartis hervorging: Sandoz und Ciba. Da eine umfassende Darstellung der wissenschaftlichen Resultate über einen Zeitraum von mehr als siebzig Jahren (Ciba) oder fast neunzig Jahren (Sandoz) nicht lückenlos sein kann, konzentriert sich dieser Beitrag auf die zentralen Momente in der Geschichte der Naturstoffforschung von Novartis und auf die Persönlichkeiten, die diese Geschichte prägten. Zu ihnen gehört zweifellos Albert Hofmann, dem die vorliegende Publikation gewidmet ist.

Der Anfang der Naturstoffforschung bei Sandoz

Das Jahr 1916 war für Sandoz dank ihres boomenden Farbstoffgeschäfts finanziell ausserordentlich erfolgreich: Der Umsatz betrug dreissig Millionen

Natural Products Research at Novartis Pharmaceuticals – A historical overview

Frank Petersen

Natural products and their derivatives make up a large proportion of today's pharmaceuticals. Although they are prominent in the antibiotics sector, they are by no means confined to that area. They are used in all disease areas and account for approximately thirty to forty percent of global pharmaceutical sales, although they represent less than one percent of all published chemical structures (Shen et al., 2003). A survey published in the *Journal of Natural Products* showed that thirty to forty percent of approximately 900 pharmaceuticals introduced between 1981 and 2002 were based on natural products – drugs ranging from antibacterials to anticancer compounds, cholesterol-lowering statins and angiotension-converting enzyme (ACE) inhibitors, a class of drugs used to treat hypertension and heart failure (Newman, 2003). Another recent example is the neuraminidase inhibitor Tamiflu®: the precursor of this anti-influenza drug, shikimic acid, is isolated from star aniseed.

Natural products are extracted from plants, marine macroorganisms, fungi or bacteria. They are also known as secondary metabolites, if they are not required for the growth and development of the producer organisms. These substances are generally synthesized at the end of the microbial growth phase. In plants, their production is coupled to the seasonally influenced life cycle and associated differentiation.

The roots of the Novartis Natural Products unit extend back to the individual companies that were later combined to form Novartis: Sandoz and Ciba. An exhaustive account of the scientific results achieved over a period of more than seventy (Ciba) or almost ninety years of research (Sandoz) cannot be given here. Instead, this chapter focuses on key moments in the history of natural products research at Novartis, and on the personalities that shaped this history. One of these was unquestionably Albert Hofmann, to whom this publication is dedicated.

Beginning of natural products research at Sandoz

For Sandoz, 1916 was an extraordinary financial success thanks to its booming dye business. The company's sales totaled CHF 30 million, with earnings of CHF 9.3 million – three times the entire share capital. As well as dyes (alizarin blue and auramine), Sandoz had already been producing the fever-lowering agent antipyrine since 1895 and the artificial sweetener saccharin since 1899.

Schweizer Franken, während die Erträge sich auf 9,3 Millionen Franken beliefen, das Dreifache des gesamten Aktienkapitals. Sandoz produzierte neben den Farbstoffen (Alizarinblau und Auramin) seit 1895 das fiebersenkende Antipyrin und seit 1899 den künstlichen Süssstoff Saccharin. Um ein Gegengewicht zum dominanten Farbstoffportfolio zu schaffen, trieb Melchior Böniger, einer der beiden Direktoren von Sandoz, die weitere Diversifizierung des Unternehmens voran und entschied sich für einen konsequenten Ausbau des Arzneimittelsektors. 1916 trat Böniger an den ehemaligen Präsidenten von Sandoz, Professor Robert Gnehm, heran, der die Firma in Fragen der technischen Chemie, aber auch bei der Suche nach talentierten Wissenschaftlern beriet. Er bat ihn, einen geeigneten Kandidaten für den Aufbau einer Pharmaforschung und des pharmazeutischen Geschäftsbereichs der Sandoz AG in Basel zu finden. Gnehm arrangierte daraufhin ein Treffen zwischen Böniger und Professor Arthur Stoll, einem Schweizer Naturstoffchemiker, der damals Assistent von Professor Richard Willstätter an der Universität München war.[1] Während dieses Treffens erläuterte Böniger Stoll dessen künftigen Verantwortungsbereich.

Am 15. März 1917 beschloss der Verwaltungsrat, Stoll einzustellen. Mit dem Eintritt Stolls bei Sandoz am 1. Oktober 1917 wurde die sogenannte Pharmazeutische Abteilung gegründet, und es begann die einzigartige Erfolgsgeschichte dieser industriellen Forschungsgruppe (Studer, 1986).

Zunächst musste ein Forschungsprojekt gefunden werden, das einen schnellen Erfolg versprach. Aus Gesprächen zwischen Stoll und Willstätter ging die Idee hervor, sich mit traditionellen medizinischen Anwendungen zu beschäftigen, die sich im Menschen bereits als wirksam erwiesen hatten, und so richtete sich ihre Aufmerksamkeit auf die Alkaloide des Mutterkorns (Hofmann, 2003).

Der Mutterkornpilz *(Claviceps purpurea)* gehört zur Klasse der Schlauchpilze *(Ascomycetes)* und lebt als Parasit auf Roggen und anderen Gräsern. Der

---

[1] 1905 hatte Richard Willstätter eine Professur am Institut für Allgemeine Chemie an der ETH Zürich angenommen und hier seine legendäre Forschung im Bereich Chlorophyll, Fotosynthese und Kohlenstofffixierung aufgebaut. 1909 wurde der talentierte Chemiestudent Arthur Stoll Assistent in Willstätters privatem Labor, um mit ihm an der «Chlorophyllase» und anderen farbigen Pflanzenmetaboliten zu arbeiten. 1911 erhielt Stoll seinen Doktortitel an der ETH Zürich. Zwei Jahre später wechselten beide Wissenschaftler nach Berlin, da Willstätter zum Direktor der Fakultät für Organische Chemie am Kaiser-Wilhelm-Institut in Berlin-Dahlem geworden war. Im Jahre 1913 veröffentlichte Stoll seine Studie über Pflanzenfarbstoffe und die Ergebnisse der Kohlenstoffassimilation. 1915 erhielt Willstätter den Nobelpreis für seine Untersuchungen der Farbstoffe im Pflanzenreich, vor allem des Chlorophylls, zu denen Stoll wesentlich beigetragen hatte. Ein Jahr später folgte Willstätter einem Ruf an die Ludwig-Maximilian-Universität in München. Stoll begleitete seinen Lehrer und erhielt eine Professur an der königlich-bayerischen Universität.

Abb./Fig. 1: Melchior Böniger
(1866–1929).

Abb./Fig. 2: Richard Willstätter
(1872–1942).

Abb./Fig. 3: Arthur Stoll
(1887–1971).

Melchior Böniger, one of the two directors of Sandoz, decided to press ahead with further diversification of the company. He intended to build up the pharmaceutical business in order to counterbalance the dominant dyestuff portfolio. In 1916, he approached the former president of Sandoz, Professor Robert Gnehm, who still advised the company on matters of technical chemistry and on the recruitment of talented scientists. Böniger asked him to seek out a suitable candidate for the establishment of a pharmaceutical research group and the development of the company's pharmaceutical business in Basel. Gnehm arranged a meeting between Böniger and Professor Arthur Stoll, a Swiss natural products chemist, who was at that time the assistant of Professor Richard Willstätter at the University of Munich.[1] At this meeting, Böniger explained to Stoll what his tasks and area of responsibility would be.

1   In 1905, Richard Willstätter had accepted a professorship at the Institute of General Chemistry at the Swiss Federal Institute of Technology (ETH) in Zurich. Here, he undertook his legendary research on chlorophyll, photosynthesis and carbon fixation. In 1909, Willstätter chose the talented chemistry student Arthur Stoll as his assistant in his private laboratory to work on "chlorophyllases" and other colored plant metabolites. In 1911, Stoll received his doctorate from the ETH in Zurich. Two years later, the two scientists moved to Berlin, where Willstätter assumed the directorship of the Organic department at the Kaiser-Wilhelm Institute for Organic Chemistry in Berlin-Dahlem. In 1913, Stoll published his papers on plant pigments and the results of carbon assimilation. In 1915, Willstätter was awarded the Nobel Prize for his achievements in the field of plant pigments, especially chlorophylls, where Stoll had made vital contributions. One year later, Willstätter moved to the Ludwig-Maximilian University of Munich. Stoll accompanied his teacher and received a professorship from the Royal Bavarian University.

Abb./Fig. 4: Adam Lonitzer (1528–1586).

Abb. 5: Adam Lonitzer, *Kräuterbuch*, 1582: Auszug aus dem Kapitel «Rocken oder Korn/Siligo».

Fig. 5: Adam Lonitzer, *Kräuterbuch* [Herbal], 1582: Extract from the chapter about rye.

Pilz dringt in den Fruchtknoten seiner Wirtspflanze ein und bildet dort ein schwarzviolettes, aus der Ähre herausragendes Dauermyzel oder Sklerotium. Dieses Gebilde, in dem die Mutterkorn- oder auch Ergotalkaloide enthalten sind, wird auch als Mutterkorn bezeichnet. Die chronische Vergiftung mit Mehl, das mit Mutterkorn kontaminiert ist, führt zu Gangrän, bei längerer Einnahme zum Verlust von Gliedmassen, und verläuft oftmals tödlich.

Die medizinische Verwendung des wässrigen Mutterkornextrakts als Wehenmittel und zur Stillung von Nachgeburtsblutungen wurde erstmals 1582 im Kräuterbuch des Frankfurter Stadtarztes und Botanikers Adam Lonitzer beschrieben. Hebammen hatten den Auszug des Mutterkorns zu diesem Zweck bereits lange vorher eingesetzt. Im frühen 19. Jahrhundert beschrieb der amerikanische Arzt John Stearns die wehenfördernde Wirkung des Pilzextrakts (Stearns, 1808). 1868 dokumentierte Edward Woakes erstmals die erfolgreiche Behandlung von Neuralgien mit Mutterkornextrakt (Koehler und Isler, 2002). 1875 gewann der Franzose Charles Tanret aus Mutterkorn das sogenannte Ergotin, ein kristallines Gemisch aus drei Alkaloiden. 1907 gelang den Engländern George Barger und Francis Howard Carr die Isolierung eines aktiven Alkaloidpräparats aus den Sklerotien von *Claviceps purpurea*. Die Ergotoxin genannte Substanz erwies sich jedoch als zu toxisch.

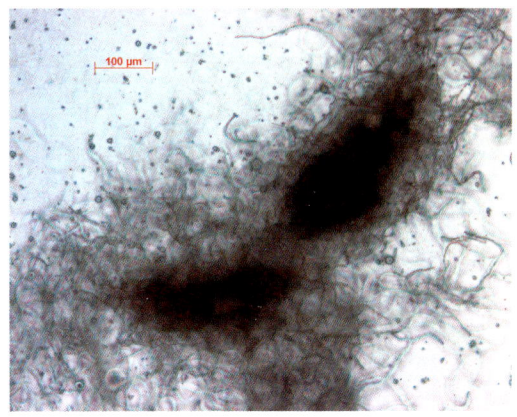

Abb. 6: Mutterkorn auf Roggen.

Fig. 6: Ergot on rye.

Abb. 7: *Claviceps*-sp.-Kultur.

Fig. 7: *Claviceps* sp. culture.

On March 15, 1917, the Board of Directors decided to hire Stoll. When he joined Sandoz on October 1, 1917, the Pharmaceutical Division was established, marking the beginning of this industrial research group's unique success story (Studer, 1986).

The first task was to identify a research project offering the prospect of rapid success. From discussions between Stoll and Willstätter, the idea emerged of initially focusing on traditional medicinal remedies whose activity in humans had already been demonstrated. Their attention was thus drawn to the ergot alkaloids (Hofmann, 2003).

Ergot *(Claviceps purpurea)* is a fungus of the *Ascomycetes* class, living as a parasite on rye and other grasses. The fungus invades the ovaries of the flowers and forms *sclerotia,* thick-walled structures that contain ergot alkaloids. Historically, chronic intoxication with ergot-contaminated flour led to gangrene and, on prolonged exposure, to loss of limbs and – in many cases – death.

The medical use of an aqueous extract of ergot as a treatment for hastening labor and controlling postpartum bleeding was first described in a herbal published by the Frankfurt physician and botanist Adam Lonitzer in 1582, although it had long been used for these purposes in midwifery. In the early 19th century, the US physician John Stearns recommended extract of ergot for its oxytocic properties (Stearns, 1808). In 1868, the successful treatment of neuralgia with ergot extract was first documented by Edward Woakes (Koehler and Isler, 2002). In 1875, the French pharmacist Charles Tanret obtained the first crystallized preparation, so-called ergotine, which is a mixture of three alkaloids. In 1907, the British researchers George Barger and

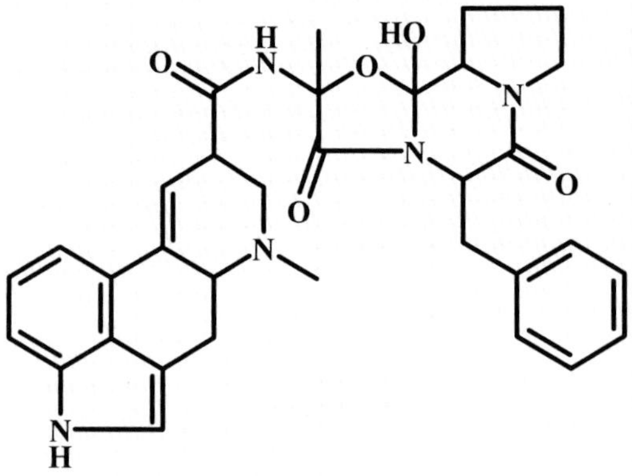

Abb. 8: Ergotamin.
Fig. 8: Ergotamine.

Stolls Idee, das pharmakologisch relevante Prinzip aus dem Sklerotiumextrakt zu isolieren, beruhte auf der Überzeugung, dass der reine Wirkstoff besser zu dosieren sei. Mit Hilfe der Isolierungstechniken, die er in den Laboratorien von Willstätter mitentwickelt hatte, gelang ihm 1918 die historische Isolierung von Ergotamin in reiner Form. Nach nur drei Jahren – ohne pharmakologische Untersuchung des Wirkstoffs – gelangte das Alkaloid unter dem Namen Gynergen® zunächst zur Stillung von Nachgeburtsblutungen auf den Markt, und bereits in den zwanziger Jahren wurde das Präparat auch erfolgreich zur Migränebehandlung eingesetzt. Gynergen® war das erste Produkt der noch jungen Pharmaabteilung von Sandoz (Silberstein, 2003). Die Struktur des Arzneimittels sollte jedoch erst 30 Jahre später aufgeklärt werden.

Nach dem erfolgreichen Ergotaminprojekt initiierte Stoll ein Programm zur Isolierung der Wirkstoffe des Fingerhuts (*Digitalis* sp.) und der Meerzwiebel *(Bulbus scillae)*. 1904 hatte Roche mit Digalen® ein standardisiertes Herzmittel auf dem Markt erfolgreich eingeführt, das aus dem Fingerhut extrahiert wurde. Stolls Überlegungen zur besseren Dosierbarkeit der aktiven Reinverbindungen waren wie beim Ergotamin auch hier der Grund, sich nun diesem neuen Projekt zuzuwenden. Hierfür stellte er mit Walter Kreis seinen ersten Chemiker ein. 1922 wurde Professor Ernst Rothlin zum ersten Leiter der Pharmakologie von Sandoz ernannt, der dieses neue Forschungsgebiet auf seinen Arbeiten mit den Ergotalkaloiden und den sogenannten Herzglykosiden aufbaute. Die Digitalisglykosidforschung wurde in der Naturstoffabteilung über mehr als vierzig Jahre betrieben. Dank dieses langfristigen Engagements konnten die auf reinen Wirkstoffen basierenden Medikamente Digilanid® und Digoxin Sandoz® auf dem Markt eingeführt werden und ersetzten damit die oftmals nicht zufriedenstellende Behandlung der Herzinsuffizienz mit dem bis dahin eingesetzten Digitalispulver.

Abb. 9: Gynergen®-Verpackung. Gynergen® ist auch unter den Medikamenten zu finden, die Niklaus Stoecklin auf seinem *Chemiebild: Die neue Zeit* (1940) festgehalten hat (vgl. Abb. S. 20f.).

Fig. 9: Gynergen® pack. Gynergen® is one of the medicines depicted in Niklaus Stoecklin's *Chemiebild: Die neue Zeit* (1940) [Portrait of chemistry: the new era] (cf. plate on pp. 20f.).

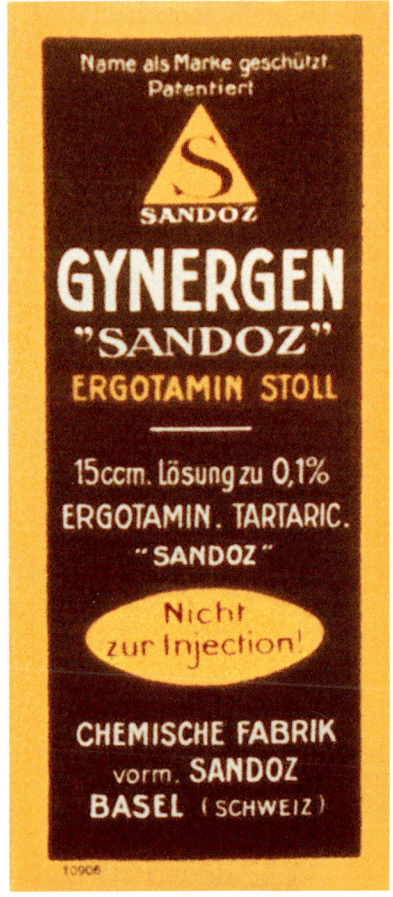

Francis Howard Carr managed to isolate an active alkaloid preparation from sclerotia of *Claviceps purpurea*. However, the extract turned out to be too toxic (hence the name ergotoxine).

Stoll's idea of isolating the pharmacologically relevant principle from the sclerotia extract was based on the conviction that the pure compound would be more suitable for precise dosing. Using the techniques that he had helped to develop in Willstätter's laboratories, Stoll isolated ergotamine in a pure form in 1918. Only three years later, although the compound had not been studied pharmacologically, the alkaloid was introduced under the trade name of Gynergen®. Initially used for controlling postpartum bleeding and later in the 1920s also for the treatment of migraine, this was the first product of the newly formed Pharmaceutical Division at Sandoz (Silberstein, 2003). The structure of the compound was not elucidated until 30 years later.

Im Jahre 1929 stiess der Chemiker Albert Hofmann zur Naturstoffgruppe der Pharmazeutischen Abteilung. Hofmann erhielt seine wissenschaftliche Ausbildung und die profunden Kenntnisse der Naturstoffisolierung am Institut für organische Chemie in Zürich bei Professor Paul Karrer, ehemals Assistent von Paul Ehrlich und engem Freund von Arthur Stoll. Karrer, der spätere Nobelpreisträger, riet Hofmann, nach dessen erfolgreichem Doktorat zu Sandoz AG zu wechseln, um dort seine Naturstoffforschung fortsetzen zu können. Bei Sandoz verstärkte Hofmann für die kommenden Jahre zunächst die Herzglykosidforschung. Mit Erwin Wiedemanns Eintritt in die Sandoz (Chlorophyllforschung!) war die Chemieabteilung der Pharmaforschung jener Jahre komplett: drei Chemiker mit je einem Laboranten in einem einzigen Laboratorium ohne Ventilator.

Die Wiederaufnahme der Mutterkornalkaloidforschung

Im Jahre 1935 nahm Hofmann die Arbeiten an den Mutterkornalkaloiden wieder auf, als amerikanische Wissenschaftler vom Rockefeller-Institut das gemeinsame Strukturelement der Ergotalkaloide, die Lysergsäure, charakterisiert hatten (Jacobs und Craig, 1934). Auf der Suche nach einem neuen Analeptikum synthetisierte Hofmann das Lysergsäurediethylamid oder LSD-25, das 25. Derivat der Lysergsäureamidreihe. Während der letzten Reinigungsschritte erlebte er zufällig die halluzinogene Wirkung von LSD-25. Drei Tage später führte er sein legendäres Selbstexperiment durch, mit dem er die psychotrope Wirkung des halbsynthetischen Alkaloids nachweisen konnte.

Die Entdeckung von LSD-25 war der Beginn der Psychopharmakologie und führte in den folgenden Jahrzehnten zum Verständnis der Biochemie der Neurotransmitter Serotonin und Dopamin (Hofmann, 1999).

Das Mutterkorn war damals die einzige Quelle zur Gewinnung der Ergotalkaloide, und *Claviceps* sp. wurde hierzu von Sandoz grossflächig auf Roggenfeldern in der Schweiz, vor allem im Emmental, und im Ausland kultiviert. Die Vorbereitung und Verbesserung des dafür verwendeten Inokulationsmaterials lag in den Händen der Mikrobiologiegruppe unter der Leitung von Arthur Brack.

Mit den Erfolgen der Ergotalkaloide bei der Behandlung schwerer Migräne und zur Stillung von Nachgeburtsblutungen stieg der Bedarf an Mutterkorn stetig an. Nachdem Rothlin und Aurelio Cerletti die gefässerweiternde Wirkung der von Hofmann bereitgestellten hydrierten Ergotalkaloide entdeckt hatten und mit Hydergin® ein weiteres Produkt dieser Substanzklasse auf den Markt gebracht werden konnte, war abzusehen, dass das klassische Herstellungsverfahren zur Deckung des Ergotalkaloidbedarfs nicht mehr ausreichen würde.

Um eine effizientere Herstellungsmethode für die Ergotalkaloide zu entwickeln, stellte Sandoz 1953 den Mykologen Hans Kobel ein, der in der

Abb./Fig. 10: Walter Kreis.

Abb./Fig. 11: Paul Karrer (1889–1971).

Abb./Fig. 12: Albert Hofmann (* 1906).

After the successful ergotamine project, Stoll initiated a program for the isolation of the active principles of foxglove (*Digitalis* spp.) and squill *(Bulbus scillae)*. In 1904, Roche had successfully introduced Digalen® – a standardized preparation of cardiac glycosides extracted from foxglove. As in the case of ergotamine, Stoll's efforts to obtain pure compounds were once again motivated by considerations of dosability. For this new project, he hired his first chemist, Walter Kreis. In 1922, Professor Ernst Rothlin was appointed head of the Sandoz pharmacology laboratory. This new field of research was developed on the basis of his investigations of ergot alkaloids and the cardiac glycosides. Digitalis glycoside research was pursued by the Natural Products group for more than forty years. Thanks to this long-term commitment, heart failure treatments based on powdered digitalis leaf – often unsatisfactory – were superseded by drugs prepared from pure active substances, such as Digilanid® and Digoxin Sandoz®.

In 1929, the chemist Albert Hofmann joined the Natural Products group at the Pharmaceutical Division of Sandoz AG. Hofmann had received his scientific training and acquired his expertise in isolation techniques at the Institute for Organic Chemistry in Zurich, under the direction of Professor Paul Karrer (a former assistant to Paul Ehrlich and a close friend of Arthur Stoll's). Having successfully completed his doctorate, Hofmann had been advised by Karrer, a future Nobel laureate, to join Sandoz AG, where he would be able to pursue his research on natural products. During his first few years at Sandoz, Hofmann contributed to the research on cardiac glycosides. The chemistry department within pharmaceutical research reached its complement for that period with the arrival of Erwin Wiedemann (chlorophyll research):

Abb. 13: Kultivierung von Mutterkorn auf Roggen im Emmental, Schweiz, während der fünfziger Jahre.

Fig. 13: Field cultivation of ergot on rye in the Emmental Valley, Switzerland, during the 1950s.

Arbeitgruppe von Brack seine Clavicepsforschung aufnahm.[2] Kobel entdeckte, dass der Pilz die Ergotalkaloide auch in Flüssigkultur produzierte. Mit Hilfe von R. Germanier gelang ihm Anfang der sechziger Jahre die Herstellung von Paspalsäure, einem wichtigen Vorläufer der Ergotalkaloidderivate, in Submerskultur. Zusammen mit dem Mikrobiologen Jean-Jacques Sanglier entwickelte er Ende der sechziger Jahre die fermentative Gewinnung der Ergotalkaloide (Kobel und Sanglier, 1986).

1964 erwarb Sandoz das Unternehmen Biochemie Kundl, um Paspalsäure grosstechnisch in Bioreaktoren herzustellen. Die ehemalige Bierbrauerei, die bereits seit 1947 Penicillin G produzierte, wurde eines der weltweit grössten

---

2   1957 riefen Christian Stoll und Eugen Haerri eine mikrobiologische Forschungsgruppe für Sandoz an der ETH Zürich ins Leben, um Naturstoffe aus Pilzen zu bearbeiten. 1963 wurde die Gruppe nach Basel verlegt, wo sie noch heute als «Mikrobiologie» in der Naturstoffabteilung der Novartis eingebunden ist.

three chemists with one technician each, in a single laboratory without a ventilator.

Resumption of ergot alkaloid research

In 1935, Hofmann resumed the company's research on the ergot alkaloids, after US scientists from the Rockefeller Institute had described the structure of the basic building block for this class of compounds – lysergic acid (Jacobs and Craig, 1934). In his search for a new analeptic, Hofmann synthesized lysergic acid diethylamide or LSD-25, the 25th derivative in the lysergic acid amide series. During the final purification steps, he experienced by chance the psychoactive effects of LSD-25. Three days later, he performed his legendary self-experiment, whereby he demonstrated the psychotropic activity of the semisynthetic alkaloid.

The discovery of LSD-25 opened the door to psychopharmacology and over the following decades led to an understanding of the biochemistry of the neurotransmitters serotonin and dopamine (Hofmann, 1999).

At that time, ergot alkaloids were extracted from sclerotia, obtained by extensive field cultivation of *Claviceps* spp. on rye in the Emmental Valley and abroad. The Microbiology group led by Arthur Brack was responsible for the preparation and improvement of the inoculation material.

As a result of the successful use of ergot alkaloids in the treatment of severe migraine and the control of postpartum bleeding, the demand for ergot steadily increased. Following the discovery by Rothlin and Aurelio Cerletti of the vasodilatory properties of the hydrogenated ergot alkaloids prepared by Hofmann, and the subsequent introduction of Hydergine®, it became apparent that demand for these compounds could not be met using the classical method of production.

In 1953, the mycologist Hans Kobel was hired by Sandoz to develop a more efficient production method for the ergot alkaloids. Beginning his research on *Claviceps* in Brack's group[2], Kobel discovered that the ergot alkaloids could be produced in liquid cultures. With the help of R. Germanier, he developed the production of paspalic acid (an essential precursor of ergot alkaloid derivatives) in submerged culture in the early 1960s, and with the help of microbiologist Jean-Jacques Sanglier, he developed the fermentative production of ergot alkaloids in the late 1960s (Kobel and Sanglier, 1986).

In 1964, Sandoz acquired Biochemie Kundl in order to produce paspalic acid on an industrial scale in bioreactors. This former brewery, which had been

---

2   In 1957, Christian Stoll and Eugen Haerri established a microbiological research group at the ETH in Zurich to work on fungal natural products for Sandoz. In 1963, the group was transferred to Basel, where, as "Microbiology", it still forms part of the Natural Products unit of Novartis.

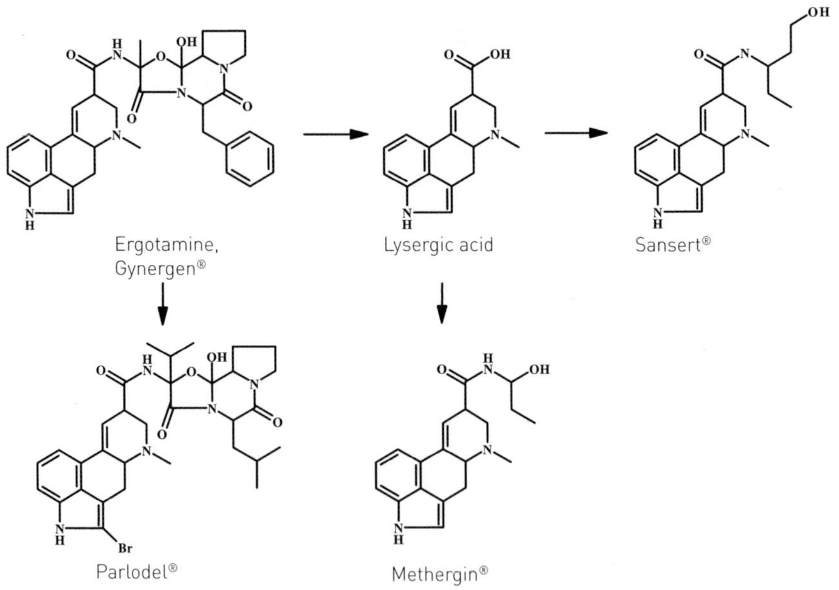

Abb. 14: Ergotamin als Haupt-verbindung für die Medikamente Methergin®, Sansert®, Parlodel®.

Fig. 14: Ergotamine as lead compound for the marketed drugs Methergin®, Sansert®, Parlodel®.

Fermentationszentren von Naturstoffen und produziert noch heute Paspal-säure für Novartis.[3]

Das Ergotalkaloidprojekt bei Sandoz ist eng mit Richard Willstätter ver-bunden und steht für seinen wissenschaftlichen Beitrag, den er gerade in den ersten Jahren für die junge Pharmasparte geleistet hatte. Über viele Jahre unter-

---

3   Auf der Suche nach einem geeigneten Produktionsstandort für Paspalsäure fand Sandoz in der ehemaligen Bierbrauerei «Biochemie GmbH» in Kundl (Österreich) den geeigne-ten Partner. Die 1658 gegründete Brauerei hatte 1944 die Produktion von «Kundl-Bier» einstellen müssen, da wegen der Kriegseinwirkungen kein Rohmaterial zur Bierherstel-lung angeliefert werden konnte. Nach Kriegsende förderte der französische Hoch-kommissar General Emile Bethouard, der ab Juli 1945 für die Region Vorarlberg und Tirol verantwortlich war, den wirtschaftlichen Wiederaufbau in der französischen Besatzungs-zone. Neben anderen Offizieren wurde auch Capitain Michel Rambaud um verschiedene Projektvorschläge gebeten. Zufälligerweise war Rambaud Chemiker und am Penicillin-projekt in England beteiligt, und so schlug er die Verwendung der Fermentationsanlagen der Brauerei für die Herstellung von Penicillin vor. Nach den nötigen technischen Anpas-sungen und mikrobiologischen Vorbereitungen, die Ende 1946 abgeschlossen worden waren, begann im Sommer 1947 die Produktion von Penicillin G. Vier Jahre später kehrte Michel Rambaud nach Frankreich zurück und wurde später Professor für Pharmazeuti-sche Chemie an der Universität Sorbonne in Paris (Nowotny, 2003).

Abb. 15: *Psilocybe mexicana* R. Heim.

Fig. 15: *Psilocybe mexicana* R. Heim.

producing penicillin G since 1947, subsequently became one of the world's largest fermentation centers for natural products and still produces paspalic acid for Novartis today.[3]

The ergot alkaloid project at Sandoz is closely associated with Richard Willstätter, marking in particular the scientific contribution that he made to the company's fledgling pharmaceutical business. For many years, he provided the natural products research group with invaluable scientific advice and maintained his friendship with his former student Arthur Stoll.

The sacred mushroom "teonanacatl" and divine sage

In 1955, Gordon Wasson, a vice-president of J. P. Morgan, and his Russian-born wife Valentina Pavlovna Guercken, a New York pediatrician, spent the summer in Mexico to continue their ethnomycological studies. During their fieldwork in southern Mexico, the couple was invited to participate in a ceremony at Huautla de Jiménez, in which a hallucinogenic mushroom known as "teonanacatl" was used (Wasson, 1957). Having witnessed the psychoactive power of this unfamiliar mushroom, Wasson contacted the French mycologist

---

3   In its search for a production location for this product, Sandoz identified the former brewery "Biochemie GmbH" as a suitable partner. "Kundl Bier" had been brewed at this site since 1658, but in 1944 production was stopped because raw materials could no longer be supplied as a result of the war. After the end of the war, the French High Commissioner General Emile Bethouard, who assumed responsibility for the Vorarlberg and Tyrol region in July 1945, sought to promote economic reconstruction in the French occupation zone. Among other officers, Captain Michel Rambaud was asked to propose various options for development. Rambaud, who happened to be a chemist involved in the penicillin project in the UK, suggested that the fermentation facilities at the brewery could be used to produce penicillin. After the necessary technical adjustments and microbiological preparations had been completed at the end of 1946, the production of penicillin G began in the summer of 1947. In 1951, Michel Rambaud returned to France and later became a professor of pharmaceutical chemistry at the Sorbonne in Paris (Nowotny, 2003).

stützte er die Naturstoffforschungsgruppe mit seinem unschätzbaren wissenschaftlichen Rat und blieb mit seinem ehemaligen Schüler Arthur Stoll stets freundschaftlich verbunden.

Der heilige Pilz «Teonanacatl» und der göttliche Salbei

Gordon Wasson, Vizepräsident bei J. P. Morgan, und seine Frau Valentina Pavlovna Guercken, eine in Russland geborene New Yorker Kinderärztin, verbrachten 1955 den Sommer in Mexiko, um ihre Studien zur ethnologischen Bedeutung von Pilzen fortzusetzen. Während ihrer Feldforschung in Südmexiko wurde das Paar eingeladen, an einer Pilzzeremonie in Huautla de Jiménez teilzunehmen, bei der der halluzinogene Pilz «Teonanacatl» verwendet wurde (Wasson, 1957). Wasson erlebte selbst die psychoaktive Wirkung des ihm unbekannten Pilzes und kontaktierte nach seiner Rückkehr den französischen Mykologen Roger Heim, der den Pilz als Vertreter der Gattung *Psilocybe* sp. klassifizierte. Heim war mit Hofmanns legendärer Arbeit über LSD sehr gut vertraut. Über Dr. Yves Dunant, Direktor von Sandoz France, stellte Heim den Kontakt zu Albert Hofmann her, um die Struktur der psychotropen Substanzen von *Psilocybe* sp. zu bestimmen. Zusammen mit seinem Laboranten Hans Tscherter gelang es Hofmann, die Indolphosphorsäureester Psilocybin und Psilocin zu isolieren. Indem er die Wirkung der während der Aufreinigung gewonnenen Fraktionen erneut an sich selbst testete, konnte Hofmann die Alkaloide rein darstellen und deren enge strukturelle Verwandtschaft mit dem Neurotransmitter Serotonin aufklären (Hofmann, 1958).

1962 suchten Wasson und Hofmann nach einer halluzinogenen «Zauberpflanze», die von den Mazateken der Sierra verwendet wurde und erstmals 1939 beschrieben worden war (Johnson, 1939). Schliesslich fanden sie ein erstes Exemplar der blühenden Pflanze im Dorf San José Tenango. Carl Epling und Carlos D. Játiva vom Botanischen Institut der Harvard University, Massachusetts, bestimmten die neue Salbeiart und nannten sie *Salvia divinorum* (Epling und Játiva, 1962). Hofmann gelang die Isolierung des psychotropen Wirkstoffs mit den damals zu Verfügung stehenden Trennmethoden jedoch nicht. Es sollte noch zwanzig Jahre dauern, bis Ortega und Valdez unabhängig voneinander die Struktur der aktiven Komponente der mystischen Pflanze der Mazateken bestimmen konnten (Ortega et al., 1982; Valdez et al., 1984). Salvinorin A bzw. Divinorin A binden mit sehr hoher Spezifität an den kappa-Opioid-Rezeptor des Gehirns und lösen über diesen Mechanismus die beschriebenen Halluzinationen aus (Roth, 2002).

Neue Krebsmedikamente aus der nordamerikanischen Pharmakopöe

Anfang der fünfziger Jahre begann sich Sandoz für Metaboliten des Maiapfels, der Arzneimittelpflanze *Podophyllum peltatum*, zu interessieren. Ein alkoholischer Extrakt der Pflanze, Podophyllin genannt, war in der ersten Ausgabe

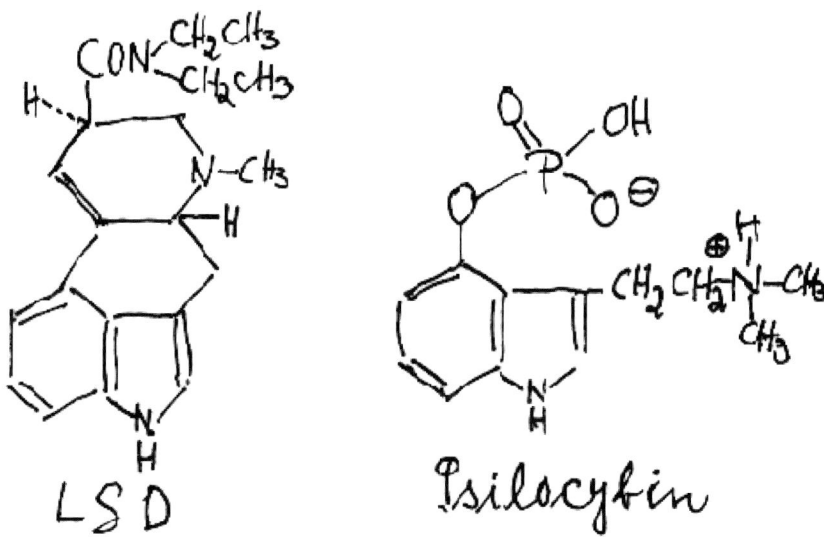

Abb. 16: Struktur von LSD
und Psilocybin in der Handschrift
Albert Hofmanns.

Fig. 16: Structure of LSD
and psilocybin in Albert Hofmann's
handwriting.

Roger Heim, who classified it as a member of the genus *Psilocybe*. Heim, who was well acquainted with Hofmann's already legendary work on LSD, approached him through Dr. Yves Dunant, Director of Sandoz France, and asked him to determine the structure of the psychotropic principles of *Psilocybe* spp. Together with his laboratory assistant Hans Tscherter, Hofmann isolated the indole phosphoric acid esters psilocybin and psilocin. By once again testing on himself the activity of the fractions obtained by purification, he identified the alkaloids and demonstrated that they were structural analogues of the neurotransmitter serotonin (Hofmann, 1958).

In 1962, Wasson and Hofmann searched for a "magical" plant used by the Mazatec Indians of the Sierra, which had previously been described (Johnson, 1939). Finally, in the village of San José Tenango, they obtained the first specimen of the flowering plant. The new sage species was taxonomically identified and given the name *Salvia divinorum* by Carl Epling and Carlos D. Játiva at the Botanical Institute of Harvard University in Cambridge, Massachusetts (Epling and Játiva, 1962). However, with the separation methods available at that time, Hofmann was not able to isolate the psychotropic ingredient. It was

Abb. 17: Struktur von Salvinorin A
bzw. Divinorin A.

Fig. 17: Structure of salvinorin A
or divinorin A.

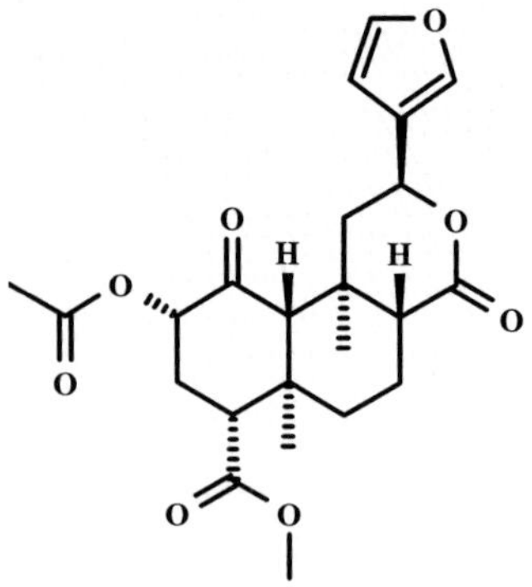

der *Pharmacopoeia* der Massachusetts Medical Society aus dem Jahre 1808 als Mittel beschrieben worden, das von Indianern zur Behandlung von Genital-warzen verwendet wurde.

Die Strukturaufklärung des Podophyllotoxins, eines gegen Krebszell-linien äusserst aktiven Inhibitors der Kernspindeln, lenkte die Aufmerksam-keit auf diesen neuen Naturstoff (Hartwell und Schrecker, 1951). Wegen der hohen Toxizität und der schlechten Wasserlöslichkeit des Lignans konnte aus der Substanz jedoch kein Medikament entwickelt werden.

Die Naturstoffgruppe begann mit der Suche nach weiteren hydrophilen Varianten des neuen Pharmakophors. Im Jahre 1954 gelang es den beiden Che-mikern Jany Renz und Albert von Wartburg in Zusammenarbeit mit dem Arzt und Pharmakologen Hartmann Stähelin, glykosylierte Podophyllotoxine zu isolieren. Die Verbindungen stellten sich als weniger toxisch, aber leider auch als weniger zytostatisch heraus. So wurde ein Chemieprojekt initiiert, um die antiproliferative Aktivität der Lignanglykoside zu verbessern. 1967 gelang die stereoselektive Umsetzung des Podophyllotoxinglykosids zum Etoposid, das sich als wesentlich potenter erwies als seine Ausgangsverbindung.

Anfangs glaubte man, die höhere Aktivität des Derivats ginge mit einer stärkeren Hemmung des Spindelapparats einher. Erst zwanzig Jahre später konnten die molekularen Zusammenhänge, die zu diesem Effekt führten, auf-geklärt werden: Mit der Umsetzung des Podophyllotoxinglykosids zu Etopo-sid findet eine Epimerisierung statt; das neue Diastereomer interagiert über-raschenderweise nicht mehr mit den Zellspindeln, hemmt aber stattdessen die Topoisomerase II. In der Zwischenzeit hatte jedoch Bristol-Myers Squibb die Lizenz für das Lignanderivat erworben und auf dem Markt eingeführt (Stähe-lin und von Wartburg, 1989). Mit Hilfe des pflanzlichen Wirkstoffs konnte die biochemische Bedeutung der Topoisomerase II für die Genregulation und -transkription näher untersucht werden. Die Inhibition dieses Schlüssel-enzyms mit Podophyllotoxinderivaten wird noch heute in der Krebstherapie genutzt.

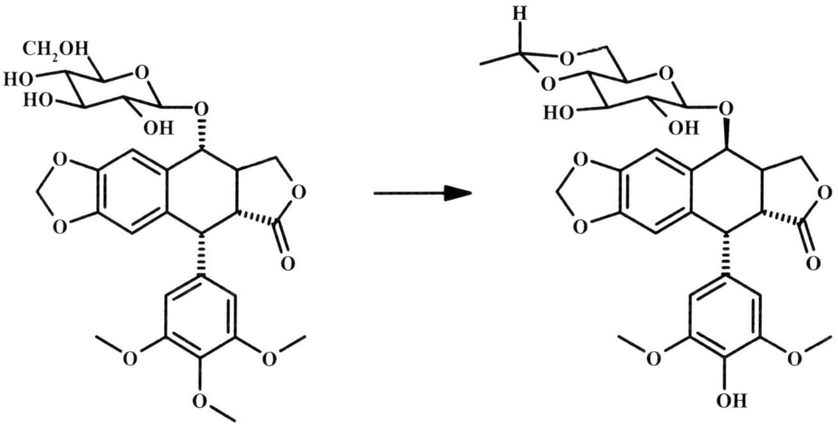

Abb. 18: Struktur von Podophyllo-
toxinglykosid und Etoposid.

Fig. 18: Structure of podophyllotoxin
glycoside and etoposide.

not until twenty years later that the structure of the active component of the Mazatec Indians' mystic plant was independently elucidated by Ortega and Valdez (Ortega et al., 1982; Valdez et al., 1984). Salvinorin A or divinorin A is a highly selective kappa-opioid receptor agonist, which explains its hallucinogenic effects (Roth, 2002).

New anticancer agents from the North American Pharmacopoeia
In the early 1950s, the Sandoz group became interested in metabolites of the medicinal plant *Podophyllum peltatum* (mayapple). In 1808, an alcoholic extract of the plant, called podophyllin, had been described in the first edition of the *Pharmacopoeia* of the Massachusetts Medical Society as an agent used by native Americans for the treatment of venereal warts.

The structural elucidation of the spindle poison podophyllotoxin at the beginning of the 1950s drew attention to this new natural product, which showed marked potency against cancer cells (Hartwell and Schrecker, 1951). However, pharmaceutical development of this lignan failed on account of its high toxicity and the poor solubility of the compound in water.

The Sandoz group began to look for more hydrophilic variants of the new pharmacophore. In 1954, the two chemists Jany Renz and Albert von Wartburg, in collaboration with the physician and pharmacologist Hartmann Stähelin, isolated glycosylated podophyllotoxins. These compounds turned out to be less toxic, but unfortunately also less cytostatic. A chemistry project was then started to improve the anticancer activity of the lignan glycosides.

Abb. 19: Bodenprobe, aus der der Pilz *Tolypocladium inflatum* isoliert wurde.

Fig. 19: Soil sample from which the fungus *Tolypocladium inflatum* was isolated.

Abb. 20: Mikroskopisches Bild des *Tolypocladium inflatum*.

Fig. 20: Microscopic picture of *Tolypocladium inflatum*.

Cyclosporin und ein neues Kapitel der Immunpharmakologie

Während der Sommerferien im Jahre 1969 nahm eine wissenschaftliche Sensation ihren Anfang: Der Sandoz-Mitarbeiter Hans Peter Frey brachte aus seinem Urlaub einige Bodenproben mit nach Basel. Aus einer dieser Proben isolierten der Mikrobiologe Berthold Thiele und sein Laborant Karri Müller den Pilz *Tolypocladium inflatum* und testeten seinen Kulturextrakt gegen Bakterien und Pilze. Bei einem filamentös wachsenden Pilz stellten sie eine Wachstumshemmung fest, die mit einer bisher nicht beobachteten Verzweigung der Hyphen verbunden war. Mit Hilfe dieses Testsystems wurde das zyklische Peptid Cyclosporin isoliert.

Da das antimykotische Aktivitätsprofil von Cyclosporin in den nachfolgenden experimentellen Reihen nicht überzeugte, wurden diese Untersuchungen abgeschlossen. Die Verbindung wurde an das allgemeine Wirkstoffscreening weitergeleitet, und dabei entdeckten die Pharmakologen Hartmann Stähelin und Jean-François Borel die immunsuppressive Aktivität des Peptids (Dreyfuss, 1976; Borel und Kis, 1991; Stähelin, 1996). Die Chemiker Arthur Ruegger und Zoltan Kis erkannten rasch, dass die chemische Struktur des aktiven Wirkstoffs einzigartig war. Überzeugt vom therapeutischen Potential dieser neuartigen Wirkstoffklasse bei Transplantationen, trieben die Pharmakologen das Forschungsprojekt voran. Mit der Entscheidung, das neuartige Peptid für die Transplantationsmedizin zu entwickeln, betrat Sandoz nach der Ergotalkaloidforschung nun erneut wissenschaftliches Neuland: die Immunbiologie.

In 1967, stereoselective reaction of the natural product yielded the derivative etoposide, which proved to be significantly more potent than the precursor compound.

Initially, the higher antiproliferative activity of the derivative was thought to be associated with increased activity of the spindle poison. It took almost twenty years before the molecular mechanisms underlying this effect were elucidated. The conversion of podophyllotoxin glycoside to etoposide involves an epimerization. Surprisingly, the new diastereomer no longer interacts with the spindle apparatus, but it inhibits topoisomerase II. In the intervening years, however, the lignan derivative had been licensed and marketed by Bristol-Myers Squibb (Stähelin and von Wartburg, 1989). This plant-based substance facilitated a closer study of the biochemical role of topoisomerase II in gene regulation and transcription. The inhibition of this key enzyme with compounds derived from podophyllotoxins remains an important approach in today's cancer therapy.

Cyclosporine and a new era of immunopharmacology

The origins of a scientific sensation can be traced back to the summer of 1969, when Hans Peter Frey, a Sandoz employee, brought a few soil samples back to Basel from his vacation. From one of these samples, the microbiologist Berthold Thiele and his technician Karri Müller isolated the fungus *Tolypocladium inflatum,* of which a broth extract was tested against bacteria and fungi. In the case of a filamentous fungus, growth was found to be inhibited following branching of the fungal hyphae which had not previously been observed. With the aid of this assay, the cyclic peptide cyclosporine was isolated.

As the antifungal activity profile of cyclosporine in subsequent experiments proved disappointing, the compound was handed over to the general screening program. Here, its immunosuppressive activity was discovered by

Abb. 21: Cyclosporin-Struktur.

Fig. 21: Structure of cyclosporine.

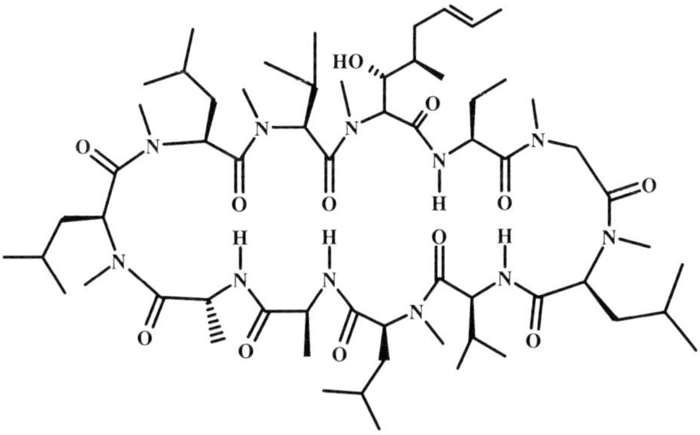

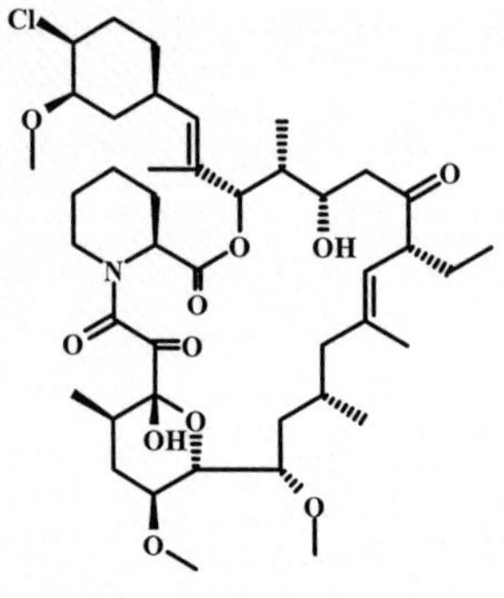

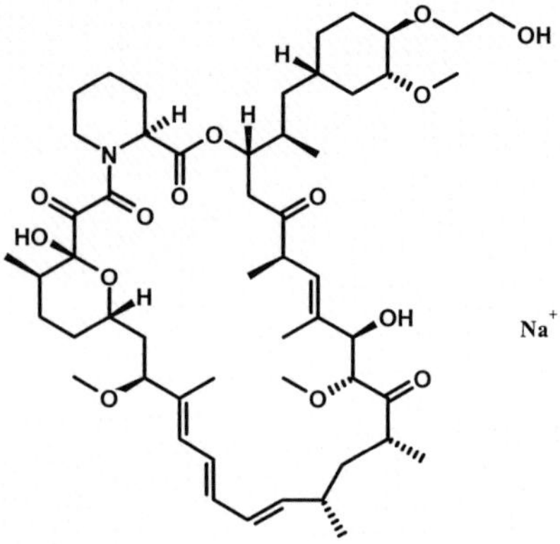

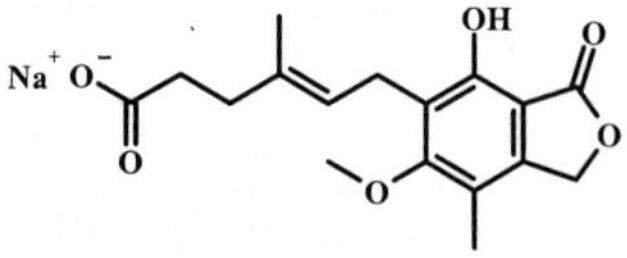

Abb. 22: Pimecrolimus/Elidel®

Fig. 22: Pimecrolimus/Elidel®

Everolimus/Certican®

everolimus/Certican®

Natriummycophenolat/Myfortic®

mycophenolate sodium/Myfortic®

1982 gelangte Cyclosporin als Sandimmun® auf den Markt und revolutionierte die Transplantationsmedizin. Mit der Gabe von Cyclosporin und der dadurch unterdrückten Immunabwehr verlängerte sich die Überlebensdauer der transplantierten Organe signifikant, und gleichzeitig kamen Transplantationspatienten besser mit Infektionserkrankungen zurecht. Autoimmunerkrankungen wie schwere Formen von Psoriasis, rheumatoider Arthritis, Morbus Crohn, systemischer Lupus sowie nephritisches Syndrom konnten mit dem zyklischen Peptid wirksamer behandelt werden.

Mit der Entdeckung des Cyclosporins, Rapamycins (Ayerst, 1975) und FK506 (Fujisawa, 1987) wurden in den folgenden Jahren die molekularen Zusammenhänge der T-Zell-vermittelten Immunantwort entschlüsselt.

Sandoz setzte die Suche nach neuen Immunsuppressiva zunächst nicht fort, und erst 1984 wurde ein neues Forschungsprogramm unter der Leitung des Immunologen Max Schreier initiiert, um neue Immunsuppressiva aus biologischen Quellen zu finden. In den folgenden zwanzig Jahren arbeitete die Naturstoffabteilung eng mit den Forschungsgruppen der Transplantation und Dermatologie zusammen. Die Aktinomyceten-Gruppe des Mikrobiologen Jean-Jacques Sanglier, der Mykologe Michael Dreyfuss, die Fermentationsanlage unter der Leitung von Klaus Memmert sowie die Naturstoffchemiker Theo Fehr, Hans Tscherter und René Traber spielten eine wesentliche Rolle bei der erfolgreichen Entwicklung der Derivate von Rapamycin (Everolimus/Certican®), von Ascomycin (Pimecrolimus/Elidel®) und der Mycophenolsäure (Natriummycophenolat/Myfortic®), die in den Jahren 2000 und 2003 auf den Markt gelangten.

the pharmacologists Hartmann Stähelin and Jean-François Borel (Dreyfuss, 1976; Borel and Kis, 1991; Stähelin, 1996). In addition, it became rapidly clear to the chemists Arthur Ruegger and Zoltan Kis that the chemical structure of the active compound was unique. The research project was energetically pursued when pharmacologists became convinced that this novel class had therapeutic potential in the area of transplantation medicine. The decision by Sandoz to develop the novel peptide for this therapeutic area once again ushered in a new era of natural products research – immunobiology.

Introduced as Sandimmune® in 1982, cyclosporine revolutionized transplantation medicine. Graft survival was significantly prolonged, and patients treated with this agent were better able to cope with general infections. With cyclosporine, autoimmune diseases such as severe forms of psoriasis, rheumatoid arthritis, Crohn's disease, systemic lupus erythematosus and nephritic syndrome could be treated more effectively.

The discovery of cyclosporine and subsequently rapamycin (Ayerst, 1975) and FK506 (Fujisawa, 1987) led to the elucidation of the molecular basis of the T-cell-mediated immune response.

The search for new immunosuppressives was not immediately pursued, but in 1984 a new program led by the immunologist Max Schreier was launched with the aim of discovering new immunosuppressive agents derived from natural products. Over the next twenty years, the Natural Products group collaborated closely with the transplantation and dermatology research groups. The microbiologist Jean-Jacques Sanglier's *Actinomycetes* group, the mycologist Michael Dreyfuss, the fermentation plant headed by Klaus Memmert, and the natural products chemists Theo Fehr, Hans Tscherter and René Traber played a key role in the successful development of derivatives of rapamycin (everolimus/Certican®), ascomycin (pimecrolimus/Elidel®) and mycophenolic acid (mycophenolate sodium/Myfortic®), launched between 2000 and 2003.

Traditional natural remedies:
the beginning of Natural Products Research at Ciba
In 1900, Ciba started its pharmaceutical business with the antiseptic Vioform® and the antirheumatic Salen®. While Sandoz focused on the development of ergotamine, Ciba began to develop a potent circulatory and respiratory stimulant, based on a degradation product of natural nicotine, nicotinic acid. In 1918, Hartmann and Seibert converted nicotinic acid to its diethylamide, and this analeptic was introduced as Coramine® in 1924.

Until the beginning of the 1930s, unlike its local competitors, Ciba did not have an efficient research operation or well-established business in the natural products area. Sandoz had been successful in the ergotamine field and had been working intensively for some years on cardiac glycosides from *Bulbus scillae, Digitalis* spp. and *Strophanthus* spp. Roche had sold a standardized *Digitalis*

Naturstoffe aus der traditionellen Medizin:
der Beginn der Naturstoffforschung bei Ciba

Im Jahre 1900 begann Ciba ihr Pharmageschäft mit dem antiseptischen Vioform® und dem antirheumatischen Salen®. Während sich Sandoz auf Ergotamin konzentrierte, entwickelte Ciba ein potentes Kreislauf- und Atmungsstimulans, das auf einem Abbauprodukt des natürlichen Nikotins, der Nikotinsäure, beruhte. 1918 gelang Hartmann und Seibert die Umsetzung der Nikotinsäure zum Diethylamid, und bereits 1924 wurde das Analeptikum als Coramin® auf den Markt gebracht.

Im Gegensatz zu ihren Basler Konkurrenten, die bereits eine effiziente Naturstoffforschung aufgebaut und ein darauf basierendes Geschäftsfeld erschlossen hatten, war diese Entwicklung an Ciba bis zum Beginn der dreissiger Jahre vorübergegangen. Sandoz war mit der Ergotaminforschung erfolgreich gewesen und arbeitete nun seit einigen Jahren bereits intensiv an den Glykosiden aus *Bulbus scillae, Digitalis* sp. und *Strophanthus* sp. Roche vertrieb seit 1904 einen standardisierten Extrakt aus *Digitalis* sp. zur Behandlung der Herzinsuffizienz. 1909 führte sie mit Pantopon® bereits ein weiteres Naturstoffgemisch in die Humantherapie ein. Der aus Schlafmohn *(Papaver somniferum)* gewonnene Extrakt zur Behandlung von Schmerzen, Krämpfen, Husten, Angst- und Erregungszuständen wird noch heute von Roche vertrieben und unter anderem bei schweren Durchfallerkrankungen eingesetzt.

Erst 17 Jahre nach Sandoz setzte bei Ciba die gezielte Arzneimittelsuche aus biologischen Quellen ein, und mit der Anstellung von Professor Emil Schlittler am 1. November 1934 durch Max Hartmann, Leiter der Pharmaforschung bei Ciba, begann der Aufbau der Naturstoffforschung im dritten Basler Pharmaunternehmen.

Abb./Fig. 23: Max Hartmann (1884–1952).

Abb./Fig. 24: Emil Schlittler (1906–1979).

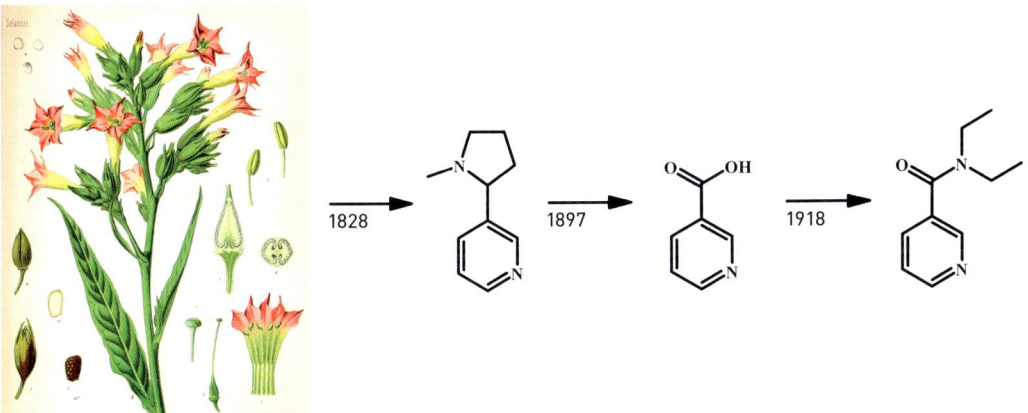

Abb. 25: Die wichtigsten Schritte zum Coramin®: 1828: Isolierung von Nikotin aus der Tabakpflanze *Nicotiana tabacum* durch die Studenten Posselt und Reimann an der Universität Heidelberg; 1897: Abbau von Nikotin zu Nikotinsäure durch Pictet und Genequand; 1918: Herstellung von Diethylamid aus Nikotinsäure durch Hartmann und Seibert.

Fig. 25: Key steps to Coramin®: 1828: Isolation of nicotine from the tobacco plant *Nicotiana tabacum* by the students Posselt and Reimann at University of Heidelberg; 1897: Degradation of nicotine to nicotinic acid by Pictet and Genequand; 1918: Generation of the diethylamide from nicotinic acid by Hartmann and Seibert.

extract for the treatment of cardiac insufficiency since 1904. Five years later, Roche had commercialized Pantopon®, another natural mixture. This extract of the opium poppy *(Papaver somniferum)*, used for the treatment of pain, spasm, cough, anxiety and excitation states, is still sold by the company today, with indications now including severe diarrhea.

Ciba's systematic effort to discover drugs from natural sources only began 17 years after Sandoz's, when, on November 1, 1934, Max Hartmann, head of pharmaceutical research at Ciba, hired Professor Emil Schlittler to establish a natural products research group within Basel's third pharmaceutical company.

Schlittler had studied chemistry at the ETH in Zurich in the late 1920s. After receiving his doctorate in 1932, he joined the medicinal chemistry institute of Professor George Barger at the University of Edinburgh, where he submitted a second doctoral thesis (on yohimbine alkaloids) in 1934. Schlittler continued his scientific education at the organic chemistry institute of Sir Robert Robinson at the University of London and worked briefly as an assistant to Professor Paul Karrer at the university in Zurich before joining Ciba.

Emil Schlittler's first research projects at Ciba were concerned with indole alkaloids from the plant *Vallesia glabra* and cardiac glycosides from *Adenium somalense*, a plant used in eastern Africa for the preparation of arrow poison.

During World War II, Schlittler learned of an interesting medicinal plant from Ciba sales representatives in India. Ayurvedic accounts mentioned the

Schlittler hatte in den späten zwanziger Jahren Chemie an der ETH Zürich studiert. Nach Abschluss seines Doktorats wechselte er 1932 an das medizinal-chemische Institut der Universität Edinburgh zu Professor George Barger, bei dem er 1934 seine zweite Doktorarbeit über Yohimbinalkaloide einreichte. Schlittler setzte seine wissenschaftliche Ausbildung am Institut für organische Chemie bei Professor Sir Robert Robinson an der Universität London fort und übernahm für kurze Zeit in der Arbeitsgruppe von Professor Paul Karrer an der Universität Zürich eine Assistentenstelle, bis er zur Pharmaforschung von Ciba wechselte.

Emil Schlittler bearbeitete bei Ciba zunächst Indolalkaloide aus der Pflanze *Vallesia glabra* und Herzglykoside aus *Adenium somalense,* einer in Ostafrika zur Herstellung von Pfeilgift verwendeten Pflanze.

Während des Zweiten Weltkriegs erfuhr Schlittler über Vertreter von Ciba in Indien von einer interessanten Heilpflanze. Gemäss ayurvedischen Berichten wirke die Wurzel von «pagla-ka-dawa» oder Schlangenwurzel *(Rauwolfia serpentina)*[4] beruhigend und werde zur Behandlung von Angst- und Erregungszuständen verwendet. Der erste Bericht über die beruhigende und blutdrucksenkende Wirkung von *Rauwolfia serpentina* im 20. Jahrhundert war 1931 von den indischen Wissenschaftlern Sen und Bose veröffentlicht worden. Als nach dem Krieg Ciba-Mitarbeiter zu ihren Geschäftstreffen aus Indien wieder nach Basel reisen konnten, brachten sie einige Wurzeln der ayurvedischen Medizinalpflanze für das Team von Schlittler mit, der 1946 das Projekt zur Isolierung der aktiven Substanz startete. 1949 berichtete der indische Arzt Rustom Jal Vakil im *British Heart Journal* weitere Ergebnisse zur anti-hypertensiven Aktivität der Schlangenwurzel. Robert Wilkins vom Bostoner Massachusetts Memorial Hospital wiederholte die Experimente und fand heraus, dass sich die Pflanze bei seinen Patienten zudem als Psychorelaxans einsetzen liess (Wilkins und Judson, 1953). Bereits 1950 hatte der junge Schweizer Naturstoffchemiker Johannes Müller die Isolierungsarbeiten im *Rauwolfia*-Projekt bei Ciba übernommen[5], und nur zwei Jahre später konnte er in Zusammenarbeit mit dem Pharmakologen Professor Hugo Bein ein neues Alkaloid, das Reserpin genannt wurde, in reiner Form gewinnen (Müller, 1952).

4   Die Pflanze erhielt ihren Namen zu Ehren des Botanikers, Arzts und Reisenden Leonard Rauwolf (1540–1596) aus Augsburg, der in seinem Buch *Reisen in den Orient* aus dem Jahre 1573 unter anderem die Verwendung von Kaffee beschrieben hatte.

5   Ciba beauftragte Schweizer Botaniker damit, verwandte Pflanzenarten in anderen Ländern zu identifizieren. In Belgisch-Kongo fanden sie *Rauwolfia vomitoria.* Die Chemiker der Ciba-Naturstoffgruppe konnten zeigen, dass deren Reserpingehalt sogar höher war als bei der indischen Pflanzenart. So wurde die afrikanische Pflanzenspezies zur Reserpingewinnung ausgesucht.

use of the root of "pagla-ka-dawa" or snakeroot *(Rauwolfia serpentina)*[4] for the treatment of anxiety and excitement. The first report on the antihypertensive and tranquilizing activity of *Rauwolfia serpentina* in the 20th century was published by the Indian scientists Sen and Bose in 1931. After the war, when Ciba staff from India once again traveled to Basel for business meetings, they brought some roots of the Ayurvedic plant for the group led by Schlittler, who in 1946 initiated a project to isolate the active principle. In 1949, the Indian physician Rustom Jal Vakil published further findings concerning the plant's antihypertensive activity in the *British Heart Journal*. Robert Wilkins of Boston's Massachusetts Memorial Hospital repeated the experiments and found that the remedy also showed sedative effects in his patients (Wilkins and Judson, 1953). In 1950, the young natural products chemist Johannes Müller took over the *Rauwolfia* project[5] at Ciba and two years later, in collaboration with the pharmacologist Professor Hugo Bein, he isolated a new alkaloid, which was called reserpine (Müller, 1952).

In 1953, reserpine[6] was marketed as Serpasil®[7], representing the first purified Ayurvedic remedy to be used in modern Western medicine. Reserpine and the antihistaminic chlorpromazine (Smith-Kline and French), whose antipsychotic activity was described in 1952, were the first tranquilizers to be used in modern human therapy and were among the first orally bioavailable antihypertensives. In the following years, reserpine contributed to the elucidation of the role of the neurotransmitters 5-hydroxytryptamine, noradrenaline and dopamine, providing initial insights into the biochemical basis of depression and Parkinson's disease. It thus marked the beginning of the development of modern psychoactive treatments.

4 The plant was named in honor of the botanist, physician and traveler Leonard Rauwolf (1540–1596) of Augsburg, who was the first European to describe the use of coffee (in *Travels to the Levant*, published in 1573).

5 Swiss botanists commissioned by Ciba to identify related plant species in other countries discovered *Rauwolfia vomitoria* in the Belgian Congo. The natural products group demonstrated that this species had an even higher reserpine content than the Indian plant. The African species was thus selected as the source of reserpine supplies.

6 For the market introduction, several tons of *Rauwolfia* roots had to be imported from the Belgian Congo. As transport by sea (via the South and North Atlantic) would have taken three months, the plant material was transported by air to ensure a timely launch. This was the first time that Ciba had had a starting material flown in for its pharmaceutical business.

7 During a trip through India around the same time, Professor Arthur Stoll received some roots of *Rauwolfia canescens* as a gift from the Maharaja of Hyderabad, who told him that the herbal remedy was highly effective. Albert Hofmann started a program to isolate the alkaloids as soon as he obtained the roots from Professor Stoll. Although he achieved crystallization before Johannes Müller on the other side of the Rhine, Ciba won the race for the reserpine structure; Sandoz introduced reserpine (Adelphane®) in the mid-1950s (Müller, 2004).

 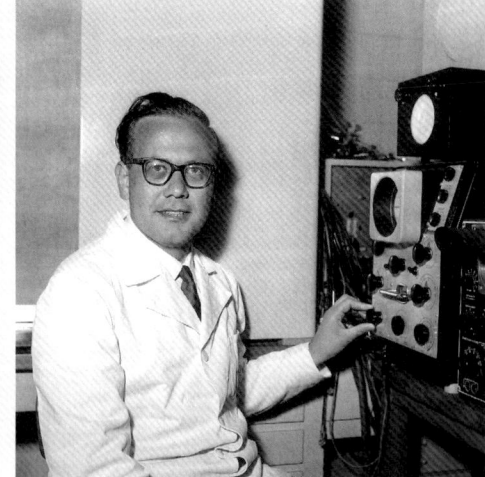

Abb./Fig. 26: Johannes Müller (* 1921). **Abb./Fig. 27:** Hugo Bein.

Mit der Vermarktung von Reserpin[6] als Serpasil®[7] ab dem Jahre 1953 wurde die erste Reinsubstanz aus der ayurvedischen Medizin in die moderne Medizin eingeführt. Reserpin und das Antihistaminikum Chlorpromazin (Smith-Kline und French), dessen antipsychotische Wirkung 1952 beschrieben wurde, waren die ersten Beruhigungsmittel in der modernen Humantherapie und zählten zu den ersten Medikamenten gegen Bluthochdruck mit oraler Bioverfügbarkeit. In den folgenden Jahren trug Reserpin zur Aufklärung der Funktion der Neurotransmitter 5-Hydroxytryptamin, Noradrenalin und Dopamin bei. Es gewährte erste Einblicke in die biochemischen Grundlagen von Depression und der Parkinson'schen Krankheit und steht somit am Anfang der Entwicklung moderner Psychotherapeutika.

6   Um das Medikament auf dem Markt einzuführen, mussten mehrere Tonnen der *Rauwolfia*-Wurzeln aus Belgisch-Kongo importiert werden. Der Schifftransport über den Süd- und Nordatlantik hätte drei Monate gedauert, und eine termingerechte Produkteinführung wäre nicht möglich gewesen. So wurde das Pflanzenmaterial per Luftfracht transportiert. Es war das erste Mal in ihrer Geschichte, dass Ciba das Ausgangsmaterial für eines ihrer Pharmaprodukte einfliegen liess.

7   Zur gleichen Zeit erhielt Professor Arthur Stoll während einer Reise durch Indien einige Wurzeln der *Rauwolfia canescens* als Gastgeschenk vom Maharadscha von Hyderabad, der ihm von der hohen Wirksamkeit der pflanzlichen Arznei erzählte. Albert Hofmann begann sofort mit der Isolierung der Alkaloide, als er die Wurzeln von Professor Stoll erhielt. Obwohl er vor Johannes Müller auf der anderen Seite des Rheins Kristalle erhielt, gewann Ciba das Rennen um die Reserpin-Struktur … Sandoz führte Reserpin (Adelphan®) erst Mitte der fünfziger Jahre auf dem Markt ein (Müller, 2004).

Successful collaboration with the ETH in Zurich

In 1943, at the suggestion of Ciba Basel, a team of biologists and chemists at the ETH in Zurich began working on antibiotics. The biology group was led by the botanist Professor Ernst Gäumann, while the chemistry group was established by Professor Placidus Plattner and subsequently headed by Professor Vladimir Prelog. From the late 1950s, the research group (Hans Zähner, Elisabeth Bachmann, Ralph Hütter, Walter Keller-Schierlein, Leopold Ettlinger) collaborated with the Natural Products group at Ciba on a new class of natural products that form complexes with iron. Ferrioxamine B was isolated by Hans Bickel at Ciba, and the structural elucidation by Vlado Prelog and Walter Keller-Schierlein revealed the substance to be an N-hydroxylated linear peptide (Bickel, 1960). The ferrioxamines, produced by microorganisms such as the bacterium *Streptomyces pilosus,* display extremely high complex formation constants of about $K = 10^{31}$ M^{-1} for Fe^{3+} ions and are responsible for bacterial iron supply.

The initial idea of using the ferrioxamine B iron complex to supply iron for anemic patients or mothers after childbirth was not successful. A clinical study led by Professor Ludwig Heilmeyer at the University of Freiburg in Germany showed that patients excreted iron ions via the kidneys in the form of the unchanged ferrioxamine B complex. However, renal excretion of Fe^{3+} ions had never previously been reported, and this chance observation led to a new therapeutic concept. Professor Heilmeyer, together with his co-worker Dr. F. Wöhler at the University of Freiburg and the Ciba researchers Dr. F. Gross and Dr. K. D. Bock, suggested that the well-tolerated desferri-form should be used for iron chelation, whereby toxic iron concentrations could be reduced in patients suffering from thalassemia and hemochromatosis (Fiedler, 1994).

Erfolgreiche Projekte mit der ETH Zürich

Auf Anregung von Ciba Basel begann 1943 ein Team von Biologen und Chemikern der ETH Zürich mit der Bearbeitung von Antibiotika. Der Botaniker Professor Ernst Gäumann leitete die Biologiearbeitsgruppe, während Professor Placidus Plattner die Chemiegruppe aufbaute, die später von Professor Vladimir Prelog übernommen wurde. Seit den späten fünfziger Jahren arbeitete die Forschungsgruppe (Hans Zähner, Elisabeth Bachmann, Ralph Hütter, Walter Keller-Schierlein, Leopold Ettlinger) gemeinsam mit der Naturstoffabteilung von Ciba an der Erforschung von neuartigen Eisen komplexierenden Naturstoffen. Mit der Isolierung des Ferrioxamins B durch Hans Bickel bei Ciba und der Strukturaufklärung durch Vlado Prelog und Walter Keller-Schierlein zeigte sich, dass es sich dabei um ein N-hydroxyliertes lineares Peptid handelt (Bickel, 1960). Die unter anderem von dem Bakterium *Streptomyces pilosus* produzierten Ferrioxamine besitzen überaus hohe Komplexierungskonstanten von rund $K = 10^{31}$ M^{-1} gegenüber Fe^{3+}-Ionen und sind für die Eisenversorgung des Bakteriums verantwortlich.

Die ursprüngliche Idee, den Eisenkomplex von Ferrioxamin B zur Eisenzufuhr bei anämischen Patienten oder bei Müttern nach der Geburt einzusetzen, blieb erfolglos. Eine klinische Studie unter der Leitung von Professor Ludwig Heilmeyer an der Universität Freiburg im Breisgau zeigte, dass die Patienten Eisenionen in Form des unveränderten Ferrioxamin-B-Komplexes über die Nieren ausschieden. Eine renale Ausscheidung von Fe^{3+}-Ionen war bis dahin jedoch völlig unbekannt gewesen. Diese Zufallsbeobachtung führte zu einem neuen therapeutischen Ansatz. Es waren Professor Heilmeyer mit seinem Mitarbeiter Dr. F. Wöhler von der Universität Freiburg und die Ciba-Forscher Dr. F. Gross mit Dr. K. D. Bock, die den Einsatz der gut tolerierten Desferriform zur Eisenchelatbildung und damit zur Senkung toxischer Eisenkonzentration bei Patienten mit Thalassämie und Hämochromatose vorschlugen (Fiedler, 1994).

Ciba entwickelte die industrielle Produktion von Desferrioxamin B und führte den Wirkstoff 1963 als Desferal® ein. Die verkürzte Lebenserwartung von Patienten mit Thalassämie und Hämochromatose wurde durch die Desferal®-Therapie auf diejenige von gesunden Menschen erhöht; bis heute hält Novartis einen Marktanteil von hundert Prozent bei der Behandlung dieser Erkrankungen.

Etwa zur selben Zeit nahm ein weiteres Naturstoffprojekt von Ciba seinen Anfang in Italien. Seit 1957 arbeitete das Naturstoffteam der Firma Lepetit an einem hochaktiven unbekannten Antibiotikum aus dem Bakterium *Amycolatopsis mediterranei,* das aus einer Bodenprobe eines Pinienwalds in der Nähe von Saint-Raphaël in Frankreich isoliert worden war (Sensi, 1959).

Lepetit schickte eine Probe des isolierten Wirkstoffs an Vladimir Prelog, der die Struktur des neuartigen Antibiotikums Rifamycin, des ersten Vertre-

Abb. 29: *Streptomyces pilosus.*

Fig. 29: *Streptomyces pilosus.*

Abb. 30: Struktur
von Desferrioxamin B.

Fig. 30: Structure
of desferrioxamine B.

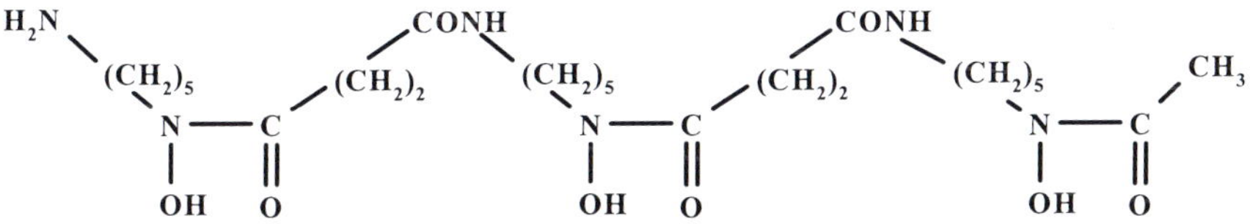

Ciba developed the industrial production of desferrioxamine B and introduced the compound as Desferal® in 1963. The new drug increased the severely reduced life expectancy of patients suffering from thalassemia and hemochromatosis to almost that of the general population. Today, Novartis still has a hundred percent market share in the treatment of these diseases.

Also around this time, another Ciba natural products project began in Italy. Since 1957, the natural products group at Lepetit had been working on a highly active antibiotic of unknown structure from the bacterium *Amycolatopsis mediterranei*, isolated from a soil sample collected at a pine arboretum near Saint-Raphaël in France (Sensi, 1959).

Lepetit sent a sample of the isolated active substance to Vladimir Prelog, who elucidated the structure of rifamycin, the first of the new ansamycin antibiotics.

As a member of Ciba's Board and a scientific consultant to Pharmaceutical Research, closely involved in the desferrioxamine project, Prelog was famil-

Abb. 31: *Amycolatopsis mediterranei.*
Fig. 31: *Amycolatopsis mediterranei.*

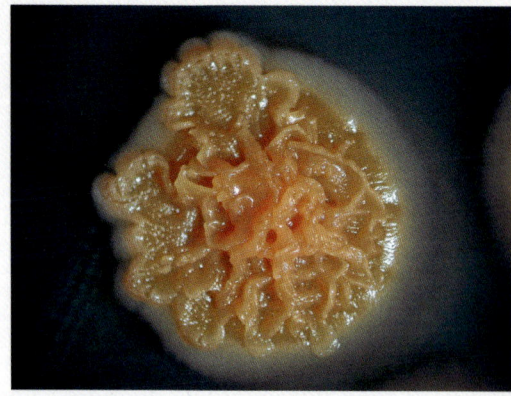

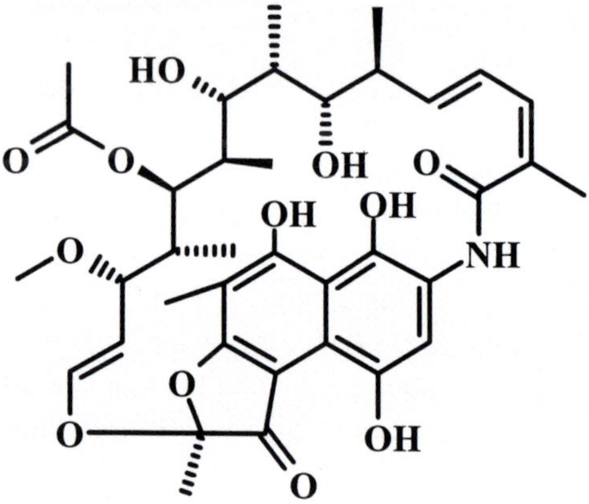

Abb. 32: Rifamycin-Struktur.
Fig. 32: Structure of rifamycin.

ters der neuen Ansamycin-Antibiotika, aufklärte. Als Mitglied des Verwaltungsrats von Ciba, wissenschaftlicher Berater der Pharmaforschung und darüber hinaus eng in das Desferrioxaminprojekt eingebunden, war Prelog bestens mit den technologischen Möglichkeiten der Naturstoffabteilung vertraut. Er überzeugte Lepetit und Ciba, das neue Antibiotikum gemeinsam zu entwickeln. Jakob Nüesch, der mit seinem Eintritt in die Ciba ab 1961 die Mikrobiologie aufbaute, in späteren Jahren die Forschungsleitung in Basel übernahm und danach zum Präsidenten der ETH Zürich berufen wurde, entdeckte den neuartigen Wirkmechanismus von Rifamycin, die Inhibition der bakteriellen DNA-abhängigen RNA-Polymerase. Im Jahre 1967 brachte Ciba Rimactan®, ein semisynthetisches Derivat von Rifamycin, auf den

iar with the capabilities and excellent equipment of the Natural Products group. He persuaded Lepetit and Ciba to co-develop the new antibiotic. Professor Jakob Nüesch – who established the microbiology research group at Ciba in 1961, later became head of research in Basel and was subsequently appointed president of the ETH in Zurich – revealed the novel mechanism of action of rifamycin: inhibition of the bacterial DNA-dependent RNA polymerase. In 1967, a semisynthetic derivative of rifamycin was marketed by Ciba as Rimactane®. This highly active antibiotic became a cornerstone in the global fight against tuberculosis and leprosy, and it is still in use today.

Desferrioxamine B was first produced at Fervet SpA, a small fermentation facility owned by Ciba in Torre Annunziata, Italy. The plant had been established in 1957 before a suitable product was available to manufacture. Following the success of the rifamycin project, Ciba bought the whole of Lepetit's fermentation plant in Torre Annunziata 1973 to establish a large-scale production facility for the two natural products. Desferrioxamine B is still produced by fermentation at the Torre Annunziata plant on the Gulf of Naples (Nüesch, 2004).

Difficult years and a new weapon against malaria

For more than 25 years, Ciba was involved in the search for new antibacterial antibiotics. Research groups led by the chemists Johannes Müller and Heinrich H. Peter and the microbiologists Johannes Gruner, Hans-Martin Küenzi and Alan Smith worked intensively on the development of orally bioavailable cephalosporins, avilamycins and the antimycotic papulacandin. However, the prevailing view in the mid-1980s that existing classes of compounds were perfectly adequate to combat bacterial infections led to the termination of antibiotic natural products research.

Unexpectedly, the initiative for a new natural products development project came from China. In 1989, Chinese authorities approached Ciba with a proposal for the co-development of a new drug for the treatment of falciparum malaria, the most dangerous form of the disease, which is caused by the parasite *Plasmodium falciparum*. The development candidate was a combination product, consisting of the synthetic antimalarial agent lumefantrine and a semisynthetic derivative of artemisinin, a metabolite of the Chinese medicinal plant *Artemisia annua* (annual wormwood or Sweet Annie).

The medicinal use of this traditional remedy is first attested in a silk scroll found in the Han dynasty tomb at Mawangdu dating from 168 BC. This document, known as *Wu Shi Er Bing Fang (Prescriptions for Fifty-two Diseases)*, recommended the use of "qing hao" for the treatment of hemorrhoids (Leung, 1990). The first specific description of *Artemisia annua* for the treatment of fever (malaria) is to be found in Ge Hong's *Prescriptions for Emergency Treatments*, dating from AD 340 (Lee, 2002). In 1977, Professor Zhenxing Wei at

Markt. Aufgrund seiner hohen Aktivität gegen Mykobakterien ist Rimactan® bis heute ein Schlüsselantibiotikum im globalen Kampf gegen Tuberkulose und Lepra.

Desferrioxamin B wurde zunächst von Fervet SpA, einer kleinen Fermentationsanlage von Ciba in Torre Annunziata, Italien, hergestellt. Der Standort war bereits 1957 gegründet worden, ohne jedoch einen Produktionskandidaten zu haben. Mit dem Erfolg des Rifamycinprojekts kaufte Ciba 1973 die gesamte Fermentationsanlage von Lepetit in Torre Annunziata, um einen gross angelegten Produktionsstandort für beide Naturstoffe aufzubauen. Desferrioxamin B wird noch heute in der Anlage von Torre Annunziata am Golf von Neapel fermentativ hergestellt (Nüesch, 2004).

Schwierige Jahre und eine neue Waffe gegen Malaria

Über 25 Jahre arbeitete Ciba auf dem Gebiet der antibakteriellen Antibiotika. Die Forschungsgruppen der Chemiker Johannes Müller und Heinrich H. Peter sowie die Mikrobiologen Johannes Gruner, Hans-Martin Küenzi und Alan Smith befassten sich intensiv mit der Entwicklung von oral bioverfügbarem Cephalosporin, Avilamycin und dem antimykotischen Papulacandin. Als sich Mitte der achtziger Jahre die Einschätzung durchsetzte, dass die bereits vorhandenen Antibiotikaklassen zur Bekämpfung bakterieller Infektionen völlig ausreichend seien, wurde die Suche nach neuen antibakteriellen Naturstoffen beendet.

Die Initiative für ein neues Entwicklungsprojekt kam überraschenderweise aus China. 1989 traten chinesische Behörden an Ciba heran und schlugen die gemeinsame Entwicklung eines neuen Medikaments gegen *Malaria tropica* vor, die gefährlichste Form der Malariaerkrankungen, die durch den Parasiten *Plasmodium falciparum* hervorgerufen wird. Entwicklungskandidat sollte ein Kombinationspräparat aus dem synthetischen Antimalariawirkstoff Lumefantrin und einem halbsynthetischen Derivat des Pflanzenmetabolits Artemisinin werden, der aus der chinesischen Arzneipflanze *Artemisia annua* gewonnen wird.

Die medizinische Verwendung dieser traditionellen Heilpflanze wurde erstmals auf einer Seidenrolle festgehalten, die in einem Grab der Han-Dynastie in Mawangdu aus dem Jahre 168 v. Chr. gefunden wurde. Das auch als *Wu Shi Er Bing Fang (Vorschriften gegen 52 Krankheiten)* bezeichnete Dokument empfahl die Anwendung des einjährigen Beifuss oder «Qing Hao» zunächst bei der Behandlung von Hämorriden (Leung, 1990); die erste Beschreibung von *Artemisia annua* als Heilmittel zur Behandlung von Fieber (Malaria) findet sich erst in Ge Hongs *Anweisungen für Notfallbehandlungen* aus dem Jahre 340 n. Chr. (Lee, 2002). 1977 isolierte Professor Zhenxing Wei am Institut für Geophysik in Shanghai den gegen Plasmodien aktiven Pflanzenwirkstoff und konnte mit der Strukturaufklärung

Abb. 33: Artemisinin-Struktur.
Fig. 33: Structure of artemisinin.

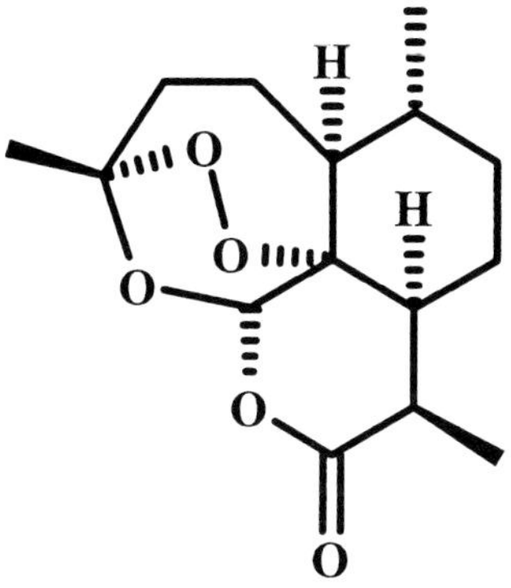

the Research Institute of Earth Physics in Shanghai isolated the principle that is active against *Plasmodium*. His elucidation of the structure revealed artemisinin to be an endoperoxide sesquiterpene lactone – a novel structural class.

In 1994, Ciba signed a collaboration agreement with various Chinese institutes and authorities on co-development of the new antimalarial drug. The subsequent clinical studies – at that time, the largest antimalarial trials ever performed – demonstrated excellent therapeutic efficacy. In 2001, just three years after the product had been introduced as Coartem®/Riamet®, it was placed on the World Health Organization's list of essential medicines. Artemisinin is still produced from *Artemisia annua,* which is cultivated sustainably on a large scale in China and eastern Africa, in order to meet the high demand for the substance without endangering the continued existence of this widely distributed medicinal plant.

Epothilones: a new class of anticancer agents from unusual microorganisms

In addition to the well-studied fungi and *Actinomycetes,* microbiologists concerned with natural products have increasingly focused on new classes of microorganisms. To this end, a partnership was initiated with the world-leading *myxobacteria* research group headed by Professor Hans Reichenbach and Professor Gerhard Höfle at the GBF in Braunschweig, Germany, in 1978. *Myxobacteria* are unique in their ability to form complex fruiting bodies. Since these unusual microorganisms are extremely difficult to isolate, they had never been closely investigated in traditional natural products research. For almost 25 years, pure natural products isolated from these "gliding bacteria" at the GBF underwent testing within Ciba's pharmaceutical and agrochemical research.

61

zeigen, dass es sich dabei um eine neuartige Strukturklasse handelt, ein Endoperoxidsesquiterpenlacton.

1994 unterzeichnete Ciba den Kooperationsvertrag mit verschiedenen chinesischen Instituten und Behörden, der die gemeinsame Entwicklung des neuen Medikaments festlegte. Die nachfolgenden klinischen Studien waren zu jener Zeit die umfangreichsten Arbeiten, die je mit einem Therapeutikum gegen Malaria initiiert wurden, und dokumentierten das ausgezeichnete therapeutische Potential. Nur drei Jahre nach der Markteinführung des Medikaments unter den Handelsnamen Coartem®/Riamet® wurde im Jahr 2001 das Medikament in die «Essential Medicines List» der Weltgesundheitsorganisation aufgenommen. Artemisinin wird auch heute noch aus *Artemisia annua* isoliert, die auf umfangreichen Kulturflächen in China und Ostafrika nachhaltig angebaut wird, um den hohen Bedarf an Artemisinin zu decken und die Existenz dieser weit verbreiteten Arzneimittelpflanze nicht zu gefährden.

Die Epothilone, neue Antitumorwirkstoffe aus seltsamen Mikroorganismen

Als Ergänzung zu den bereits gut untersuchten Pilzen und Aktinomyceten beschäftigt sich die Naturstoffmikrobiologie stets mit neuen Mikroorganismenklassen. Zu diesem Zweck wurde 1978 mit der weltweit führenden Myxobakterien-Forschungsgruppe unter der Leitung von Professor Hans Reichenbach und Professor Gerhard Höfle von der Gesellschaft für Biotechnologische Forschung (GBF) in Braunschweig ein Kooperationsvertrag geschlossen. Myxobakterien sind die einzigen Bakterien, die die Fähigkeit besitzen, komplexe Fruchtkörper zu bilden. Da die Isolierung dieser ungewöhnlichen Mikroorganismen äusserst aufwendig ist, wurden sie in der klassischen Naturstoffforschung nie intensiv untersucht. Mit der fast 25 Jahre dauernden Zusammenarbeit mit der deutschen Forschungsgruppe gelangten reine Naturstoffe, die an der GBF aus Myxobakterien isoliert wurden, in die Testsysteme der Pharma- und Agroforschung von Ciba-Geigy.

Im Laufe dieser Zusammenarbeit wurden an der GBF die antiproliferativ äusserst wirksamen makrozyklischen Epothilone aus *Sorangium cellulosum* isoliert. Da der Wirkmechanismus der Epothilone zu dieser Zeit unbekannt war, wurde die Bearbeitung der Epothilone in der Agro- und Pharmaforschung nach ersten biologischen Profilierungen nicht weiter fortgeführt.

1995 publizierte Bollag von Merck in den USA unabhänig von der GBF und Ciba den Wirkmechanismus der Epothilone (Bollag et al., 1995). Die makrozyklischen Epothilone sind Inhibitoren der Depolymerisation der Mikrotubuli, aus denen die Kernspindeln aufgebaut sind, und stoppen die Mitose in ihrer G2-Phase. Dieser Mechanismus entsprach überraschenderweise dem der Taxanen, deren Vorläufer aus der Europäischen Eibe gewonnen

Abb. 34: Fruchtkörper
von *Chondromyces* sp.

Fig. 34: Fruiting body
of *Chondromyces* sp.

Abb. 35: Fruchtkörpermorphologie
des *Sorangium cellulosum.*

Fig. 35: Fruiting body morphology
of *Sorangium cellulosum.*

In the course of this collaboration, potent cytostatics – macrocyclic epothilones – were isolated from *Sorangium cellulosum* at the GBF. As the mechanism of action of these substances was not yet known, work on the epothilones was not pursued in agrochemical and pharmaceutical research after initial biological profiling.

In 1995, the mechanism of action of the epothilones was described by Bollag of Merck in the US, independently of the GBF and Ciba (Bollag et al., 1995). Macrocyclic epothilones are microtubule depolymerization inhibitors, which arrest mitosis in the G2 phase. Surprisingly, this mechanism matches that of the taxanes, drugs derived from the European yew which are widely used in cancer therapy. Convinced of the epothilones' potential, the microbiologists Thomas Schupp and Frank Petersen of the Natural Products unit started work on the difficult cultivation of the producer strain *Sorangium cellulosum* – initially without the knowledge of their superiors. In the following months, they successfully produced epothilones by fermentation on a laboratory scale.

The promising cytostatic profile of the epothilones, particularly in resistant tumor cell lines, was confirmed by the initial *in vitro* studies of these macrolides in the Oncology group. In the summer of 1997, after the merger of Ciba and Sandoz to form Novartis, Professor Alex Matter, head of Oncology research, decided to press ahead with the preclinical development of the epothilones as lead compounds. These efforts were strongly supported by René Amstutz, head of the lead finding unit at that time, who thus made a crucial contribution to the success of the program in the early years. At this point, all the key elements required for rapid initiation of the epothilone production

werden und in der Tumortherapie umfangreich eingesetzt werden. Überzeugt vom Potential der Epothilone, begannen die Mikrobiologen Thomas Schupp und Frank Petersen von der Naturstoffgruppe, die komplizierte Kultivierung des Produzentenstamms *Sorangium cellulosum* auszuarbeiten – zunächst ohne Wissen ihrer Vorgesetzten. In den folgenden Monaten gelang ihnen die fermentative Gewinnung der Epothilone im Labormassstab.

Die ersten *in vitro*-Untersuchungen der Epothilone in der Onkologie unterstrichen das vielversprechende zytostatische Profil der Makrolide gerade bei resistenten Krebszelllinien. Nach der Fusion von Ciba und Sandoz zu Novartis entschied Professor Alex Matter, Leiter der Onkologieforschung, im Sommer 1997, die präklinische Entwicklung der Epothilone als Leitstrukturen mit Hochdruck voranzutreiben. In ihren Anstrengungen wurde die Onkologie durch den damaligen Leiter der Abteilung für Leitstruktursuche René Amstutz unterstützt. Mit seiner Entschlossenheit trug er in besonderem Masse zum Erfolg des Programms in den frühen Jahren bei. Zu diesem Zeitpunkt waren bereits alle Voraussetzungen zur Herstellung der Epothilone erarbeitet worden, die für den schnellen Start des Projekts so entscheidend wurden. Das Naturstoffchemielabor von Théophile Moerker mit Raymond Baudet und Beat Egli optimierte die Isolierungsstrategie für die Epothilone und stellte das Material für die detaillierte biologische Testierung in der Onkologieforschung her.

Als es der Fermentationsgruppe von Klaus Memmert und Marion Mahnke nach mehreren Rückschlägen gelang, die Entwicklungssubstanzen im 3-m^3-Massstab zu produzieren, war der Weg frei, Epothilon A und B in ausreichenden Mengen für die präklinische und klinische Entwicklung zur Verfügung zu stellen. Die Nominierung des Chemikers Karl-Heinz Altmann zum Leiter des Epothilonprogramms in der Onkologie war ein ausgesprochener Glücksfall. Ihm gelang es zusammen mit dem Biologen Markus Wartmann, die sehr komplexen Projektabläufe zwischen der Naturstoffgruppe und den umfangreichen biologischen und chemischen Forschungsaktivitäten in der Onkologie effizient zu bündeln. Ein Teammitglied der ersten Stunde war der Chemiker Andreas Flörsheimer, der sich auf die komplexe Derivierungschemie der Naturstoffe Epothilon A und B konzentrierte. Seine Arbeiten trugen wesentlich zum Verständnis der Strukturaktivitätsbeziehungen der Epothilone bei und führten zur Entdeckung der klinischen Entwicklungsverbindung ABJ879.

Mit der Entscheidung, Epothilon B wegen seines günstigeren Wirkprofils für die Krebstherapie zu entwickeln, promovierte Novartis Pharmaceuticals ihren ersten Naturstoff in die klinische Forschung. Epothilon B, auch Patupilone genannt, befindet sich gegenwärtig in Phase III und ist weltweit der erste Naturstoff aus Myxobakterien, der die klinische Entwicklungsphase erreichte.

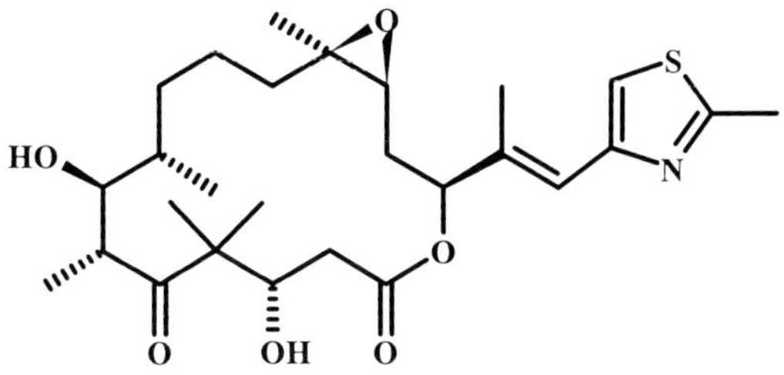

Abb. 36: Struktur von Epothilon B.
Fig. 36: Structure of epothilone B.

project were already in place. The natural products chemistry laboratory of Théophile Moerker, with Raymond Baudet and Beat Egli, elaborated the isolation strategy for the epothilones and prepared the material for detailed biological testing in Oncology research.

After several setbacks, the fermentation group of Klaus Memmert and Marion Mahnke managed to produce the development substances on a 3 m^3 scale, and it was then possible to supply sufficient quantities of epothilone A and B for preclinical and clinical development. The appointment of the chemist Karl-Heinz Altmann as head of the epothilone program in Oncology proved highly felicitous. In cooperation with the biologist Markus Wartmann, he efficiently pulled together the wide variety of processes involving the Natural Products unit and the extensive biological and chemical research activities in Oncology. A long-standing team member was the chemist Andreas Flörsheimer, who focused on the complex derivation chemistry of the natural products epothilone A and B. His studies contributed decisively to our understanding of the structure–activity relationship of the epothilones and led to the discovery of the clinical development compound ABJ879.

With the decision to develop epothilone B as an anticancer agent, on account of its superior therapeutic efficacy, Novartis Pharmaceuticals brought its first natural product into clinical research. Epothilone B (also known as patupilone), which is currently in Phase III, is the world's first natural product derived from *Myxobacteria* to enter clinical trials.

During the research program, the microbiologists Jim Ligon and Istvan Molnar from the former Agribusiness sector of Novartis and Thomas Schupp in the Natural Products group in Basel sequenced and patented the biosynthetic gene cluster for the epothilones. The granting of the patent on the use of the gene cluster for the biosynthesis of further derivatives strengthened the proprietary position of Novartis in this highly competitive area (Schupp et al., 1999; Molnar et al., 2000).

65

Im Rahmen dieses Forschungsprogramms sequenzierten und patentierten die Mikrobiologen Jim Ligon und Istvan Molnar (beide damals im Agrosektor von Novartis tätig) zusammen mit Thomas Schupp von der Naturstoffgruppe in Basel das Biosynthesegencluster der Epothilone. Mit der Erteilung des Patents zum Gebrauch des Genclusters zur Herstellung weiterer biogener Derivate wurde die Position von Novartis in der heute äusserst umkämpften Epothilonforschung wesentlich ausgebaut (Schupp et al., 1999; Molnar et al., 2000).

Naturstoffforschung und «Corporate Citizenship»

In den vorangegangenen Kapiteln wurde die Geschichte der Naturstoffgruppe bei Novartis im Wandel der Zeit erzählt. Die Naturstoffforschung besitzt neben der Wirkstoffentwicklung noch einen weiteren, oft übersehenen Aspekt. Die Bearbeitung dieser Substanzen führt regelmässig zu gemeinsamen Projekten mit Instituten in Ländern hoher Biodiversität. Im Rahmen dieser Kooperationen unterstützt die Basler Naturstoffgruppe lokale Forschungseinrichtungen in ihrem Auftrag, junge Studenten und angehende Wissenschaftler auf dem Gebiet der Wirkstofffindung von Naturstoffen auszubilden. Die Erhaltung der biologischen Vielfalt und ihre gerechte und nachhaltige Nutzung werden in diesen Projekten ebenso gewährleistet wie die oftmals gewünschte Ausbildung von involvierten Wissenschaftlern in den Forschungseinrichtungen der Novartis in Basel. Diese zentralen Elemente der Forschungsprojekte stehen im Einklang mit der in Rio de Janeiro von 158 Nationen 1992 unterzeichneten «Konvention über biologische Diversität», die die Schweiz 1994 als einer der ersten Staaten ratifizierte. In diesem zwischenstaatlichen Vertrag verpflichteten sich die Mitgliedsnationen, über die Nutzungsaspekte hinaus die Biodiversität im eigenen Land zu erhalten und andere Länder (insbesondere Entwicklungsländer) bei der Umsetzung der Konventionsziele zu unterstützen. Mit dem Inkrafttreten der Konvention am 29. Dezember 1993 war die Novartis-Naturstoffforschung eine der ersten Gruppierungen, die kurz danach die niedergelegten Regelungen in ihrem «Bio Lead»-Projekt unter Leitung von Michael Dreyfuss und Jean-Jacques Sanglier umsetzten.

In der Arzneimittelforschung haben Naturstoffe immer wieder innovative Möglichkeiten geschaffen, die zum Verständnis biologischer Prozesse führten und die Funktionen beteiligter Enzyme oder Rezeptoren aufdeckten. Beta-Lactame, Statine, Cyclosporine, Taxane, Podophyllotoxin, Staurosporin, Ephedrin, Opiate, Makrolide, Schlangengifte und viele andere mehr wurden zu therapeutisch relevanten Pharmakophorklassen und eröffneten neue Forschungsgebiete der synthetischen und semisynthetischen Chemie. In dem sich gerade heute schnell entwickelnden Verständnis der Interaktionen und Regulationen ganzer krankheitsrelevanter Stoffwechselwege spie-

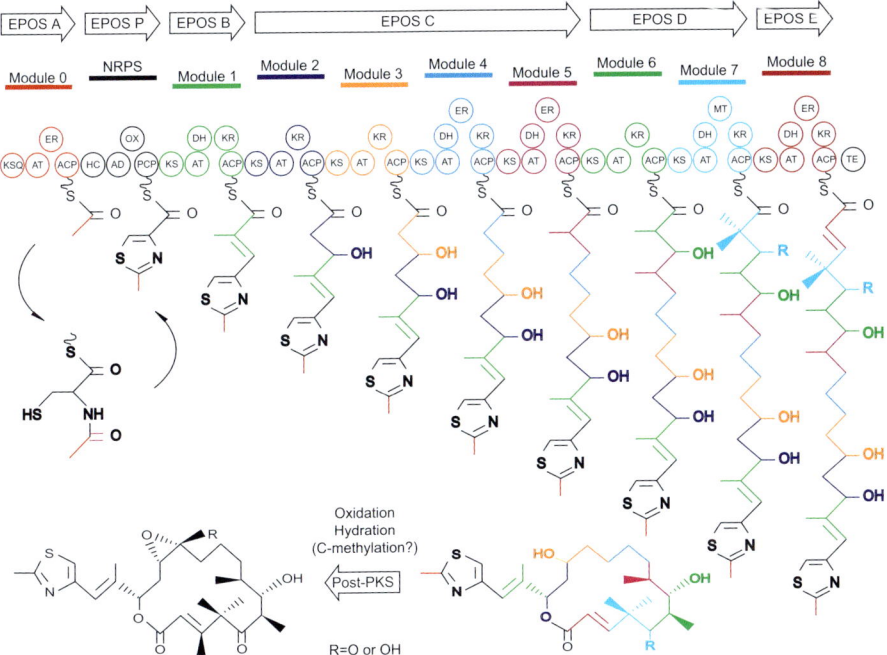

Abb. 37: Gencluster der Epothilone aus *Sorangium cellulosum* sowie abgeleitete Biosynthese der Makrolide.

Fig. 37: Gene cluster of the epothilones from *Sorangium cellulosum* and deduced biosynthesis of the macrolides.

Natural products research and corporate citizenship

The preceding sections charted the history of the Novartis Natural Products unit, focusing on the development of active substances. But another aspect of natural products research at Novartis is often overlooked. Work on these substances regularly leads to joint projects with institutes in countries of high biodiversity. In these collaborative ventures, the Basel Natural Products group supports local research establishments in their efforts to train students and young scientists in the field of natural products drug discovery. These projects meet the requirements for preservation of biological diversity and for equitable and sustainable use of resources, as well as offering training opportunities at Novartis research facilities in Basel. The key elements of the research

len Naturstoffe eine zunehmend bedeutende Rolle. Als biochemische Hilfsmittel werden sie zur Identifizierung von neuen Zielproteinen eingesetzt oder dienen zur Erforschung neuer Therapieansätze. Die Naturstoffforschung von Novartis hat über fast neunzig Jahre hinweg wichtige Beiträge in der Arzneimittelforschung geleistet, die in einigen Fällen zu bahnbrechenden therapeutischen Ansätzen führten. Novartis wird diese wichtige Quelle strukturell einzigartiger Moleküle zur Entwicklung neuer Medikamente auch weiterhin erfolgreich nutzen.

Dank

Viele Wissenschaftler, die in diesem Rückblick aus Platzgründen nicht erwähnt werden konnten, haben zum Erfolg der Naturstoffabteilung der Novartis beigetragen. Wir sind jedem Einzelnen zu herzlichem Dank verpflichtet. Ohne die Gespräche, insbesondere mit Günter Engel, Albert Hofmann, Johannes Müller, Jakob Nüesch, Thomas Schupp, Jean-Jacques Sanglier und Albert von Wartburg, wäre die Geschichte über die Anfänge der Naturstoffforschung bei Sandoz und Ciba in Vergessenheit geraten. Ganz besonders möchte ich dem Novartis-Archiv für die zur Verfügung gestellten Fotos und Informationen über das Unternehmen danken. Mein herzlicher Dank für ihre wertvollen Beiträge und Korrekturen gilt besonders René Amstutz, Susan DiClemente, Philipp Krastel, Esther Schmitt, René Traber, Gino la Vecchia und vielen anderen in unserem Unternehmen, die von diesen ungewöhnlichen Molekülen aus der Natur fasziniert sind.

Bibliografie

H. Bickel/G. E. Hall/W. Keller-Schierlein/V. Prelog/E. Vischer/A. Wettstein, Über die Konstitution von Ferrioxamin B, in: Helv. Chim. Acta 43, 1960, S. 2129–2138.

D. M. Bollag/P. A. McQueney/J. Zhu/O. Hensens/L. Koupal/J. Liesch/M. Goetz/E. Lazarides/C. M. Woods, Epothilones, a new class of microtubule-stabilizing agents with a taxol-like mechanism of action, in: Cancer Research, Vol. 55, 11, 1995, S. 2325–2333.

J. F. Borel/Z. L. Kis, The discovery and development of cyclosporine (Sandimmune), in: Transplantation Proceedings, Nr. 23, 1991, S. 1867–1874.

J. R. Coll, Physicians Edinb, Nr. 32, 2002, S. 300–305.

M. Dreyfuss/H. Härri/H. Hofmann/H. Kobel/W. Pache/H. Tscherter, Cyclosporin A and C, in: European Journal of Applied Microbiology, Nr. 3, 1976, S. 125–133.

C. Epling/C. Játiva-M., A New Species of Salvia from Mexico, in: Botanical Museum Leaflets, Nr. 20, Harvard University 1962, S. 75f.

H. P. Fiedler, Secondary metabolites isolated by Hans Zähner and his group 1954–1994, Conference on microbial secondary metabolism, Interlaken, 5.–8. Oktober 1994.

S. Foster/C. X. Yue, Herbal Emissaries: Bringing Chinese Herbs to the West, Rochester, VT: Healing Arts Press, 1992, S. 322.

Max Hartmann, Labor-Tagebuch, September 1918–Mai 1919 (Novartis-Archiv).

Jonathan L. Hartwell/Anthony W. Schrecker, Components of podophyllin. V. The constitution of podophyllotoxin, in: Journal of the American Chemical Society, Nr. 73, 1951, S. 2909–2916.

projects are in compliance with the Convention on Biological Diversity, which was signed by 158 nations at Rio de Janeiro in 1992 and ratified by Switzerland in 1994. As well as regulating the use of resources, this international treaty obliges the parties to preserve biodiversity in their own country and to support other countries (particularly developing nations) in realizing the goals of the Convention. Shortly after the Convention came into force on 29 December 1993, Novartis Natural Products research was one of the first groups to put these regulations into practice in its "Bio Lead" project, run by Michael Dreyfuss and Jean-Jacques Sanglier.

In drug discovery, secondary metabolites have repeatedly given rise to opportunities for innovation, leading to a detailed understanding of biological pathways and revealing the functions of enzymes or receptors involved. Beta-lactams, statins, cyclosporines, taxanes, podophyllotoxins, staurosporines, ephedrines, opiates, macrolides, snake venoms and many other natural products became therapeutically valuable pharmacophore classes, opening up new areas of research in synthetic and semisynthetic chemistry. Natural products are now playing an increasingly important role in our rapidly evolving understanding of the interactions and regulatory mechanisms involved in metabolic pathways associated with disease. They are used as tool compounds in pathway screening and in the validation of target identification concepts. For almost 90 years, Novartis Natural Products groups have made important contributions to pharmaceutical research, leading in some cases to pioneering therapeutic approaches. Novartis will continue to exploit this important source of structurally unique compounds for the development of new drugs.

Acknowledgements

We are indebted to many scientists who have contributed to the success of the Natural Products group but could not be mentioned in this review purely for reasons of space. Without the discussions especially with Günter Engel, Albert Hofmann, Johannes Müller, Jakob Nüesch, Thomas Schupp, Jean-Jacques Sanglier and Albert von Wartburg, the story of the early years of the natural products research groups at Sandoz and Ciba would have remained untold. I would particularly like to thank the Novartis Archive for kindly supplying photographs and company information. I am grateful to René Amstutz, Susan DiClemente, Philipp Krastel, Esther Schmitt, René Traber and Gino la Vecchia for their valuable contributions and corrections, and also to many others in the organization who share a fascination for these unusual molecules from nature.

Albert Hofmann, LSD – mein Sorgenkind. Die Entdeckung einer ‹Wunderdroge›, Stuttgart: Klett-Cotta, 1979, Taschenbuchausgabe: München: dtv, 1999.

A. Hofmann/R. Heim/A. Brack/H. Kobel, Psilocybin, ein psychotroper Wirkstoff aus dem mexikanischen Rauschpilz Psilocybe mexicana Heim, in: Experientia, Nr. 14, 1958, S. 107–109.

Albert Hofmann, persönliche Mitteilungen, 2003.

W. A. Jacobs/L. C. Craig, The ergot alkaloids. II. The degradation of ergotinine with alkali. Lysergic acid. 1934, in: Journal of Biological Chemistry, Nr. 277 (38), 2002, S. E26.

J. B. Johnson, The elements of Mazatec witchcraft, in: Göteborgs Etnografiska, Museum Etnologiska Studier, Nr. 9, 1939, S. 119–149.

H. Kobel/J. J. Sanglier, Ergot alkaloids, in: H.-J. Rehm./G. Reed (Hg.), Biotechnology, Vol. 4, Weinheim: VCH Verlag, [2]1986, S. 569–609.

P. J. Koehler/H. Isler, The early use of ergotamine in migraine. Edward Woakes' report of 1868, its theoretical and practical background and its international reception, in: Cephalalgia, Nr. 22 (8), 2002, S. 686ff.

M. R. Lee, Plants against Malaria Part 2: Artemisia Annua (Qinghaosu or the sweet wormwood).

A. Y. Leung, Chinese medicinals, in: J. Janick/J. E. Simon (Hg.): Advances in new crops. Portland, OR: Timber Press, 1990, S. 499–510.

I. Molnar/T. Schupp/M. Ono/R. E. Zirkle/M. Milnamow/B. Nowak-Thompson/N. Engel/ C. Toupet/A. Stratmann/D. D. Cyr/J. Gorlach/J. M. Mayo/A. Hu/S. Goff/J. Schmid/ J. Ligon, The biosynthetic gene cluster for the microtubule-stabilizing agents epothilones A and B from Sorangium cellulosum So ce90, in: Chemistry & Biology, Nr. 7 (2), 2000, S. 97–109.

J. M. Muller/E. Schlittler/H. J. Bein, Reserpine, the sedative compound from Rauwolfia serpentine, in: Experientia, Nr. 8, 1952, S. 338.

J. Müller, persönliche Mitteilungen, 2004.

David J. Newmann/Gordon M. Cragg/Kenneth M. Snader, Natural Products as Sources of New Drugs over the Period 1981–2002, in: Journal of Natural Products, Nr. 66 (7), 2003, S. 1022–1037.

Otto Nowotny, Penicillin Victory, in: Österreichische Apothekerzeitung, Nr. 4, 2003.

J. Nüesch, persönliche Mitteilungen, 2004.

A. Ortega et al., Salvinorin, a new trans-neoclerodane diterpene from Salvia divinorum (Labiatae), in: Journal of the Chemical Society Perkins Transactions, Nr. I, 1982, S. 2505–2508.

B. L. Roth/K. Baner/R. Westkaemper/D. Siebert/K. C. Rice/S. Steinberg/P. Ernsberger/R. B. Rothman, Salvinorin A: a potent naturally occurring nonnitrogenous kappa opioid selective agonist, in: Proceedings of the National Academy of Sciences of the United States of America, 99 (18), 2002, S. 11934–11939.

Th. Schupp/J. Madison Ligon/I. Molnar/R. Zirkle/J. Gorlach/D. Cyr, Genes for the biosynthesis of epothilones by Sorangium cellulosum, in: WO 9966028, PCT Int. Appl (1999), S. 174ff.

D. Sen/K. C. Bose, Rauwolfia serpentina, a new Indian drug for insanity and high bood pressure, in: Indian Med. World, Nr. 2, 1931, S. 194–201.

P. Sensi/P. Margalith/M. T. Timbal, Rifamycin, a new antibiotic – preliminary report (Correspondence), in: Il Farmaco edizione scientifica, Nr. 14, 1959, S. 146f.

J. Shen/X. Xu/F. Cheng/H. Liu/X. Lao/J. Shen/K. Chen/W. Zhao/X. Shen/H. Jiang, Virtual Screening on Natural Products for Discovering Active Compounds and Target Information, in: Curr. Med. Chem. 10, 2003, S. 2327–2342.

Stephen D. Silberstein/Douglas C. McCrory, Ergotamine and Dihydroergotamine: History, Pharmacology, and Efficacy, in: Headache: The Journal of Head and Face Pain, Nr. 43 (2), 2003, S. 144ff.

References

H. Bickel/G. E. Hall/W. Keller-Schierlein/V. Prelog/E. Vischer/A. Wettstein, Über die Konstitution von Ferrioxamin B, in: Helv. Chim. Acta 43, 1960, pp. 2129–2138.

D. M. Bollag/P. A. McQueney/J. Zhu/O. Hensens/L. Koupal/J. Liesch/M. Goetz/E. Lazarides/C. M. Woods, Epothilones, a new class of microtubule-stabilizing agents with a taxol-like mechanism of action, in: Cancer Research, Vol. 55, 11, 1995, pp. 2325–2333.

J. F. Borel/Z. L. Kis, The discovery and development of cyclosporine (Sandimmune), in: Transplantation Proceedings, no. 23, 1991, pp. 1867–1874.

J. R. Coll, Physicians Edinb, no. 32, 2002, pp. 300–305.

M. Dreyfuss/H. Härri/H. Hofmann/H. Kobel/W. Pache/H. Tscherter, Cyclosporin A and C, in: European Journal of Applied Microbiology, no. 3, 1976, pp. 125–133.

C. Epling/C. Játiva-M., A New Species of *Salvia* from Mexico, in: Botanical Museum Leaflets, no. 20, Harvard University 1962, pp. 75f.

H. P. Fiedler, Secondary metabolites isolated by Hans Zähner and his group 1954–1994, Conference on microbial secondary metabolism, Interlaken, October 5–8, 1994.

S. Foster/C. X. Yue, Herbal Emissaries: Bringing Chinese Herbs to the West, Rochester, VT: Healing Arts Press, 1992, p. 322.

Max Hartmann, Lab journal entry September 1918–May 1919 (Novartis Archive).

Jonathan L. Hartwell/Anthony W. Schrecker, Components of podophyllin. V. The constitution of podophyllotoxin, in: Journal of the American Chemical Society, no. 73, 1951, pp. 2909–2916.

Albert Hofmann, LSD – mein Sorgenkind, Stuttgart: Klett-Cotta, 1979, 2nd edition 2001 (English translation by Jonathan Ott: LSD – My Problem Child, New York: McGraw-Hill, 1980).

A. Hofmann/R. Heim/A. Brack/H. Kobel, Psilocybin, ein psychotroper Wirkstoff aus dem mexikanischen Rauschpilz Psilocybe mexicana Heim, in: Experientia, no. 14, 1958, pp. 107–109.

Albert Hofmann, personal communication, 2003.

W. A. Jacobs/L. C. Craig, The ergot alkaloids. II. The degradation of ergotinine with alkali. Lysergic acid. 1934, in: Journal of Biological Chemistry, no. 277 (38), 2002, p. E26.

J. B. Johnson, The elements of Mazatec witchcraft, in: Göteborgs Etnografiska, Museum Etnologiska Studier, no. 9, 1939, pp. 119–149.

H. Kobel/J. J. Sanglier, Ergot alkaloids, in: H.-J. Rehm./G. Reed (Eds), Biotechnology, Vol. 4, Weinheim: VCH, ²1986, pp. 569–609.

P. J. Koehler/H. Isler, The early use of ergotamine in migraine. Edward Woakes' report of 1868, its theoretical and practical background and its international reception, in: Cephalalgia, no. 22 (8), 2002, pp. 686ff.

M. R. Lee, Plants against Malaria Part 2: Artemisia Annua (Qinghaosu or the sweet wormwood).

A. Y. Leung, Chinese medicinals, in: J. Janick/J. E. Simon (Eds), Advances in new crops. Portland, OR: Timber Press, 1990, pp. 499–510.

I. Molnar/T. Schupp/M. Ono/R. E. Zirkle/M. Milnamow/B. Nowak-Thompson/N. Engel/ C. Toupet/A. Stratmann/D. D. Cyr/J. Gorlach/J. M. Mayo/A. Hu/S. Goff/J. Schmid/ J. Ligon, The biosynthetic gene cluster for the microtubule-stabilizing agents epothilones A and B from Sorangium cellulosum So ce90, in: Chemistry & Biology, no. 7 (2), 2000, pp. 97–109.

J. M. Muller/E. Schlittler/H. J. Bein, Reserpine, the sedative compound from Rauwolfia serpentine, in: Experientia, no. 8, 1952, p. 338.

J. Müller, personal communication, 2004.

H. Stähelin/A. von Wartburg, From podophyllotoxin glucoside to etoposide, in: Progress in Drug Research, Nr. 33, 1989, S. 169–266.

H. Stähelin, The history of cyclosporin A (Sandimmune®) revisited: another point of view, in: Experientia, Nr. 52, 1996, S. 5–13.

J. Stearns, Account for the pulvis parturiens, a remedy for quickening the childbirth, in: Med. repository NY, Nr. 11, 1808, S. 308f.

A. Stoll, Kenntnis der Mutterkornalkaloide, in: Verh Dtsch Schweiz Naturf Ges., Nr. 101, 1920, S. 190.

Tobias Studer, Die Geschichte der Sandoz im Lichte ihrer Diversifikation, in: Sandoz Bulletin, Jahrgang 22, 1986, S. 16–35.

C. Tanret, Sur la présence d'une nouvelle alkaloïde, l'ergotine, dans seigle ergote, in: Les Comptes rendus de l'Académie des sciences, Nr. 81, 1875, S. 896f.

Leander J. Valdes III/William M. Butler/George M. Hatfield/Ara G. Paul/Masato Koreeda, Divinorin A, a psychotropic terpenoid, and divinorin B from the hallucinogenic Mexican mint, Salvia divinorum, in: Journal of Organic Chemistry, Nr. 49 (24), 1984, S. 4716–4720.

R. J. Vakil, A clinical trial of Rauwolfia serpentina in essential hypertension, in: British Heart Journal, Nr. XI, 1949, S. 4, 350.

Gordon Wasson, Seeking the magic mushroom, in: Life Magazine, 10. Juni 1957.

R. W. Wilkins/W. E. Judson, The use of Rauwolfia serpentina in hypertensive patients, in: The New England Journal of Medicine, Nr. 248, 1953, S. 8, 48.

E. Woakes, On ergot of rye in the treatment of neuralgia, in: British Medical Journal, Nr. II, 1868, S. 360f.

David J. Newmann/Gordon M. Cragg/Kenneth M. Snader, Natural Products as Sources of New Drugs over the Period 1981–2002, in: Journal of Natural Products, no. 66 (7), 2003, pp. 1022–1037.

Otto Nowotny, Penicillin Victory, in: Österreichische Apothekerzeitung, no. 4, 2003.

J. Nüesch, personal communication, 2004.

A. Ortega et al., Salvinorin, a new trans-neoclerodane diterpene from *Salvia divinorum* (Labiatae), in: Journal of the Chemical Society Perkins Transactions, no. I, 1982, pp. 2505–2508.

B. L. Roth/K. Baner/R. Westkaemper/D. Siebert/K. C. Rice/S. Steinberg/P. Ernsberger/R. B. Rothman, Salvinorin A: a potent naturally occurring nonnitrogenous kappa opioid selective agonist, in: Proceedings of the National Academy of Sciences of the United States of America, no. 99 (18), 2002, pp. 11934–11939.

Th. Schupp/J. Madison Ligon/I. Molnar/R. Zirkle/J. Gorlach/D. Cyr, Genes for the biosynthesis of epothilones by Sorangium cellulosum, in: WO 9966028, PCT Int. Appl., 1999, pp. 174ff.

D. Sen/K. C. Bose, Rauwolfia serpentina, a new Indian drug for insanity and high bood pressure, in: Indian Med. World, no. 2, 1931, pp. 194–201.

P. Sensi/P. Margalith/M. T. Timbal, *Rifamycin*, a new antibiotic – preliminary report (Correspondence), in: Il Farmaco edizione scientifica, no. 14, 1959, pp. 146–147.

J. Shen/X. Xu/F. Cheng/H. Liu/X. Lao/J. Shen/K. Chen/W. Zhao/X. Shen/H. Jiang, Virtual Screening on Natural Products for Discovering Active Compounds and Target Information, in: Curr. Med. Chem. 10, 2003, pp. 2327–2342.

Stephen D. Silberstein/Douglas C. McCrory, Ergotamine and Dihydroergotamine: History, Pharmacology, and Efficacy, in: Headache: The Journal of Head and Face Pain, no. 43 (2), 2003, pp. 144ff.

H. Stähelin/A. von Wartburg, From podophyllotoxin glucoside to etoposide, in: Progress in Drug Research, no. 33, 1989, pp. 169–266.

H. Stähelin, The history of cyclosporin A (Sandimmune®) revisited: another point of view, in: Experientia, no. 52, 1996, pp. 5–13.

J. Stearns, Account for the pulvis parturiens, a remedy for quickening the childbirth, in: Med. repository NY, no. 11, 1808, pp. 308f.

A. Stoll, Kenntnis der Mutterkornalkaloide, in: Verh Dtsch Schweiz Naturf Ges., no. 101, 1920, p. 190.

Tobias Studer, Die Geschichte der Sandoz im Lichte ihrer Diversifikation, in: Sandoz Bulletin, Vol. 22, 1986, pp. 16–35.

C. Tanret, Sur la présence d'une nouvelle alkaloïde, l'ergotine, dans seigle ergoté, in: Les Comptes rendus de l'Académie des sciences, no. 81, 1875, pp. 896–897.

Leander J. Valdes III/William M. Butler/George M. Hatfield/Ara G. Paul/Masato Koreeda, Divinorin A, a psychotropic terpenoid, and divinorin B from the hallucinogenic Mexican mint, Salvia divinorum, in: Journal of Organic Chemistry, no. 49 (24), 1984, pp. 4716–4720.

R. J. Vakil, A clinical trial of Rauwolfia serpentina in essential hypertension, in: British Heart Journal, no. XI, 1949, pp. 4, 350.

Gordon Wasson, Seeking the magic mushroom, in: Life Magazine, June 10, 1957.

R. W. Wilkins/W. E. Judson, The use of Rauwolfia serpentina in hypertensive patients, in: The New England Journal of Medicine, no. 248, 1953, pp. 8, 48.

E. Woakes, On ergot of rye in the treatment of neuralgia, in: British Medical Journal, no. II, 1868, pp. 360–361.

Albert Hofmann zu Hause auf der Rittimatte

Werner Huber

Als frisch ausgelernter Chemielaborant trat ich 1965 von der Schweizerischen Sprengstoff-Fabrik AG in Dottikon in die Naturstoff-Abteilung der Sandoz AG ein, welche dazumal von Dr. Albert Hofmann geleitet wurde. Im Forschungslabor von Dr. Albert von Wartburg fand ich einen guten Einstieg in die Techniken des Isolierens von Wirkstoffen und des Synthetisierens von verschiedenen Glykosiden.

Zwar wusste ich als Bauernsohn, dass gewisse Pflanzen ihrer Inhaltstoffe wegen für Mensch und Vieh giftig sind, doch hier hatte ich es mit hochaktiven Wirkstoffen zu tun, die aus diversen mir unbekannten Pflanzen zum Teil aus fernen Ländern stammten.

Mein zu dieser Zeit schon weltbekannter Abteilungsleiter Dr. Hofmann war ein viel beschäftigter Chef. Als Grünschnabel unter den Laboranten hatte ich demzufolge mit ihm nur wenige persönliche Begegnungen; an meine erste

Albert Hofmann at home in Rittimatte

Werner Huber

In 1965, as a newly qualified chemical laboratory technician, I left the Swiss Explosives Works (SSF AG) in Dottikon to join the Natural Products Division of Sandoz Ltd., which at that time was headed by Dr. Albert Hofmann. In Dr. Albert von Wartburg's research laboratory, I was initiated into the techniques of isolating active ingredients and synthesizing various glycosides. Being a farmer's boy, I knew that the constituents of certain plants make them poisonous to humans and animals. Here, however, I was confronted with highly potent active substances that derived from a variety of plants with which I was not familiar, and some of them were from faraway lands.

My Divisional Head, Dr. Hofmann, by that time was already a world-renowned researcher and a very busy man. As a greenhorn among the lab technicians, I consequently had very few personal encounters with him. But I can

Abb. 1: Herr Hofmann auf der Blumenwiese.

Fig. 1: Dr. Hofmann in the wildflower meadow.

Abb. 2: W. Huber auf Fotopirsch (Foto: A. Hofmann).

Fig. 2: W. Huber on a photographic expedition (photo: A. Hofmann).

erinnere ich mich jedoch besonders. Es war kurz nach Ablauf meiner Probezeit, als ich zum Abholen meines sogenannten «Weihnachtsgeldes» zu ihm ins Büro beordert wurde. Schon im Vorzimmer hatte ich mit heftigem Herzklopfen zu kämpfen, bis mir seine Sekretärin endlich Einlass in das Büro von Herrn Hofmann gebot. Am Schreibtisch sass ein freundlicher Herr mit randloser Brille, welche ihm eine gewisse Strenge verlieh. Als er mich bei der Begrüssung nach meinem genauen Arbeitsgebiet fragte, begann ich furchtbar zu stottern, wollte mir doch im Moment dieser komplizierte Name der Substanz «4'-Demethylepipodophyllotoxin-mono-Tetrahydropyranylether» einfach nicht einfallen. Schon befürchtete ich einen Rausschmiss, doch Herr Hofmann beruhigte mich und fragte, ob es mir an meinem neuen Arbeitsplatz gefalle. Diese wohlwollende Geste hat mich damals und weiterhin tief beeindruckt.

Einige Jahre später ging Herr Hofmann in Pension und genoss das ruhige Landleben auf der Rittimatte oberhalb von Burg im Leimental.

Ganze 23 Jahre später traf ich ihn erstmals wieder, als er in der Sandoz AG über Naturstoffchemie referierte. Nach der Vorlesung streckte ich ihm sein frisch erschienenes Buch *Einsichten – Ausblicke* zum Signieren hin.[1] Während unseres kurzen Gesprächs stellte sich heraus, dass wir gewisse gemeinsame Interessen hatten. Ich erzählte ihm von meinen Schmetterlingsstudien auf den Magerwiesen im Oberbaselbiet, und er schwärmte von seiner Rittimatte. Einige Zeit danach lud er mich ein, das Gebiet rund um sein Wohnhaus gemeinsam zu erkunden, eine Einladung, die ich gerne annahm.

Auf unserem Spaziergang über die Wiese bemerkte ich mehrere seltene Pflanzen und eine grosse Anzahl von Tagfaltern, darunter auch Raritäten. Deshalb nahm ich mir vor, eine Liste der dort vorkommenden Falterarten zusammenzustellen. Herr Hofmann begrüsste diesen Vorschlag sehr und regte wenig später an, dass ich meine Beobachtungen auch mit Fotos dokumentieren möge. Seine Idee war nämlich, an seinem neunzigsten Geburtstag den eingeladenen Gästen einen Bildband mit Faltern der Rittimatte, mit seinem persönlichen Begleittext versehen, als Überraschungsgeschenk zu überreichen. Ohne zu zögern, beschlossen wir, diese Herausforderung anzunehmen, und schon bald fand die erste «geheime» Arbeitssitzung statt.

Im Verlauf des Jahres durchstreiften wir oft die bunte Blumenwiese und beobachteten das emsige Treiben der vielen Insekten, wobei unser Augenmerk besonders den um uns herumgaukelnden Faltern galt, die sich manchmal für kurze Zeit auf den Blüten niederliessen. Aber nicht nur diese unmittelbare Nähe zur Natur kann man an diesem Ort erleben, auch der Weitblick von hier aus ist wunderbar. Im Osten des Wohnhauses liegt das Tal, wo am Fuss des Rämelbergs der Birsigbach entspringt.

1 Albert Hofmann, Einsichten – Ausblicke, Basel: Sphinx Verlag, 1986. Überarbeitete und erweiterte Neuauflage: Solothurn: Nachtschatten Verlag, 2003.

Abb. 3: Blick an einem sonnigen Januartag ins Birsigtal.

Fig. 3: View of the Birsig valley on a sunny January day.

Abb. 4: Wanderweg zum Rämelberg.

Fig. 4: Hiking trail leading to the Rämelberg.

still recall our first meeting in particular. It was shortly after the end of my probationary period, and I had been summoned to his office to collect my Christmas bonus. I sat in the outer room my heart pounding, until Dr. Hofmann's secretary finally showed me into his office. Sitting at the desk was a kindly gentleman with rimless spectacles, which gave him a somewhat stern appearance. As he greeted me, he inquired what exactly I was working on. I began to stammer uncontrollably, trying desperately to recall the name of the substance "4'-demethylepipodophyllotoxin-mono-tetrahydropyranyl ether". I was afraid I would be booted out, but Dr. Hofmann calmed me down and asked me whether I liked my new job. I was at that time, and have continued to be, deeply impressed by his kindness.

Some years later, Dr. Hofmann retired, to enjoy the peaceful rural life in Rittimatte above Burg (Leimental).

I did not meet him again until 23 years later, when he presented a lecture at Sandoz on natural products chemistry. I took this opportunity to ask him to sign a copy of his book *Einsichten – Ausblicke,* which had just been published.[1] During our brief conversation, it transpired that we had certain interests in common. I told him about my studies of butterflies on the low-nutrient grasslands of the Upper Baselland region, and he spoke warmly about Rittimatte. Some time later, I received an invitation to join him on a tour of the countryside around his home, an invitation I gladly accepted.

During our walk, I spotted several rare plants in the fields and a large number of butterflies, including some rarities. I therefore decided to compile a list

1   Albert Hofmann, Einsichten – Ausblicke, Basel: Sphinx Verlag, 1986. Revised and enlarged edition: Solothurn: Nachtschatten Verlag, 2003.

Abb. 5: Beim Grenzstein
auf der französischen Seite.

Fig. 5: On the French side
of the stone marker.

Abb. 6: Ausblick vom Grenzstein
nach Wolschwiller in Frankreich.

Fig. 6: The view from the stone marker:
Wolschwiller in France.

Vom Sitzplatz des Wohnhauses aus führt nach Süden ein schmaler Pfad durch eine Allee von verschiedenen Obstbäumen bis an die Landesgrenze zu Frankreich, die etwas mehr als hundert Meter vom Haus entfernt die Wiese durchquert. Sie wäre hier eigentlich kaum zu erkennen, wenn nicht am Waldrand ein mit Flechten überwachsener Grenzstein stehen würde, der auf der einen Seite ein «F» für Frankreich und interessanterweise auf der anderen, der Schweizer Seite, den Bären, das Wappentier Berns trägt. Der Grund dafür ist, dass die Gemeinde Burg sowie das Laufental noch vor einem Jahrzehnt zum Kanton Bern gehörten, bevor sie dann zum Kanton Baselland wechselten. Die besagte «grüne Grenze» wird lediglich durch einen einfachen Viehzaun angedeutet, und mit einem Schritt befindet man sich auf dem Gebiet des grenzenlosen Europa.

Hier äusserte sich Herr Hofmann einmal schmunzelnd zum Thema «Grenzen» und gab dabei zu, dass er sich in seinem Leben verschiedentlich auch auf anderen Gebieten gerne in Grenzbereichen bewegt habe.

Ausser Hofmanns Wohnhaus steht auf der Rittimatte nur noch ein Bauernhof, der schon zu Frankreich gehört. Nichts stört die Ruhe, so dass man buchstäblich sagen kann, dass sich hier oben Fuchs und Hase, Rehe, Dachse und Wildschweine «Gute Nacht» sagen.

Abb. 7: Die Landesgrenze auf der Wiese.
Fig. 7: The international border
in the meadow.

of the butterfly and moth species occurring in the area. Dr. Hofmann was very enthusiastic and subsequently suggested that I should also document my observations with photographs. His idea was to produce a surprise gift for the guests who would be attending his ninetieth birthday celebrations – an illustrated volume on butterflies of the Rittimatte locality, with accompanying text that he would write himself. We immediately resolved to take up this joint challenge, and before long our first "secret" meeting took place.

In the course of the year, we often wandered through the brightly colored wildflower meadow and observed the bustling activity of the numerous insects, paying particular attention to the butterflies that fluttered around us and sometimes settled briefly on the flowers. The site provides the opportunity not only to experience nature up close, but also to enjoy wonderful views. To the east of the house lies the valley where, at the foot of the Rämelberg, the Birsig river rises.

From the patio outside the house, a narrow track leads southward through an avenue of fruit trees to the border with France, which cuts across the meadow just over a hundred meters away from the house. In fact, the border would scarcely be noticeable were it not for a lichen-covered stone marker at the edge of the wood, which bears an "F" for France on one side and,

Abb. 8: Sonnenuntergangsstimmung.

Fig. 8: Sunset mood.

Abb. 9: Abendlicht mit Blick
vom Sitzplatz auf die Rittimatte.

Fig. 9: The view of Rittimatte
from the patio in the evening light.

Dabei wühlen die Wildschweine manchmal innert kurzer Zeit tiefe Gräben in die Wiese und ziehen sich dann wieder ins Dickicht des Waldes zurück. Mir ist sogar einmal am helllichten Tag ein mächtiger Keiler am Waldrand direkt vor die Füsse gelaufen, dann aber vor Schreck gleich wieder in der nahen Hecke verschwunden.

Gegen Westen hat man einen grossartigen Ausblick über die französische Ortschaft Wolschwiller hinaus in die Weiten des Sundgaus, wo manchmal die Abendsonne den Himmel über dem Glaserberg zu farbenprächtiger Glut entfacht. Daneben schimmern die Vogesen in einem pastellenen Blau.

Wenn sich nach einem schneereichen Winter der Frühling ankündet, sitzt Herr Hofmann oft auf der Lauer, um die ersten Zitronenfalter nicht zu verpassen. Vor seinem Arbeitszimmer ziehen sie vorbei und geniessen die kurzen Sonnenstunden im Windschatten des nahen Waldrandes, um sich von den Strapazen der frostigen Zeit zu erholen. Dann beginnt die Blütezeit der Wiesenschlüsselblumen, die in dieser Höhenlage manchmal noch mit einem letzten Schäumchen Schnee überrascht werden.

Der blasslilafarbene Schleier des Wiesenschaumkrauts (*Cardamine pratensis*) mischt sich dazwischen, und schon tauchen die leuchtend orange gesäumten und goldig gefleckten Männchen des frisch geschlüpften Aurorafalters auf. Nach der Paarung legen die Weibchen ihre Eier mit Vorliebe an dieser Pflanze ab, da sich später daran die Raupen entwickeln (Abb. 12–17).

Schon verwandelt sich die sattgrüne Wiese in ein gelb leuchtendes Meer von Löwenzahnblüten, das mit dem strahlenden Weiss der blühenden Kirschbaumallee einen wunderbaren Kontrast bildet. Später kommen Wiesensalbei (*Salvia pratensis*), Klappertopf (*Rhinanthus alectorolophus*), Skabiose (*Sca-*

Abb. 10: Wiesenschlüssel-
blume *(Primula veris)*
mit Schnee.

Fig. 10: Cowslip *(Primula
veris)* in the snow.

Abb. 11: Herr Hofmann inmitten
von Wiesenschlüsselblumen.

Fig. 11: Dr. Hofmann in amongst
the cowslips.

intcrcstingly, on the other (Swiss) side the heraldic bear of the Bernese coat
of arms. The explanation is that, around ten years ago, thc commune of Burg
and the Laufental still belonged to the canton of Berne, before switching to
the canton of Baselland. This "green frontier" is indicated merely by a simple cattle fence, and, stepping over this, one reaches the territory of border-
less Europe.

It was here that Dr. Hofmann once reflected, with a smile, on the subject
of "boundaries", admitting that at various times in other areas of his life he had
also relished frontier zones.

Apart from Dr. Hofmann's residence, the only other habitation is a farm
in the French part of Rittimatte. It is a scene of perfect tranquility, where if
perhaps the lion does not lie down with the lamb, then at least the foxes, rab-
bits, badgers, roe deer and wild boar have the place to themselves.

Sometimes, in a flash, boars dig deep holes in the meadow before retreat-
ing into the woodland undergrowth. On one occasion, in broad daylight,
a large male boar ran out right in front of me but then took fright and disappeared into a nearby hedge.

To the west, one has a magnificent view over the French village of
Wolschwiller and across the Sundgau, where sometimes the evening sun sets
the sky alight over the Glaserberg. To one side, the pastel blue glow of the
Vosges mountains can be seen.

When the winter snows have gone and the first signs of spring appear,
Dr. Hofmann is often on the lookout for the first Brimstone butterflies. They
flutter past his study, enjoying the brief spells of sunshine in the lee of the
nearby forest edge and recovering from the rigors of the frosty season. Then

Metamorphose-Zyklus

Abb. 12: Männchen des Aurorafalters
(Anthocharis cardamines).

Abb. 13: Das nur zirka ein Millimeter
kleine Ei enthält die gesamte Information
der Überlebensstrategien für die nachfolgenden Generationen.

Abb. 14: Das frisch geschlüpfte Räupchen
verzehrt seine proteinreiche Eischale.

Abb. 15: Die Raupe tarnt sich an den
Fruchtschoten der Futterpflanze.

Abb. 16: Die am Stängel angegurtete
Puppe ist gut getarnt.

Abb. 17: Im Herbst hat sich die Puppen-
haut verfärbt, und im Frühjahr darauf
erkennt man den entwickelten Falter kurz
vor dem Schlüpfen darin.

12

Butterfly life cycle

Fig. 12: A male Orange Tip
(Anthocharis cardamines).

Fig. 13: The tiny egg, only about a millimeter long, contains all the information on
survival strategies required for subsequent
generations.

Fig. 14: The newly hatched larva eats its
protein-rich egg shell.

Fig. 15: The caterpillar's coloration blends
in with the pods of the food plant.

Fig. 16: Attached to the stem, the pupa is
well camouflaged.

Fig. 17: In the autumn the pupal case
changes color, and in the following spring
the fully developed butterfly can be
detected inside, shortly before it emerges.

13 ▶

14 ▶

◀ 16

◀ 15

Abb. 18: Wegwarte
(Cichorium intybus).

Fig. 18: Chicory *(Cichorium intybus).*

Abb. 19: Spargelerbse
(Lotus maritimus).

Fig. 19: Asparagus trefoil
(Lotus maritimus).

biosa columbaria), Knautie *(Knautia arvensis),* Akelei *(Aquilegia vulgaris),* Wegwarte, Spargelerbse, Büschelglockenblume und viele andere dazu.

Seine alltäglichen Rundgänge über die Wiese zu dieser Jahreszeit werden von Herrn Hofmann liebevoll als «Durchwandern einer Symphonie von Farben» bezeichnet.

Nun folgt die Zeit der Heuernte, die aber nicht auf der ganzen Wiese gleichzeitig stattfindet. Schon Jahre vor unserem gemeinsamen Projekt hatte Herr Hofmann mit seinem Landpächter Abmachungen getroffen, wann und bis wohin der Schnitt der Wiese zu erfolgen habe. Er besteht darauf, dass ein breiter Streifen dem Wanderweg entlang und um das Wohnhaus herum manchmal bis in den September hinein stehen bleibt. Dies ist für das Aussamen der verschiedenen Pflanzen und das Überleben vieler gefährdeter Insekten in ihren Ruhestadien wichtig. Bei einigen Falterarten wirkt es sich besonders positiv aus, da die Puppen in den halb dürren Halmen überleben, die bei der heutzutage üblichen Bewirtschaftung viel zu früh abgemäht würden.

Auch die Orchideen können ihren Standort halten, und so sind rund um den Garten mehr als eine Hand voll verschiedener Arten anzutreffen (Abb. 21).

Wenn wir zusammen durch den Baumgarten schlenderten, hatte Herr Hofmann oft seinen Spazierstock dabei. Unter einem voll behangenen Baum von dunkelroten Kirschen oder süssen Pflaumen zog er damit einen Ast herunter, und wir beide genossen die frisch gepflückten Früchte. Danach setzten wir uns auf das von ihm und seinem Enkel selbst gezimmerte Holzbänklein am Waldrand und freuten uns an der Ruhe und der Natur um uns herum.

Von der beachtlichen Anzahl der Tagfalter, weit über dreissig Arten, die wir innerhalb eines Jahres bei unseren Erkundungsgängen auf der Rittimatte beobachteten, konnte ich viele fotografisch festhalten (Abb. 22–29, 31, 35–37).

Abb. 20: Herr Hofmann
im Gespräch mit dem Landpächter.

Fig. 20: Dr. Hofmann
talking to his tenant.

Abb. 21: Helmorchis
(Orchis militaris).

Fig. 21: Military orchid
(Orchis militaris).

it is time for the cowslips to start flowering, although at this altitude they may still be covered by a last sprinkling of snow.

The cowslips are joined by a pale lilac veil of cuckooflower *(Cardamine pratensis),* whereupon the first vividly colored, newly emerged male Orange Tip butterflies appear. After mating, the females tend to lay their eggs on this host plant, where the caterpillars will subsequently develop (fig. 12–17).

The lush green meadows are transformed into a radiant yellow sea of dandelions, forming a wonderful contrast to the gleaming white blossom of the cherry trees. Later, they will be joined by meadow sage *(Salvia pratensis),* greater yellow rattle *(Rhinanthus alectorolophus),* small scabious *(Scabiosa columbaria),* field scabious *(Knautia arvensis),* columbine *(Aquilegia vulgaris),* chicory, asparagus trefoil, clustered bellflower and many others.

Dr. Hofmann fondly describes his daily walks through the meadow at this time of year as "wandering through a symphony of colors".

Next comes the haymaking season, although not all the different parts of the meadow are mown at the same time. Years before our joint project was conceived, Dr. Hofmann had made arrangements with his tenant as to when and where the cuts were to take place. He insists that a broad strip alongside the hiking trail and around the house should be left uncut sometimes even into the month of September. This is important in that it allows various plants to self-seed and enables numerous threatened insects to survive their resting stages. It has particularly favorable effects on certain butterfly species, as pupae survive in dried-up stalks that would be cut much too early if today's usual management practices were applied.

The orchids' habitat is also maintained, and so Dr. Hofmann can come across more than a handful of different species at various sites around the garden (fig. 21).

85

**Schmetterlingsvielfalt
auf der Rittimatte**

**Diversity of butterflies
in Rittimatte**

Abb. 22: Braungerändertes
Ochsenauge *(Pyronia tithonus)*.

Fig. 22: Gatekeeper
(Pyronia tithonus).

Abb. 23: Ein Kleiner Fuchs
(Aglais urticae) nimmt ein Sonnen-
bad.

Fig. 23: A Small Tortoiseshell
(Aglais urticae) basking in the sun.

Abb. 24: Der Schwalbenschwanz
(Papilio machaon) hat sich
nur selten so schön präsentiert.

Fig. 24: It was rare for the Swallow-
tail *(Papilio machaon)* to display itself
in all its glory.

Abb. 25: Weibchen des Dunklen
Feuerfalters *(Lycaena tityrus)*.

Fig. 25: A female Sooty Copper
(Lycaena tityrus).

Abb. 26: Wandergelbling
(Colias crocea),
auch Postillion genannt.

Fig. 26: Clouded Yellow
(Colias crocea).

Abb. 27: Weibchen des Violetten
Waldbläulings *(Cyaniris semiargus)*.

Fig. 27: A female Mazarine Blue
(Cyaniris semiargus).

Abb. 28: Ein Grünader-Weissling
(Pieris napi) saugt Nektar.

Fig. 28: A Green-veined White
(Pieris napi) feeding on nectar.

Abb. 29: Schillerfalter-Weibchen
(Apatura iris).

Fig. 29: Female Purple Emperor
(Apatura iris).

Abb. 30: Purpurroter Zünsler *(Pyrausta purpuralis)*.

Fig. 30: The pyralid moth *Pyrausta purpuralis.*

Abb. 31: Der Hauhechelbläuling *(Polyommatus icarus)* sitzt gerne auf den höchsten Grashalmen, um sein Revier zu verteidigen.

Fig. 31: The Common Blue *(Polyommatus icarus)* often sits on the tallest grass to defend its territory.

Abb. 32: Nagelfleck *(Aglia tau)*.

Fig. 32: Tau Emperor *(Aglia tau)*.

Abb. 33: Russischer Bär *(Euplagia quadripunctaria)*.

Fig. 33: Jersey Tiger *(Euplagia quadripunctaria)*.

Abb. 34: Blutströpfchen *(Zygaena filipendulae)*.

Fig. 34: Six-spot Burnet *(Zygaena filipendulae)*.

Abb. 35: Admiral *(Vanessa atalanta)* unter dem Birnbaum.

Fig. 35: A Red Admiral *(Vanessa atalanta)* under a pear tree.

Abb. 36: Tagpfauenauge *(Inachis io)* auf Efeu.

Fig. 36: A Peacock *(Inachis io)* on ivy.

Abb. 37: Verschiedene Falter auf Herbstastern.

Fig. 37: Various butterfly species on Michaelmas daisies.

Abb. 38: Ampfer-Grünwidderchen *(Adscita statices)*.

Fig. 38: Forester *(Adscita statices)*.

87

Einige hübsche tagaktive Nachtfalter rundeten das bunte Bild der Schmetterlinge ab (Abb. 30, 32–34, 38).

Der Spätsommer brachte in jenem Jahr viele Birnen hervor, die dieser Fülle wegen nicht alle geerntet werden konnten. Das kam wiederum den verschiedenen Insekten, insbesondere den vielen Faltern, zugute. Die Distelfalter, Admirale und Tagpfauenaugen verköstigten sich wochenlang an dem gärenden Saft des Fallobstes, bis sie entweder die Reise nach Süden antraten oder sich ein geeignetes Winterversteck suchten. Auch auf den bunten Herbstastern im Garten und am blühenden Efeu an der besonnten Hauswand waren sie oft zu sehen. Dies bereitet dem Ehepaar Hofmann immer eine besondere Freude, können die beiden doch diesem Spiel jedes Jahr direkt vor der Haustüre zuschauen.

Bald spriessen auch die ersten Herbstzeitlosen auf der Wiese, und die Schwalben sammeln sich für die Reise in wärmere Gefilde. Die Nebelschwaden streichen durch die Täler, und der Wald nimmt langsam seine herbstliche Färbung an.

Wer die Natur beobachtet und genau hinschaut, erkennt in jedem Blatt, jeder Blüte oder Frucht ein Kunstwerk der Schöpfung!

Dies ist eine der zentralen Aussagen, die ich aus Herrn Hofmanns vielen Lebensweisheiten herausgehört habe. Während unserer Streifzüge beobachtete ich den grossen Wissenschaftler mehrmals, wie er sich beispielsweise an einer herrlich duftenden Heckenrose, an einer frischen Blüte der Lärche, an einem kleinen Gänseblümchen oder an der Pracht der Wiesenschlüsselblumen und Akeleien erfreuen konnte.

Mit Ehrfurcht betrachtete er ein Ampfer-Grünwidderchen (Abb. 38) und bezeichnete es als Juwel, sprach dabei seine Dankbarkeit aus, dass er mit wun-

Abb. 39: Herbstzeitlose *(Colchicum autumnale).*

Fig. 39: Autumn crocus *(Colchicum autumnale).*

Abb. 40: Das letzte Espenblatt *(Populus tremula).*

Fig. 40: The last aspen leaf *(Populus tremula).*

When we strolled through the orchard together, he often had his walking stick with him. Stopping under a tree richly laden with dark red cherries or sweet plums, he would use it to pull a branch down and we would both take delight in the freshly picked fruit. We would then sit at the edge of the woods on the garden seat handcrafted by Dr. Hofmann and his grandson, enjoying the peace and the natural world around us.

In the course of our explorations of the Rittimatte area, we observed a considerable number of butterflies within a single year – well over thirty species, many of which I was able to photograph (fig. 22–29, 31, 35–37).

Rounding off the colorful assortment of butterflies was a number of attractive day-flying moths (fig. 30, 32–34, 38).

That year, the late summer's crop of pears was so abundant that they could not all be picked. The benefits of this profusion were reaped by a variety of insects and numerous butterflies in particular. For weeks, the Painted Ladies, Red Admirals and Peacocks feasted on the rotting windfalls before either heading south or seeking out a suitable winter hideout. They could also often be seen on the colorful Michaelmas daisies in the garden and on the flowering ivy that grew on the sunlit wall of the house. This always gives the Hofmanns particular pleasure, as they are able watch the display on their doorstep each year.

Before long, the first autumn crocuses are sprouting up in the meadow and the swallows are assembling for their journey to warmer climes. The valleys are swathed in mist and the forest slowly takes on its autumnal colors.

Whoever observes nature and looks carefully will see in every leaf, every flower or fruit a masterwork of creation!

This is one of the main lessons from Dr. Hofmann's many philosophical reflections that have stayed with me. On our excursions, I frequently observed the great scientist's delight in, for example, a fragrant dog rose, a flowering larch, a tiny daisy, or an array of cowslips and columbines.

Full of awe, he admired a Forester moth (fig. 38), calling it a jewel and expressing his gratitude for having been endowed with the wonderful sensory gifts that had served him well in his scientific career.

He explained how important precise observation of nature is to science, as it offers us almost limitless examples and ideas. At the same time, however, he stressed that, in spite of our ever-advancing knowledge and technological progress, we should never lose our respect for all life and creation.

Dr. Hofmann's extensive library, his personal collection of fossils in his study and his skills in the craft of modeling indicate the diversity of his interests and talents. In his "den", as his relatives sometimes call it, he takes pleasure in the gifts he has received from friends and artists all over the world.

Dr. Hofmann is not only a scientist with a philosophical bent, he has also remained a cheerful and good-humored man, as I am reminded each time I

Abb. 41: Novembernebel
schleicht durch den Baumgarten.
Fig. 41: November mists drifting
through the orchard.

derbaren Sinnesgaben ausgestattet wurde, die ihn als Wissenschaftler weit gebracht hatten. Er erklärte, wie wichtig das genaue Beobachten der Natur für die Wissenschaft sei, da sie uns fast unerschöpfliche Beispiele und Ideen vorzeige. Gleichzeitig betonte er aber, dass wir bei all unserem immer weiterreichenden Wissen und dem ganzen technischen Fortschritt nie die Achtung vor der Kreatur und der Schöpfung vergessen sollten.

Seine reichhaltige Bibliothek, seine selbst angelegte Sammlung von Versteinerungen im Arbeitszimmer und sein kunsthandwerkliches Geschick im Modellieren zeugen von seinen vielfältigen Interessen und Talenten. In seiner «Klause», wie sie von den Angehörigen manchmal genannt wird, erfreuen ihn Geschenke von Freunden und Künstlern aus aller Welt.

Herr Hofmann ist nicht nur ein philosophisch denkender Wissenschaftler, er ist gleichzeitig auch ein fröhlicher und gut gelaunter Mensch geblieben, was ich jedes Mal daran erkenne, wenn er mir bei meinen Besuchen, munter vor sich hin pfeifend, die Haustüre öffnet. Nachdenklich macht ihn manchmal, dass er seines hohen Alters wegen schon so viele liebe Freunde und Bekannte durch deren Tod verloren hat.

Auf unseren Spaziergängen haben wir viel miteinander geredet, und immer wieder hat mich Herr Hofmanns phänomenales Wissen über Chemie und Physik, aber auch über Literatur, Musik und Kunst im Allgemeinen beeindruckt. Auch die Zusammenhänge und Abläufe in der Natur sind ihm bestens bekannt und gaben uns stets genügend Gesprächsstoff.

So entstand im Verlauf dieses Jahres unser Bildband. Herr Hofmann schrieb den Text und wählte schliesslich dafür den Titel *Lob des Schauens*.[2] Für mich wird dieses Gemeinschaftswerk als besonderes Erlebnis in Erinnerung bleiben, und ich betrachte es als eine grosse Ehre, daran beteiligt gewesen zu sein.

2   Albert Hofmann, Lob des Schauens, Solothurn: Nachtschatten Verlag, 2003.

Abb. 42: Herr Hofmann
beim Betrachten von Lärchenblüten.

Fig. 42: Dr. Hofmann observing
larch flowers.

visit him and hear him whistling to himself as he opens the door. If he is some-times more pensive, it is because – at his advanced age – he has seen so many dear friends and acquaintances pass away.

On our walks, we have conversed a great deal, and I have been constantly impressed by Dr. Hofmann's phenomenal knowledge not only of chemistry and physics but also of literature, music and the arts in general. In addition, natural relationships and processes – in which he is extremely well versed – always provided ample matter for conversation.

Thus our illustrated volume took shape in the course of the year. Dr. Hof-mann wrote the text and finally chose the title *Lob des Schauens* – "In Praise of Contemplation".[2] I will always cherish the memory of this collaborative effort as a special experience, and I consider it a great honor to have been able to play a part in it.

2   Albert Hofmann, Lob des Schauens, Solothurn: Nachtschatten Verlag, 2003.

Lieber Herr Hofmann
Ich möchte mich an dieser Stelle herzlich für Ihre Gastfreundschaft und die
vielen Lebensweisheiten bedanken, an denen Sie mich in dieser Zeit teilhaben
liessen. Sie haben mich positiv beeinflusst und mir für viele Dinge die Augen
geöffnet. Es freut mich, dass aus unserem gemeinsamen Werk eine Verbunden-
heit und Freundschaft entstanden ist, die bis heute andauert.

Liebe Frau Hofmann
Bei meinen Besuchen haben auch Sie mir stets interessante Begebenheiten aus
Ihrem Leben erzählt und mir die auserwähltesten Tröpfchen, beispielsweise
den Eigenbrand eines «Pflümliwassers» von der Rittimatte, serviert oder die
schmackhaftesten, selbst gebackenen Häppchen zugeschoben. Ihre kunstvol-
len, mit viel Liebe hergerichteten Blumengestecke habe ich stets besonders
bewundert.

Ich wünsche Ihnen beiden von Herzen, dass Sie zusammen im Kreise Ihrer
grossen Familie und Ihrer Freunde noch viele schöne Begegnungen mit der
Natur auf der Rittimatte erleben dürfen.

Abb. 43: Weiblicher Lärchenblüten-
stand *(Larix decidua)*.

Fig. 43: Female flower
of the larch *(Larix decidua)*.

Dear Dr. Hofmann,
I would like to take this opportunity to thank you sincerely for your hospital-
ity and for the many insights that you shared with me during this time. You
have changed me for the better and opened my eyes to many different things.
I am glad that our collaboration created a bond of friendship that has lasted to
this day.

Dear Mrs. Hofmann,
You, too, have always given me fascinating accounts of your experiences and,
on my visits, regaled me with the choicest refreshments – home-distilled Ritti-
matte Pflümliwasser or delicious homemade treats. I have always especially
admired your artistic, lovingly prepared flower arrangements.

I very much hope that both of you, in the company of your large family and
your friends, will be blessed with many more experiences of nature in Ritti-
matte.

Abb. 44: Gänseblümchen
(Bellis perennis).

Fig. 44: Daisy *(Bellis perennis).*

Von der Naturwissenschaft zur Philosophie.
Ein Mensch, der erkennen und staunen kann

Rolf Verres

Aufgrund meiner Erlebnisse mit Albert Hofmann, der unter allen Menschen dieser Welt mein wichtigster und liebster Freund geworden ist (meine Frau und auch seine wundervolle Ehefrau Anita verstehen dies), möchte ich einige Andeutungen darüber machen, wie Albert Hofmann als Mensch gewirkt hat und wirkt. Die Beschreibung meiner Erfahrungen ist sicherlich stellvertretend für vieles, was auch andere mit diesem aussergewöhnlichen Menschen erlebt haben.

Als ich ihn im Jahre 1987 kennen lernte, war er schon 81 Jahre alt. Ich selbst war im vierzigsten Lebensjahr und kam mir ihm gegenüber zunächst wie ein kleiner Junge vor, obwohl ich gerade meinen ersten Ruf auf eine Professur für Medizinische Psychologie (am Universitätskrankenhaus Hamburg-Eppendorf) angenommen hatte. Das Europäische Collegium für Bewusstseinsstudien (ecbs) veranstaltete in Kandern unter Leitung seines Präsidenten Professor Hanscarl Leuner ein wissenschaftliches Symposium über veränderte Bewusstseinszustände. Albert Hofmann hatte sich bereit erklärt, den Eröffnungsvortrag mit dem etwas rätselhaften Titel «Anwendung der Psychedelika vor dem grossen Übergang» zu halten. Als ich den Raum betrat, hatte er bereits in der Mitte des Podiums Platz genommen. Wie von einer unsichtbaren Kraft geleitet, ging ich geradewegs auf ihn zu und begrüsste ihn. Seine ruhigen Augen musterten mich, den ihm völlig Unbekannten, nicht, sondern er lächelte mich freundlich an, und ich spürte gleich in der ersten Sekunde: Unsere Seelen berührten einander.

Hofmanns Vortrag war dem Schriftsteller Aldous Huxley gewidmet, mit dem er persönlich befreundet gewesen war. Huxley hatte sich stets für Grenzerfahrungen und veränderte Bewusstseinszustände und somit auch für die seltsamen Wirkungen psychoaktiver Substanzen interessiert. Als er im Sterben lag, bat er seine Frau Laura, ihm LSD zu geben. Hofmann schloss seinen Bericht über das Sterben von Aldous Huxley, indem er betonte, dass die Verwendung von Psychedelika in der psychiatrischen und religiösen Betreuung von Sterbenden segensreich sein könne. Allerdings sei keine Auskunft darüber möglich, ob das Sterben unter der Wirkung von Psychedelika ein besseres Sterben ist. Auf jeden Fall gehörten Psychedelika in die Hand des Arztes, damit eine verantwortungsbewusste Entscheidung für ihre Anwendung möglich sei, sogar beim grossen Übergang.

From natural science to philosophy.
A man with the capacity for insight and wonder

Rolf Verres

On the basis of my personal knowledge of Albert Hofmann, who of all the people on this Earth has become my closest and dearest friend (my wife and Albert's own wonderful wife Anita understand this), I would like to give some indication of what he is like as a human being. This account of my own experiences no doubt reflects much of what others have also experienced with this extraordinary man.

When I first met him, in 1987, he was already 81 years old. I myself was in my fortieth year and initially felt like a little boy beside him, although I had just been appointed Professor of Medical Psychology at Hamburg-Eppendorf University Hospital. The European College for the Study of Consciousness was holding a scientific symposium in Kandern on the subject of altered states of consciousness, chaired by the ecsc's President, Professor Hanscarl Leuner. Albert Hofmann had agreed to open the proceedings by giving a talk entitled, somewhat mysteriously, "Use of psychedelics before the great crossing-over". When I entered the room, he had already taken his seat at the center of the podium. As if guided by an invisible force, I walked straight up to him and greeted him. Rather than eyeing this complete stranger warily, he smiled at me kindly and I immediately sensed that this was a meeting of kindred spirits.

The subject of Hofmann's talk was the author Aldous Huxley, a personal friend of his. Huxley had always been interested in transcendental experiences and altered states of consciousness, and thus also in the remarkable effects of psychoactive substances. While he was dying, Huxley asked his wife Laura to give him LSD. In his reflections on Huxley's death, Hofmann emphasized that the use of psychedelics in the psychiatric and religious care of the dying may be a blessing, but that it could not be known whether dying under the influence of psychedelics is a better death. He stressed that psychedelic drugs should be handled only by physicians, so that responsible decisions can be made concerning their use, even in the context of the great crossing-over.

In the early 1960s, lysergic acid diethylamide had been recognized at Chicago Medical School as an agent that provides relief in cases of severe pain. In his talk, Hofmann said that he could have hit upon this idea himself, since even during his first self-experiment with LSD he had felt for a time that his

Bereits Anfang der sechziger Jahre war an der Chicago Medical School erkannt worden, dass LSD bei schwersten Schmerzzuständen lindernd wirkt. Albert Hofmann sagte in seinem Vortrag, auf diese Idee hätte er selbst kommen können, denn schon bei seinem ersten LSD-Selbstversuch habe er zeitweise das Gefühl gehabt, sein Körper sei empfindungslos, er sei ausserhalb seines Körpers. Er ging auf die Studie von Kast und Collins aus dem Jahre 1964 ein, derzufolge Krebskranke über Schmerzlinderung und eine Verringerung der Angst vor dem Sterben unter der Wirkung von LSD berichteten, sogar ozeanische Gefühle seien aufgetreten. Des Weiteren erwähnte Hofmann Studien von Walter Pahnke, einem Arzt und Religionswissenschaftler, sowie von Stanislav Grof über psychedelische Gipfelerlebnisse, bei denen auch Musik eine wichtige Bedeutung hatte. Und Richard Yensen habe dargelegt, dass bei lebensgefährlich erkrankten Menschen mit LSD-unterstützter Therapie eine neue Einstellung zu Leben und Tod, eine Aussöhnung mit den Unzulänglichkeiten des bisherigen Lebens, ein Erkennen der geistigen und vergänglichen Werte und eine furchtlosere Einstellung zum bevorstehenden grossen Übergang gefördert werden konnten.

Nach einigen Gesprächen am Rande dieses Symposiums lud mich Albert Hofmann ein, ihn zu Hause zu besuchen. Da sein Haus nicht leicht zu finden ist, wartete er am Brunnen des Dorfes Burg, südlich von Basel, auf mich, um mir das Suchen zu ersparen. Er zeigte mir viele seiner Schätze, und am Abend hörten wir gemeinsam das Quintett in C-Dur von Franz Schubert von Anfang bis Ende, ohne zu sprechen. Nachdem der letzte Ton verklungen war, sah er mich an und sagte: «Wenn zwei Menschen eine solche überirdische Musik zusammen erlebt haben, können sie doch eigentlich nicht mehr ‹Sie› zueinander sagen. Ich heisse Albert.» Dies war der Beginn unserer langjährigen, tiefen Freundschaft.

Bei einer Wanderung durch den Schweizer Jura zeigte mir Albert, der im Umkreis vieler Kilometer fast jede Blume mit ihrem botanischen Namen kennt, «seine» Schätze und blieb im Wald an einem etwa meterhohen Grenzstein stehen, in den die Grenze zwischen der Schweiz und Frankreich als Kerbe eingraviert ist. Albert pflückte vom daneben wachsenden Haselnussstrauch eine Nuss. «Weisst du, wozu heutzutage Grenzsteine gut sind?», fragte er mich. Er legte die Nuss in die Kerbe des Grenzsteines, nahm einen Stein, zerschlug damit die Nussschale und gab mir die Frucht. Die frische, noch saftige Haselnuss schmeckte köstlich. Alle Sinne waren aktiviert.

Etwas später erzählte mir Albert einige Geschichten aus seinem Leben. Sein Vater hatte es als ursprünglich ungelernter Arbeiter bei der Firma Brown Boveri zum Werkstattchef einer Turbinenfabrik gebracht. Auch die Mutter hatte bei derselben Firma gearbeitet, beide hatten einander dort kennen gelernt. Die Familie lebte an der Peripherie der Kleinstadt Baden bei Zürich in einem Mehrfamilienhaus. Albert war der Älteste von vier Kindern. Sein Bru-

Abb. 1: Begegnung von Dr. Albert
Hofmann mit dem Autor, 1997
(Foto: Simon Duttwyler).

Fig. 1: Dr. Albert Hofmann
with the author, 1997
(photo: Simon Duttwyler).

body was devoid of sensation, that he was outside his body. He referred to the study carried out in 1964 by Kast and Collins, in which cancer patients treated with LSD reported that they experienced alleviation of pain and a reduced fear of dying, and even the occurrence of oceanic feelings. Hofmann also mentioned studies by Walter Pahnke, a physician and theologian, and Stanislav Grof of psychedelic peak experiences, in which music also had a special significance. Finally, he pointed out that, according to Richard Yensen, LSD-assisted psychotherapy in terminally ill patients could promote a new perspective on life and death, reconciliation with the inadequacies of the individual's past life, recognition of spiritual and transient values, and a more fearless attitude towards the imminent great crossing-over.

After a number of conversations on the fringes of this symposium, Albert Hofmann invited me to visit him at his home. As his house is not easy to find, he waited for me at the fountain in the village of Burg, south of Basel, to spare me the trouble of searching. He showed me many of his prized possessions, and that evening we sat together listening to Franz Schubert's Quintet in C major from start to finish, without speaking. After the last note had faded away, he looked at me and said: "You know, when two people have experienced such celestial music together, there's really no longer any need for formality. Please call me Albert." This was the beginning of our long and deep friendship.

On a ramble through the Swiss Jura region, Albert, who knows the botanical name of almost every flower for miles around, showed me "his" treasures. In the woods, he stopped at a stone marker, about a meter high, in which the border between Switzerland and France was indicated by a notch. Albert picked a nut from a nearby hazel and asked me: "Do you know what use border markers are nowadays?" He placed the nut in the notch, broke the shell open with a stone and handed me the fruit. The fresh, juicy hazelnut tasted delicious. All my senses were activated.

der und seine beiden Schwestern wurden im Abstand von jeweils etwa drei Jahren geboren.

Den Vater habe er selten erlebt, denn dieser musste sogar samstags arbeiten und verbrachte die Sonntage häufig in der Wirtschaft. Albert half seiner Mutter im Haushalt und hatte eine schöne Gemeinschaft mit seinen Geschwistern. Um das spärliche Familieneinkommen aufzubessern, arbeitete die Mutter nebenbei als Wäscherin. Albert erinnert sich kaum daran, wie die Wohnung seiner Familie eingerichtet war, dagegen betont er, dass das Glück auf der anderen Seite der Strasse zu finden war: auf einem Bauernhof, wo er die meiste Zeit seiner Kindheit verbrachte, bei einem Hufschmied und einem Wagner. Diese Welt sei damals nicht viel anders gewesen, als die Welt vor 2000 Jahren war: Man fuhr mit Pferdegespannen, alles wurde von Hand gemäht, und als in einem Nachbarhaus das erste Telefon installiert wurde, beschrieb man dies so: «Man hört Stimmen von jemandem, der nicht da ist!»

In einer alten Schlossruine spielte Albert gern mit den anderen Kindern des Ortes, und auch heute noch beschreibt er diese Welt als ein Paradies. Der Hang der Juralandschaft mit Ausblick auf das Limmattal habe ihn sehr geprägt. Seine Beziehung zu den Bäumen, Wiesen, Schmetterlingen und den Landschaften beschreibt er als genauso intensiv wie seine Beziehung zu den Menschen.

Die glückliche Kindheit wurde im Alter von zwölf Jahren jäh verändert, als die Familie in eine Mietskaserne gegenüber den Fabrikmauern umziehen musste. Für den Vater, der an Schwindsucht litt, das heisst an Lungentuberkulose, die damals nicht als Krankheit galt, war der Weg in die Fabrik – zu Fuss etwa 15 Minuten – zu beschwerlich geworden. Den Wechsel in die Stadtwelt beschreibt Albert als eine Vertreibung aus dem Paradies. Er musste dem Vater die Mittagsmahlzeit in die Firma bringen, empfand die neue Umgebung als trostlos und suchte immer wieder im Laufschritt die alte Heimat in der Natur auf, zu der auch die befreundeten Bauernkinder und Mitschüler gehörten. Als er in der fünften Schulklasse war, erkrankten beide Eltern, und sein Lehrer erlaubte ihm, sich anstelle der Schule um die Geschwister zu kümmern.

Als in der Bezirksschule die Entscheidung anstand, ob er weiterstudieren dürfe oder in der einfachen Schule bleiben müsse, sagte Albert seinem Lehrer, er müsse möglichst bald Geld verdienen und könne nicht immer noch mehr Zeit in der Schule verbringen. So trat er eine kaufmännische Lehre bei Brown Boveri an. Doch sein Lehrer belieferte ihn weiterhin mit Schulmaterialien, so dass er neben seiner kaufmännischen Lehre mit der Unterstützung seines Lehrers Latein und Botanik lernen konnte.

Nach Abschluss der dreijährigen kaufmännischen Lehre als Zweitbester – in derselben Zeit erkrankte der Vater immer stärker an Lungenentzündungen – bekam Albert einen Paten, der ihm ermöglichte, die Privatschule Minerva in Zürich zu besuchen. Dort fand er sich unter Schülern aus begüterten Familien

Later, Albert told me some stories from his earlier life. His father, originally an unskilled worker, had risen within Brown Boveri to the position of workshop head at a turbine factory. His mother had worked for the same company, which was how the couple had met. The family lived, together with several other families, in a house on the outskirts of the small town of Baden, near Zurich. Albert was the eldest of four children. His brother and his two sisters were born at intervals of about three years.

He had seen little of his father, who had had to work even on Saturdays and spent many of his Sundays at the local inn. Albert helped his mother around the house and got on well with his brother and sisters. To supplement the family's meager income, his mother also worked as a laundress. Albert does not recall much about how the family's apartment was furnished, but emphasizes that happiness was to be found across the road – on a farm, where he spent most of his childhood, at the smithy and the cartwright's shop. This world at that time did not differ greatly from the world of 2000 years ago: people rode in horse-drawn carts, everything was reaped by hand, and when the first telephone was installed at a neighbor's house, it was reported that "You hear the voice of someone who isn't there!".

Albert enjoyed playing with the other children from the neighborhood in the ruins of an old castle, and today he still calls this world a paradise. The rolling hills of the Jura countryside, overlooking the Limmat valley, had been a formative influence. He describes his ties with the trees, meadows, butterflies and landscapes as having been just as close as his human relationships.

At the age of twelve, this happy childhood was abruptly altered when the family had to move to a tenement block opposite the factory. For Albert's father, who suffered from consumption (i.e., pulmonary tuberculosis, which was not recognized as a disease at that time), the 15-minute walk to the factory had become too difficult. Albert describes the changeover to city life as an expulsion from paradise. He had to take his father's lunch to the workshop and, finding his new surroundings cheerless, he ran back whenever he could to his former home in the countryside, visiting his friends on the farm and his classmates. When he was in the fifth year at school, both of his parents fell ill, and his teacher excused him from classes so that he could look after his brother and sisters.

At secondary school, when the time came to decide whether he should continue with academic studies or stay on at a lower level, Albert told his teacher that he would have to start earning money as soon as possible and could not afford to spend even more time at school. Albert then served an apprenticeship at Brown Boveri, and during this time his teacher continued to supply him with school materials, so that as well as receiving a commercial training he learned Latin and botany with his teacher's support.

wieder, die sich in einem bürgerlichen Leben eingerichtet hatten und es an Lerneifer fehlen liessen. Albert wurde schnell als besonders wissbegieriger Schüler erkannt und von seinen Lehrern gut gefördert, so dass er schon nach einem Jahr, im Alter von 19 Jahren, seine Lateinmatura absolvieren konnte und seine Mitschüler trotz des Umwegs über die kaufmännische Lehre überholte.

Neben der Schule zeichnete er gern, und seine musische Begabung machte sich bemerkbar. Als er den Entschluss fasste, Chemie zu studieren, waren alle seine Lehrer entsetzt. Einer von ihnen rief aus: «Willst du etwa das Gift für den nächsten Krieg herstellen?» Albert hatte in der Schule keinen Chemieunterricht gehabt, aber er war davon überzeugt, dass die Naturwissenschaft etwas Verlässliches ist: Im Unterschied zur Geschichte beispielsweise ändert sich die Natur im Prinzip nicht so schnell, insofern versprach die Naturwissenschaft ein sicheres Wissen, das voraussichtlich auch Geld einbringen würde, welches in der Familie dringend benötigt wurde.

Albert begann das Studium der organischen Chemie an der Universität Zürich beim späteren Nobelpreisträger Professor Paul Karrer. Als Bürger des Kantons Zürich konnte Albert von einem kantonalen Stipendium, das im Erlass der Studiengebühren bestand, profitieren. Für sein schmales Portemonnaie war von Nutzen, dass er bald Leiter des Chemiepraktikums für Medizinstudenten wurde.

Seine Doktorarbeit verfasste er in kürzester Zeit in den Weihnachtsferien 1928. Sie enthält die Strukturaufklärung des Chitins, des der Zellulose ähnlichen Gerüststoffes vieler Tierklassen wie Insekten, Schalentiere oder Krebse. Die richtige Struktur ergab sich durch enzymatische Auflösung mit dem Magensaft von Weinbergschnecken. Damit wurde die von seinem Doktorvater Professor Karrer publizierte Strukturformel korrigiert, der das Doktordiplom mit dem Zusatz «Mit Auszeichnung» ergänzte und Albert bei der Wahl seines Arbeitsplatzes in der Industrie half. Albert entschied sich für einen Vertrag mit der Firma Sandoz, weil ihn deren Forschungsprogramm interessierte: die Isolierung der Wirkstoffe aus altbewährten Heilpflanzen zur Gewinnung von Medikamenten pflanzlicher Herkunft.

Albert Hofmann begann bei Sandoz mit Forschungen zur Strukturaufklärung von Digitalisglykosiden und Mutterkornalkaloiden, die damals in Amerika und England ein zunehmendes Interesse fanden. Dem folgte die Synthese eines Mutterkornalkaloids, des Ergobasins, dessen stimulierende Wirkung auf die Gebärmutter seit alten Zeiten von Kräuterfrauen und Hebammen benutzt wurde, um die Geburt einzuleiten. Diesem Wirkstoff des Mutterkorns verdankt das Mutterkorn seinen Namen.

Die Synthese von Ergobasin besteht in der Verbindung des allen Mutterkornalkaloiden gemeinsamen Grundbausteins, der Lysergsäure, mit einem basischen Rest, im Ergobasin mit Propanolamin. Ergobasin ist chemisch Lysergsäurepropanolamid.

Having completed his three-year commercial apprenticeship as the second-best in his year – while his father had been suffering increasingly from bouts of pneumonia –, Albert acquired a sponsor, who enabled him to attend the private Minerva school in Zurich. Here, he found himself in the company of students from wealthy families, who had settled into a middle-class existence and lacked the motivation to study. Albert's thirst for knowledge, however, was soon recognized, and with the nourishment provided by his teachers he was able after just one year, at the age of 19, to take his Latin *Matura* examination and to overtake his fellow students, in spite of the circuitous educational path that he had followed.

In his spare time, he was fond of drawing and his artistic talents emerged. When he decided to study chemistry, all his teachers were appalled. One of them asked him: "What do you want to do, produce poison for the next war?" Albert had not had chemistry lessons at school, but he was convinced that science was something that could be relied on: unlike human history, for example, nature essentially remains unchanged, and to that extent the natural sciences offered secure knowledge, which would probably also provide the income that his family urgently required.

Albert began studying organic chemistry at the University of Zurich under Professor Paul Karrer, a future Nobel laureate. As a citizen of the canton of Zurich, Albert was eligible for a cantonal scholarship, which meant that the tuition fees were waived. He was soon given responsibility for the chemical training of medical students, which boosted his modest financial means.

His doctoral thesis was written in a very short space of time during the Christmas vacation in 1928. It contains the structural elucidation of chitin, the cellulose-like structural material found in numerous classes of animals, such as insects and crustaceans. The structure was revealed by enzymatic degradation with gastric juice from edible snails. Albert's work corrected the structural formula that had been published by his supervisor, Professor Karrer, who added "With distinction" to his doctoral certificate and helped him to choose a position in the chemical industry. Albert decided to take up employment with Sandoz, as his interest was aroused by this company's research program – isolation of the active ingredients of traditional herbal remedies for the development of plant-based medicines.

His initial research at Sandoz involved the structural elucidation of digitalis glycosides and ergot alkaloids, which at that time were attracting growing interest in the US and Great Britain. This was followed by the synthesis of the ergot alkaloid ergobasine, a substance with stimulating effects on the uterus that had been used down the ages by herbalists and midwives to induce childbirth (hence the German name for ergot, *Mutterkorn*).

Diese Synthesemethode nutzte Hofmann aus, um eine Reihe, man könnte sagen, künstlicher Mutterkornalkaloide herzustellen. Eine dieser Substanzen, das um eine Methylgruppe reichere künstliche Mutterkornalkaloid Lysergsäurebutanolamid, hat unter dem Markennamen Methergin® Eingang in die Gynäkologie gefunden, nämlich zur Geburtseinleitung, vor allem aber zur Stillung von Nachgeburtsblutungen. Ein anderes partialsynthetisches Mutterkornalkaloid ist das Lysergsäurediethylamid, abgekürzt LSD, das weltweite Bedeutung erlangt hat. Albert bemerkte einmal, als wir über diese chemisch so nahe verwandten Substanzen – Lysergsäurebutanolamid (Methergin®) und Lysergsäurediethylamid (LSD) – sprachen: «Die eine hilft bei der körperlichen Geburt, die andere bei der geistigen Neugeburt.»

An dieser Stelle sei erwähnt, dass Albert mit seiner Frau Anita, die er im Jahre 1935 heiratete, vier Kindern und indirekt vielen Enkeln und Urenkeln das Leben geschenkt hat. Eine «wissenschaftliche Verwandtschaft» entstand in den letzten Jahren zunehmend zwischen Albert Hofmann und einem seiner Enkel, Simon Duttwyler, der ebenfalls Chemie studierte und ein besonderes Interesse am wissenschaftlichen Werk seines Grossvaters hat.

Der LSD-Rausch kann, so Hofmann, als Zustand von tiefem, ekstatischem Glück erlebt werden, aber auch mit Horror und Entsetzen verbunden sein. Diese durch LSD intensivierte Dialektik veränderter Bewusstseinszustände wurde für Albert Hofmann zu einer Herausforderung, sich auf eine grundsätzliche Suche nach dem Sinn zu begeben (Hofmann, 2001).

Ohnehin war er während seiner jahrzehntelangen Tätigkeit im pharmazeutisch-chemischen Forschungslaboratorium der Firma Sandoz ein Suchender. «Man weiss heute von vielen Medikamenten, wie, auf welche Weise sie wirken, aber man weiss nach wie vor nur selten, *warum* sie so wirken», betont Hofmann in einem Artikel über «Planung und Zufall in der pharmazeutisch-chemischen Forschung» (1979), und er fährt fort: «Zu der Nichtvoraussagbarkeit der Wirkungen einer Substanz am biologischen Objekt aufgrund ihrer chemischen Struktur kommt noch die Nichtvoraussagbarkeit ihrer Wirkungen am Menschen aufgrund ihres Wirkungsbildes im Tierversuch.» So wurde das von Hofmann entwickelte Medikament Hydergin® aufgrund des pharmakologischen Wirkungsspektrums zuerst gegen Bluthochdruck und zur peripheren Durchblutungsförderung in die Therapie eingeführt. In der Praxis fiel dieses Präparat dann aber vor allem durch seine mildernde Wirkung auf geriatrische Beschwerden auf und findet heute vor allem als Geriatrikum Anwendung.

Diese Nichtvoraussagbarkeit, die den Versuchen, chemische Strukturen mit bestimmten pharmakologischen, geschweige denn therapeutischen Wirkungen rational zu entwerfen, anhaftet, bedeutete für Albert Hofmann während seiner wissenschaftlichen Jahre eine stetige Herausforderung. «In dem Mass, wie die Planungsmöglichkeiten begrenzt sind, sind die Tore offen für

Abb. 2: Dr. Albert Hofmann
mit seiner Frau Anita, 1996
(Foto: Rolf Verres).

Fig. 2: Dr. Albert Hofmann
with his wife Anita, 1996
(photo: Rolf Verres).

The synthesis of ergobasine involved combining the core common to all ergot alkaloids – lysergic acid – with an amino alcohol, in this case propanolamine. Chemically, ergobasine is lysergic acid propanolamide.

Hofmann used this method to produce a series of, as it were, artificial ergot alkaloids. One of these substances, lysergic acid butanolamide (ergobasine with the addition of a methyl group), was used in obstetrics under the trade name Methergine® as an oxytocic agent and, in particular, to control postpartum bleeding. Another semisynthetic ergot alkaloid, lysergic acid diethylamide (LSD), is a compound that attained global significance. On one occasion when Albert and I were discussing the two closely related substances lysergic acid butanolamide (Methergine®) and lysergic acid diethylamide (LSD), he remarked: "One helps with physical birth, the other with spiritual rebirth."

It may be mentioned here that Albert and his wife Anita, whom he married in 1935, gave the gift of life to four children and, indirectly, to numerous grandchildren and great-grandchildren. In recent years, a scientific affinity has increasingly developed between Albert Hofmann and one of his grandsons, Simon Duttwyler, who also studied chemistry and is particularly interested in his grandfather's scientific legacy.

According to Hofmann, LSD inebriation may be experienced as a state of profound ecstatic happiness but also as one of horror and terror. For him, the dialectics of altered states of consciousness, intensified by LSD, posed the challenge of pursuing a fundamental quest for meaning.

In fact, Albert was a seeker throughout his several decades of work in the pharmaceutical/chemical research laboratories at Sandoz. In an article on "Planning and chance in pharmaceutical/chemical research" (1979), he wrote: "Today, it can be said of many drugs that we know how, in what way, they act, but we still only rarely know *why* they act in this way. […] Added to the fact that a substance's effects in a biological subject cannot be predicted on the basis of its chemical structure, there is the fact that its effects in humans cannot be

den Zufall», sagt er. Doch auch das, was wir «Zufall» nennen, entpuppt sich nicht selten als Ergebnis unserer aufmerksamen Beobachtung. Der pharmazeutisch tätige Chemiker befindet sich damit in einer ähnlichen Situation wie Entdeckungsreisende, die andere Dinge fanden, als sie suchten.

Wenn, wie Albert Hofmann betont, ein wesentliches Charakteristikum der Pharmaforschung darin besteht, «dass Nebengeleise der Forschung manchmal zu bedeutenderen Ergebnissen führen als das der Planung zugrunde gelegte Hauptgeleise», wird deutlich, dass die Weitung von Horizonten zu einem wesentlichen Ziel der Suche nach dem Sinn gehört. Im Frühjahr 1957 erreichte Hofmann die Anfrage von Professor Roger Heim aus Paris, ob er sich an der chemischen Bearbeitung der sogenannten mexikanischen Zauberpilze beteiligen möchte. Heim hatte diese von mexikanischen Indianern in religiös-rituellem Rahmen und für magische Heilpraktiken verwendeten Pilze botanisch bestimmt, und es war ihm auch gelungen, einige Pilze der Gattung *Psilocybe* im Laboratorium zu züchten.

Obwohl alles, was irgendwie mit LSD zu tun hatte, bei der obersten Geschäftsleitung von Sandoz ungern gesehen wurde, ging Hofmann auf Heims Vorschlag ein. In der Folge klärten seine Mitarbeiter und er nicht nur die Struktur der bewusstseinsverändernden Wirkstoffe mexikanischer Zauberpilze auf, sie konnten diese Wirkstoffe (Psilocybin und Psilocin) auch synthetisieren. Sofort erkannte Hofmann eine Verwandtschaft dieser Substanzen mit seinem «Sorgenkind» LSD. Er fuhr nach Mexiko und bekam von der Schamanin Maria Sabina die Bestätigung, dass das von ihm synthetisierte Präparat tatsächlich die gleiche Wirkung hatte wie die Pilze (Liggenstorfer und Rätsch, 1996/2003). Die aus der Psilocybinsynthese gewonnenen Erkenntnisse trugen daraufhin zur Entwicklung des Medikaments Visken® bei, welches in der Behandlung des hohen Blutdrucks erfolgreich eingesetzt wird.

Als ziemlich problematisch schildert Albert Hofmann seine Beziehung zu seinem damaligen Chef, Professor Arthur Stoll. Als dieser zu ihm sagte: «Ich hätte es schon lieber gehabt, wenn Sie das LSD nie entdeckt hätten», entgegnete er: «Es ist nun einmal passiert!»

Der Massenkonsum in Amerika machte LSD zeitweise zu einer Staatsaffäre, und Albert Hofmann ist noch heute sehr enttäuscht darüber, dass seitdem die wissenschaftliche Erforschung dieser psychoaktiven Substanz stagniert. Später erfuhr er, dass er aufgrund seiner bahnbrechenden Forschungen sogar für den Nobelpreis im Gespräch war. Vermutlich wurde er nicht berücksichtigt, weil die hohen Missbrauchsrisiken die Bedeutung des Themas in den Augen der Jury relativierten. Einige Universitäten (in Stockholm, Berlin und Zürich) erkannten nichtsdestoweniger Hofmanns geniale Fähigkeiten und verliehen ihm die Ehrendoktorwürde.

Bei seinen persönlichen Erzählungen verweist Albert Hofmann gerne darauf, dass sich das LSD bei ihm von selbst gemeldet hat. Selbst nachdem er es

predicted on the basis of its activity in animal experiments." For example, on the basis of its pharmacological spectrum of activity, the product Hydergine® (developed by Hofmann) was initially used in the treatment of hypertension and to improve the peripheral circulation. In therapeutic practice, however, the product's most conspicuous effects lay in the alleviation of geriatric complaints, and it is now mainly used in geriatric indications.

The unpredictability inherent in "rational" efforts to design chemical structures with specific pharmacological – let alone therapeutic – effects represented a constant challenge for Albert Hofmann during his scientific career. As he put it, "To the extent that the scope for planning is limited, the gates are open to chance." But, not infrequently, what we call "chance" turns out to be the result of our careful observation. The medicinal chemist is thus in a similar situation to those explorers who discovered something other than what they had originally set out to find.

If, as Albert Hofmann emphasizes, it is an essential characteristic of pharmaceutical research that "sidetracks sometimes lead to more important results than the main line which forms the basis of planning", then it is clear that the broadening of horizons is essential to the search for meaning. In the spring of 1957, Hofmann received an inquiry from Professor Roger Heim in Paris, asking whether he would like to take part in chemical studies of the Mexican "magic" mushrooms. These mushrooms, used by Mexican Indians in religious rituals and magical healing practices, had been botanically identified by Heim, who had also succeeded in cultivating a number of mushrooms of the *Psilocybe* genus in the laboratory.

Although anything remotely connected with LSD was frowned upon by senior management at Sandoz, Hofmann agreed to undertake this research, and he and his coworkers managed not only to elucidate the structure of the consciousness-altering active principles of the Mexican mushrooms but also to synthesize these substances (psilocybin and psilocin). He immediately saw that they were related to his "problem child" LSD. He traveled to Mexico and received confirmation from the shaman Maria Sabina that his synthetic preparation had the same effects as the mushrooms (Liggenstorfer and Rätsch, 1996/2003). The insights obtained from the synthesis of psilocybin subsequently also contributed to the development of Visken®, a product successfully used in the treatment of hypertension.

Albert Hofmann describes his relationship with Professor Arthur Stoll (his superior at that time) as rather difficult. Stoll told him: "Actually, it would have been preferable if you had never discovered LSD." Hofmann replied: "Well, it's happened!"

For a time, because of its widespread use in the US, LSD became a major political issue, and today Albert Hofmann remains deeply disappointed that scientific research on this psychoactive substance has stagnated ever since. He

nach seinen ersten Experimenten zur Seite legen wollte, kam sein *enfant terrible,* wie sein Sorgenkind in der französischen Ausgabe seines weltbekannten Buches genannt wird, wieder zu ihm zurück.

Im Folgenden möchte ich der Frage nachgehen, warum Albert Hofmann besonders von jungen Menschen in aller Welt als ein *Wegweisender* gesucht und anerkannt wird.

Albert Hofmann setzte sich besonders prägnant in seinem Büchlein *Einsichten – Ausblicke* (2003) – unter anderem am Beispiel des Unterschieds zwischen Besitz und Eigentum – mit veränderten Bewusstseinszuständen auseinander. Im dritten Lebensabschnitt, nach seiner Pensionierung, widmete er sich zunehmend der Philosophie des Naturerlebens und publizierte neben *Einsichten – Ausblicke* auch *Lob des Schauens* (2003). Diese späten Arbeiten handeln von der Möglichkeit, sich im naturwissenschaftlichen Weltbild geborgen zu fühlen. Dabei geht Hofmann von Alltagsrealitäten aus und diskutiert diese dann in grösseren Zusammenhängen, für die die Naturwissenschaft einen Bezugsrahmen bieten kann, sofern sie mit Philosophie verbunden wird. Die folgenden Überlegungen mögen einen Eindruck seiner Sichtweise vermitteln:

«Was hat die Anhäufung von Geld und Macht bei Einzelpersonen oder Konzernen, die keine Verantwortung tragen für das öffentliche Wohl, für einen Sinn? Die Verantwortung für das öffentliche Wohl liegt beim Staat, z.B. die Sorge um die Arbeitslosen. Der Staat hat aber zu wenig Macht in der Wirtschaft, von der das Wohl der Bevölkerung entscheidend abhängt. Verantwortung und Macht driften auseinander, mit katastrophalen Folgen. Im Zusammenhang mit der Suche nach Glück und Sinn lohnt es, über den Unterschied von Besitz, im ursprünglichen Sinn dieses Wortes, und Eigentum nachzudenken, dann wird die tragische Sinnlosigkeit der heutigen Entwicklung noch augenscheinlicher.»[1]

«Was damit gemeint ist, bringt ein chinesischer Aphorismus in knappster Form zum Ausdruck: ‹Der Herr sagte: Mein Garten … – und sein Gärtner lächelte.› Der Herr kann mit Recht von *seinem* Garten sprechen, denn er ist sein Eigentum. Aber vielleicht ist er dort kaum jemals anzutreffen. […] Für seinen Gärtner hingegen ist dieser Garten das Lebenselement. Er lebt in ihm und mit ihm. […] Er kennt den Garten in der Frische des Morgentaus, er geht beim Einnachten nochmals durch die Beete, wenn manche Blumen ihren Duft besonders stark verströmen, und in der Mittagshitze verschläft er sein Ruhestündchen gerne im Pavillon. […] Er ist es, der den Garten von früh bis spät

---

1   Albert Hofmann, Die Suche nach Glück und Sinn, Unveröffentlichtes Vortragsmanuskript, Basler Psychotherapie-Tage, 8.5.1997.

later learned that he had been considered as a candidate for a Nobel prize on the basis of his pioneering research, but he presumably failed to qualify on account of the high risk of abuse. Nonetheless, Albert Hofmann's genius was recognized by a number of universities (in Stockholm, Berlin and Zurich) which awarded him honorary doctorates.

In his personal recollections, Albert Hofmann is keen to point out that LSD came into his life uninvited. Even after he had wished to discard the substance following the initial experiments, his *enfant terrible* – as it is known in the French edition of his world-famous book – returned.

In the following reflections, I will attempt to demonstrate why Albert Hofmann is sought out and recognized as a *pathfinder,* especially by young people around the world.

His collection of essays entitled *Einsichten – Ausblicke* (2003) is a particularly incisive investigation of altered states of consciousness, in the light, for example, of the distinction between possession and property. In his "third age", since his retirement from professional life, he has devoted himself increasingly to philosophical reflections on the experience of nature, publishing an illustrated volume entitled *Lob des Schauens* [In Praise of Contemplation] as well as *Einsichten – Ausblicke* [published in English as "Insight – Outlook"]. In these later works, he is concerned with the possibility of feeling secure or "at home" in the world within the framework of a scientific worldview. Hofmann often takes everyday realities as his starting point and goes on to discuss them in a broader context, for which natural science can offer a frame of reference, provided that it is combined with philosophy. The following lines of thought should help to clarify his outlook.

"What sense is there in money and power being accumulated by individuals or corporations that have no responsibility for the public good? Responsibility for the public good, e.g., caring for the unemployed, rests with the state. But the state has too little power in the business sphere, which is crucial to the welfare of the public. Responsibility and power thus drift apart, with catastrophic consequences. In the context of the quest for happiness and meaning, it is worth reflecting on the distinction between *possession,* in the original sense of the word, and *property;* then the tragic senselessness of current developments becomes all the more evident."[1]

"The underlying idea is neatly expressed by a Chinese aphorism: 'The master said: My garden … – and his gardener smiled.' The master is entitled to speak of *his* garden since it is his property. But perhaps he is rarely seen there. […] For the gardener, however, this garden is of vital importance. He lives in

1   Albert Hofmann, Die Suche nach Glück und Sinn [The search for happiness and meaning], unpublished manuscript of a presentation given at the Basler Psychotherapie-Tage, May 8, 1997.

‹besetzt›; er ist sein wahrer Besitzer. Es ist *sein* Garten, und deshalb lächelt er, wenn sein Herr sagt: ‹Mein Garten …›»[2]

Glück ist in dieser Sicht nicht etwas, das man *haben* kann. Die Suche nach Glück ist in Tat und Wahrheit eine Suche nach der Ursache von Glück. Albert Hofmann beruft sich auf Friedrich Nietzsche, der schrieb: «Das Glück des Menschen beruht darauf, dass es für ihn eine undiskutierbare Wahrheit gibt.»

Früher galten die Dogmen der Kirchen als undiskutierbare Wahrheiten. Heute gelten viele Ergebnisse der Naturwissenschaften als undiskutierbare Wahrheiten, da sie sich praktisch anwenden lassen. Die Technologien und Industrien, die zum materiellen Reichtum und Komfort der westlichen Welt geführt haben, basieren auf den Erkenntnissen der Naturwissenschaften. Es gibt aber physikalisch und chemisch nicht fassbare Dimensionen des Daseins wie Liebe, Freude, Schönheit, Schöpfergeist, Ethik und Moral. Eine neue, universale Geistigkeit erfordert eine volle Wahrnehmung und geistige Durchdringung dessen, was wir als Wirklichkeit empfinden. Denn auch die soeben genannten Aspekte des Daseins gehören zu unserer Natur.

Albert Hofmann hat immer wieder betont, dass Naturwissenschaft und Mystik einander nicht widersprechen, sondern einander ergänzen. Die Erfahrung der Mystiker von der Einheit des Erlebens, von der Geborgenheit des Lebens in der lebendigen Schöpfung, bringt er gern mit der Fotosynthese in Verbindung: «Auch der Denkprozess des menschlichen Gehirns wird von dieser Energiequelle gespeist, *so dass also der menschliche Geist, unser Bewusstsein, die höchste, sublimste energetische Umwandlungsstufe von Licht darstellt.*»[3] «Wir sind Lichtwesen, das ist nicht nur eine mystische Erfahrung, auf die das Wort *Erleuchtung* und die Bedeutung des Lichts in vielen Religionen hinweist, sondern auch eine naturwissenschaftliche Erkenntnis.»[4]

Das Licht ist nicht nur die bioenergetische Grundlage allen Lebens auf der Erde, sondern auch das Medium, mit dem der Schöpfer seinen Geschöpfen die Wunder seiner Schöpfung sichtbar macht. Jeder Mensch trägt ein eigenes, von sich selbst geschaffenes Bild der Welt in sich. «Durch Sehen, durch Wahr-nehmen, ergreifen wir Besitz von der Welt, können wir Besitzer im existentiellen Sinn der ganzen Welt werden. Meistens jedoch sind im Alltag unsere Sinne, die ‹Tore der Wahrnehmung›, eingeengt und abgestumpft, und so gehen wir des uns vom Schöpfer zugedachten Besitzes verlustig. In begnadeten Augenblicken jedoch sehen wir die volle Wahrheit, werden wir der ganzen Pracht

2   Albert Hofmann, Über den Besitz, in: ders., Einsichten – Ausblicke, Solothurn: Nachtschatten Verlag, 2003, S. 91–104, Zitat S. 97f.
3   Albert Hofmann, Geborgenheit im naturwissenschaftlich-philosophischen Weltbild, in: ders., Einsichten – Ausblicke, Solothurn: Nachtschatten Verlag, 2003, S. 57–89, Zitat S. 83.
4   Albert Hofmann, Die Suche nach Glück und Sinn, wie Anm. 1.

it and with it. […] He is familiar with the garden glistening in the morning dew; he walks through the flowerbeds at nightfall, when certain blooms are particularly fragrant; and in the midday heat he takes a nap in the pavilion. […] *He* is the one who occupies, or possesses, the garden all day long; he is its true owner. It is *his* garden, which is why he smiles when his master says: My garden …"[2]

From this perspective, happiness is not something that one can *have.* The search for happiness is in fact a search for the cause of happiness. Albert Hofmann cites Friedrich Nietzsche, who wrote: "Human happiness is founded on belief in the existence of an incontrovertible truth."

In former times, religious dogmas were held to be incontrovertible truths. Today, many scientific findings are considered to be incontrovertible truths, as they can be applied in practice. The technologies and industries that have given rise to the material wealth and comfort of the Western world are based on scientific knowledge. However, certain dimensions of existence cannot be comprehended in physical and chemical terms – love, joy, beauty, creativity, ethics and morality. A new, universal spirituality requires a full awareness and apprehension of what we consider to be reality, for these aspects of existence are also part of our nature.

Albert Hofmann has repeatedly stressed that science and mysticism are not mutually contradictory, but complementary. He likes to associate photosynthesis with the mystics' experience of oneness, of life cradled within animate creation. "Even the thought processes of the human brain are ultimately fueled by energy from this source, and so the human mind, our consciousness, represents the highest level at which photic energy is transformed."[3] "We are creatures of light – that is not only a mystical experience, as indicated by the word *enlightenment* and the significance of light in many religions, but also a scientific insight."[4]

Light is not only the bioenergetic basis of all life on Earth but also the medium whereby the Creator makes the wonders of creation visible to his creatures. Everyone carries within himself his own self-created picture of the world. "By seeing, by perceiving, we take possession of the world, we can own, in an existential sense, the whole world. Usually, however, in everyday life our senses – the 'Doors of Perception' – are hemmed in and deadened, and we are

2   Albert Hofmann, Über den Besitz [On Possession], in: idem, Einsichten – Ausblicke, Solothurn: Nachtschatten Verlag, 2003, pp. 91–104, quoted from pp. 97f.

3   Albert Hofmann, Geborgenheit im naturwissenschaftlich-philosophischen Weltbild [Security in the natural scientific-philosophical view of life], in: idem, Einsichten – Ausblicke, Solothurn: Nachtschatten Verlag, 2003, pp. 57–89, quoted from p. 83.

4   Albert Hofmann, Die Suche nach Glück und Sinn [The search for happiness and meaning], cf. note 1.

und Herrlichkeit der Schöpfung und unseres Eingebautseins in ihr Werden und Sterben im zeitlosen Sein gewahr. Dann erleben wir das, was Erleuchtete als den Sinn unseres Daseins erkannt haben: Glückseligkeit.»[5]

Zur Suche nach Glück und Sinn gehört also vielleicht auch die Fähigkeit des visionären Erlebens. Da die pharmakologische Wirkung der Psychedelika unter anderem in einer Steigerung der Sensibilität besteht, können bei entsprechender Vorbereitung, bei differenziertem Wissen über die angemessene Dosis und den angemessenen Kontext Ganzheitserfahrungen möglich werden, die der *unio mystica* und der damit verbundenen Glückseligkeit nahe kommen. Hofmann hat immer wieder betont, dass der Konsum psychoaktiver Substanzen wie LSD angesichts der Missbrauchspotentiale vor allem unter psychotherapeutischen Gesichtspunkten reflektiert werden sollte. Da das Erleben allzu tief und überwältigend werden kann und eventuell psychisch nicht mehr integrierbar ist, sollten diese Substanzen möglichst unter Anleitung Erfahrener eingenommen und als Psychotherapie gewertet werden. Dies setzt voraus, dass Psychotherapeuten und Psychiater auch selbst Erfahrungen mit psychoaktiven Substanzen machen. In seinem Buch *LSD-Psychotherapie* (1981) hat der tschechisch-amerikanische Psychiater Stanislav Grof ausführlich dargestellt, dass sich die Halluzinationen während sogenannter Horrortrips häufig aus traumatischen biografischen Erfahrungen herleiten lassen und aufgrund ihrer beängstigenden Folgen oft eine Aufarbeitung mit fachkundiger Hilfe erfordern (ähnlich: Scharfetter, 2002).

Diese und viele weitere philosophische Gedanken über veränderte Bewusstseinszustände finden sich in Albert Hofmanns Buch *LSD – mein Sorgenkind,* das erstmals 1979 erschien und in viele Sprachen übersetzt wurde. Die weltweite Resonanz, die dieses Buch erfuhr, zeigt, dass immer mehr Menschen ein Interesse an den ethischen Implikationen von Grenzerfahrungen haben, die von Hofmann intensiv reflektiert werden. Er fasst zusammen: «Ich bin zuversichtlich, dass LSD nie mehr aus der menschlichen Gesellschaft verschwinden wird und also genügend Zeit vorhanden ist für die Erfüllung seiner evolutionären Aufgabe als ein Hilfsmittel für das Erkennen und das Bewusstwerden der Schönheit, des Wunders und der Majestät der Schöpfung.»[6] Dass dabei auch die Antithese, zum Beispiel als enorme Verunsicherung, zu berücksichtigen ist, klammert er keineswegs aus.

Die höchste Stufe des Sehens, der Beziehung ganz allgemein zu einem Objekt und zur Aussenwelt überhaupt ist, so Hofmann am Heidelberger Kongress «Welten des Bewusstseins» (1996), dann erreicht, «wenn die Grenze zwi-

5 Albert Hofmann, Die Suche nach Glück und Sinn, wie Anm. 1.
6 Albert Hofmann, persönliche Mitteilung.

thus deprived of the possessions that the Creator intended us to have. But in moments of blessedness we see the whole truth, we become aware of creation in all its glory and magnificence, and of our place in its coming-into-being and passing-away in timeless being. We then experience what the enlightened have recognized as the purpose of our existence: blissfulness."[5]

Thus, the quest for happiness and meaning perhaps also involves the capacity for visionary experience. As the pharmacological effects of psychedelics include a heightened sensibility, they may – with adequate preparation and a sound knowledge of the appropriate dosage and the appropriate context – facilitate experiences of wholeness that approach the *unio mystica* and the associated blissful state. Hofmann has always emphasized that, given the potential for abuse, the use of psychoactive substances such as LSD should mainly be considered from a psychotherapeutic perspective. Since the experience may be so profound and overwhelming that it defies integration, the substance should if possible be taken under the guidance of experienced professionals and regarded as psychotherapy. This requires that psychotherapists and psychiatrists should also have personal experience of the use of psychoactive substances. In his book *LSD Psychotherapy* (1980/1994), the US-Czech psychiatrist Stanislav Grof argued that hallucinations occurring in the course of "bad trips" are frequently attributable to traumatic life experiences and, because of their alarming consequences, often need to be worked through with expert help (cf. Scharfetter, 2002).

These and many other philosophical reflections on altered states of consciousness were presented in Albert Hofmann's book *LSD – mein Sorgenkind*, which was first published in 1979 and translated into numerous languages (English edition: *LSD – My Problem Child*). The global reaction to this work showed that more and more people are interested in the ethical implications of transcendental experiences, which are considered in depth by Hofmann. He concludes: "I am confident that LSD will never disappear from human society and that therefore there is enough time for it to fulfill its evolutionary role as an aid to the recognition and awareness of the beauty, wonder and grandeur of creation."[6] He fully acknowledges that the antithesis (e.g., in the form of a deep sense of insecurity) also needs to be taken into consideration.

As Hofmann observed at the 1996 "Worlds of Consciousness" Conference in Heidelberg, the highest form of seeing (contemplation), and indeed of any relationship to an object and to the outside world is attained "when, in consciousness, the boundary between subject and object, between observer

---

5   Albert Hofmann, Die Suche nach Glück und Sinn [The search for happiness and meaning], cf. note 1.
6   Albert Hofmann, personal communication.

schen Subjekt und Objekt, zwischen Betrachter und Betrachtetem, zwischen mir und der Aussenwelt bewusstseinsmässig aufgehoben ist, wenn ich mit der Welt und ihrem geistigen Urgrund eins geworden bin. Das ist der Zustand der Liebe.»

Nicht nur Albert Hofmann ist ein Grenzgänger – die von ihm entdeckte psychoaktive Substanz LSD bedeutet für viele Menschen eine Herausforderung, Grenzerfahrungen als Möglichkeit zuzulassen und Bewusstseinserweiterung einschliesslich der damit verbundenen Risiken und Nebenwirkungen zu erleben. Laura Huxley, die mit Albert und Anita Hofmann befreundete Witwe des Schriftstellers Aldous Huxley, wurde anlässlich ihres Besuches in Basel im Jahre 1996 von der *Basler Zeitung* mit der Bemerkung zitiert: «LSD kann ein direkter Weg zum spirituellen Erwachen sein.»

Immer wieder betonte Hofmann: Wenn die Pforten der Wahrnehmung einmal geöffnet sind, braucht man Hilfsmittel wie psychoaktive Substanzen nicht mehr. Er selbst hatte schon in seiner Kindheit mystische Erfahrungen und Erleuchtungen, die ihn in andere Wirklichkeiten führten und ihn unendlich glücklich machten. Diese Erfahrungen hat er ausführlich in seinen Büchern *LSD – mein Sorgenkind* und *Einsichten – Ausblicke* beschrieben. Als interkulturell gebildeter Mensch verweist Albert Hofmann auf die religiöse, mystische Dimension veränderter Bewusstseinszustände, wie sie beispielsweise in Eleusis im Zusammenhang der Demeter-Kulte gepflegt wurden: «Wir brauchen ein modernes Eleusis. Das war im Altertum ein geistiges Zentrum, heute könnte ich mir das als Meditationsstätte vorstellen. Alle grossen Männer der Antike gingen einmal im Leben nach Eleusis. Nach einer langen Vorbereitung erhielten sie einen Trank, der sie zur Erleuchtung führte. Sie durften aber nicht darüber sprechen, was sie erlebt hatten. Meine Entdeckung ist, dass LSD, chemisch betrachtet, in diese Gruppe der sakralen Drogen gehört. Es wäre sinnvoll, in staatlich kontrollierten Meditationszentren diese Drogen zu reichen. Das ist mein Wunsch für das begonnene Jahrtausend.»[7]

Auch Franz von Assisi hat über Bewusstseinsveränderungen im Verbundensein mit der Natur berichtet. Als geistige Wesen sind wir zugleich eine individuelle Erscheinungsform des Weltgeistes. Hofmann sagt: «Wer diesen mystischen Zustand unter LSD einmal erlebt hat, der fühlt sich immer mit dem Leben verbunden und braucht keinen ständigen Genuss von Drogen. Das Entscheidende ist, dass die Menschheit wieder weiss, wo sie zuhause ist. Der Mensch soll sich seiner biologischen, göttlichen Existenz bewusst werden.»[8]

Vermag Einsicht in naturwissenschaftliche Wahrheit psychotherapeutisch zu wirken? In aller Bescheidenheit hat Albert Hofmann immer wieder ver-

---

7   Interview mit Albert Hofmann («Warum nehmen Sie LSD, Dr. Hofmann?»), in: Welt am Sonntag, Nr. 41, 10.10.1999, S. 41.
8   Ebd.

and observed, between myself and the outside world is dissolved, when I feel at one with the world and its spiritual basis. That is the state of love."

Albert Hofmann is not the only "transcender" of boundaries – for many people, the psychoactive substance LSD that he discovered poses the challenge of admitting the possibility of transcendental experiences and actually experiencing the expansion of consciousness, including the associated risks and adverse effects. Visiting Basel in 1996, Aldous Huxley's widow Laura, a friend of Albert and Anita Hofmann's, was quoted in the *Basler Zeitung* as saying: "LSD can be a direct path to spiritual awakening."

As Hofmann has insisted, once the doors of perception have been opened, there is no longer any need for aids such as psychoactive substances. Even as a child, he himself had mystical experiences and epiphanies which led him into other realities and made him blissfully happy. Detailed accounts of these experiences are given in his books *LSD – My Problem Child* and *Einsichten – Ausblicke.* Hofmann's intercultural projects have led him to emphasize the religious, mystical dimensions of altered states of consciousness, which featured prominently, for example, in the cult of Demeter at Eleusis: "We need a modern Eleusis. In antiquity this was a spiritual center, today I could imagine it being a place of meditation. All the great men of the ancient world went to Eleusis once in their lives. After lengthy preparations, they received a potion that brought enlightenment. But they were not allowed to speak of what they had experienced. What I have discovered is that, chemically, LSD belongs to this group of sacred drugs. It would be advisable to administer these drugs at state-controlled meditation centers. That is my wish for the new millennium."[7]

St. Francis of Assisi also reported experiencing altered states of consciousness when communing with nature. As spiritual beings, we are at the same time an individual manifestation of the world spirit. Hofmann says: "Anyone who has experienced the LSD-induced mystical state will always feel part of life and will have no need for constant drug use. The crucial point is that humanity should discover once again where its home is. Man should become aware of his biological, divine existence."[8]

Can insight into natural scientific truth have psychotherapeutic effects? Albert Hofmann has always modestly sought to leave this question to the professionals; however, as Professor of Psychotherapy and Medical Psychology at the University of Heidelberg, I would say that Hofmann is one of those people who know what psychotherapy is ultimately about. As well as science, it is always also concerned with philosophy and the art of living. I would like to explain this with reference to some personal observations made by Hof-

---

7   Interview with Albert Hofmann ("Warum nehmen Sie LSD, Dr. Hofmann?" [Why do you take LSD, Dr. Hofmann?]), in: Welt am Sonntag, no. 41, October 10, 1999, p. 41.

8   Ibid.

sucht, dieses Thema den Fachleuten zu überlassen, und doch möchte ich als Ordinarius für Psychotherapie und Medizinische Psychologie an der Universität Heidelberg sagen: Hofmann gehört zu denen, die wissen, was Psychotherapie in letzter Konsequenz bedeutet. Es geht nämlich neben der Wissenschaft immer auch um Philosophie und Lebenskunst. Dies möchte ich anhand einiger persönlicher Bemerkungen von Albert Hofmann erläutern, die er anlässlich einer Tagung des Europäischen Collegiums für Bewusstseinsstudien, dessen Ehrenpräsident er wurde, 1989 in Freiburg äusserte. In aller Offenheit berichtete er über eine schwere existentielle, depressive Krise, die er in seinem 29. Lebensjahr erlitt: «Die Mitmenschen bewegten sich wie hölzerne Puppen. Angst, völlig abzusterben, befiel mich. Nachts hatte ich Angst vor dem Einschlafen, weil ich fürchtete, nicht mehr aufzuwachen. Ich fühlte mich schuldig für meinen Zustand, ohne aber herausfinden zu können, mit welcher konkreten Schuld ich belastet war. Da ich glaubte, mein Leiden sei rein geistiger Natur, versuchte ich mit dem Verstand, durch Selbstanalyse und mit aller Anstrengung des Willens, aus der schrecklichen Verfassung herauszukommen. Doch das war vergeblich und steigerte noch die Angst.

Als ich eines Tages in meinem Zimmer vor mich hindämmerte, fiel mein Blick durchs offene Fenster auf einen grünen Busch im Garten. Es entspann sich eine merkwürdige Beziehung mit diesem Baum, durch den der Teufelskreis des Gedankenwirrwarrs durchbrochen und der Weg zur Heilung frei wurde. Es ging mir durch den Kopf: dieser Baum ist biochemisch gleich aufgebaut wie du; er besteht aus Zellen mit einem Zellkern, in dem die Erbfaktoren enthalten sind und der mit einer schützenden Plasmahülle umgeben ist, gleich wie die Zellen deines Körpers. Er ist hervorgegangen aus der Vereinigung einer weiblichen und einer männlichen Geschlechtszelle, gleich wie du. Er entwickelte sich, wuchs, die gleiche Luft atmend wie du; von der gleichen Schöpferkraft gestaltet und lebendig gehalten wie du.

Das voll ins Bewusstsein gelangte Wissen um die Mitgeschöpflichkeit dieses Baumes, der offensichtlich ohne Gedankenkrampf sein Leben lebte, erfüllte mich plötzlich mit Gelassenheit und Vertrauen. Gedankenwirrwarr und Angst verschwanden.»[9]

Nichts läge Albert Hofmann allerdings ferner als der Gedanke, transformative Prozesse des Bewusstseins auf eine einfache Zauberformel zu reduzieren, wie es dieses Zitat vielleicht zunächst vermuten lassen könnte. Wie es jeder ressourcenorientierte professionelle Psychotherapeut auch tut, stellte er in sei-

9   Albert Hofmann, Vermag Einsicht in naturwissenschaftliche Wahrheit psychotherapeutisch zu wirken?, unveröffentlichtes Vortragsmanuskript von der Tagung des Europäischen Collegiums für Bewusstseinsstudien in Freiburg i.Br., 8.–10.12.1981.

mann at another Conference of the European College for the Study of Consciousness (of which he became the Honorary President), held in Freiburg in 1989. He spoke with great openness about a severe existential, depressive crisis that he had suffered in his 29th year: "People around me moved like wooden dolls. I was overcome by the fear of dying. At night, I was afraid to fall asleep because I feared I would not wake up again. I felt personally responsible for my condition but without being able to establish what precisely I was guilty of. As I believed that my disorder was of a purely psychological nature, I attempted to recover from this terrible state by intellectual means, through self-analysis and sheer willpower. But this proved futile and only increased my anxiety.

One day, when I was languishing in my room, my gaze passed through the open window and fell on a green bush in the garden. This tree then took on a remarkable significance for me, making it possible to break the vicious circle of my confused thoughts and clearing the way for recovery. It occurred to me: this tree has the same biochemical structure as you; it consists of cells with a nucleus containing genetic material and surrounded by a protective plasma membrane, just like the cells of your body. It was created by the combination of a female and a male germ cell, just like you. It developed and grew, breathing the same air as you, formed and kept alive by the same creative force as you.

My dawning awareness of the fellow-creaturehood of this tree, which was obviously living its life unburdened by thoughts, suddenly filled me with calmness and confidence. My mental confusion and anxiety disappeared."[9]

Of course, nothing could be further from Albert Hofmann's mind than the idea of reducing consciousness-transforming processes to a simple magic formula, as might perhaps be initially suggested by this quotation. In his talk, he reflected on how his experience was related to his earlier life, as any professional resource-oriented psychotherapist would also have done: "Several times during my childhood, I myself had profoundly ecstatic experiences, when nature, the forest or a meadow full of flowers suddenly appeared to me in a bright light with eloquent beauty, giving me a sensation of blissful security. This kind of visionary experience of a deeper, more gladdening reality is by no means uncommon in children; it is what people mean when they speak of the paradise of childhood. In adults, however, spontaneous mystical visions are rare, and so I think that in the case I described what triggered the healing

---

9   Albert Hofmann, Vermag Einsicht in naturwissenschaftliche Wahrheit psychotherapeutisch zu wirken? [Can insight into scientific truth have psychotherapeutic effects?], unpublished manuscript of a presentation given at the Conference of the European College for the Study of Consciousness in Freiburg, December 8–10, 1981.

nem Vortrag biografische Zusammenhänge her: «Ich selbst hatte in meiner Kindheit mehrmals solche tief beglückende Erlebnisse, wenn mir plötzlich die Natur, der Wald oder eine Blumenwiese in hellem Licht in sprechender Schönheit erschienen und mir ein Gefühl seliger Geborgenheit gaben. Solches visionäres Erleben einer tieferen, beglückenderen Wirklichkeit ist bei Kindern keineswegs selten; es ist das, was gemeint ist, wenn man vom Kindheitsparadies spricht. Bei Erwachsenen ist die spontane mystische Schau jedoch selten, und ich glaube deshalb, dass im beschriebenen Fall das Wissen, das Bewusstwerden der naturwissenschaftlichen Wahrheit von der Mitgeschöpflichkeit des Baumes bei mir das heilende Erleben ausgelöst hat.»

In seinem Vortrag legte Albert Hofmann nach dieser Einleitung ein grundlegendes Glaubensbekenntnis ab, welches er später auch in seinem bereits genannten Büchlein *Einsichten – Ausblicke* publizierte: «Ich glaube, dass die Bedeutung der Naturwissenschaften in der Evolution der menschlichen Gesellschaft nicht in erster Linie darin besteht, dass sie die Grundlagen lieferten für die Entwicklung der modernen Technologien und Industrien, die unser Leben und unseren Planeten von Grund auf verändert haben, sondern darin, dass sie den Menschen die Augen öffnen können für das Wunder der Schöpfung und für die Einheit alles Lebens auf dieser Erde, in das die Menschheit eingeschlossen ist. Dieses zu vollem allgemeinen Bewusstsein gelangte Wissen könnte zur Grundlage einer neuen Geistigkeit werden und zur Lösung der geistigen, sozialen und ökologischen Probleme der Gegenwart beitragen.»[10]

Zum Abschluss meines Beitrages möchte ich Begebenheiten schildern, die die geradezu magische Wirkung von Albert Hofmann auf viele seiner Mitmenschen veranschaulichen können.

Am Ende des Kongresses «Welten des Bewusstseins», der 1996 in der Heidelberger Stadthalle stattfand, bestellte ich ein Taxi, weil Albert den Wunsch geäussert hatte, zum berühmten Philosophenweg gefahren zu werden, um abschliessend gemeinsam mit mir in einer Wanderung Heidelberg «von oben» betrachten zu können. Als der Taxifahrer eintraf, war Albert noch von vielen Menschen umlagert, die Kontakt zu ihm suchten, und er ging bereitwillig auf sie ein. Der Taxifahrer musste über eine Stunde lang warten. Auf dieses Missgeschick angesprochen, antwortete der Taxifahrer: «Selbst wenn ich einen ganzen Tag lang warten muss, wird es für mich die grösste Ehre meines bisherigen Lebens sein, Dr. Albert Hofmann zum Philosophenweg bringen zu dürfen.» Mit Erfolg weigerte er sich, einen Lohn oder auch nur ein Trinkgeld für seine Dienste anzunehmen.

---

10 Albert Hofmann, Vermag Einsicht in naturwissenschaftliche Wahrheit psychotherapeutisch zu wirken?, wie Anm. 9.

experience in me was knowledge, a realization of the scientific truth of the fellow-creaturehood of the tree."

After this introduction, Hofmann spelled out his fundamental credo, which was subsequently also published in his book *Einsichten – Ausblicke:* "I believe that the significance of the natural sciences in the evolution of human society does not lie primarily in the fact that they provided the basis for the development of the modern technologies and industries that have radically changed our lives and our planet, but rather in the fact that they can open people's eyes to the wonder of creation and to the unity of all life on Earth, of which humanity is a part. If this knowledge fully entered public consciousness, it could form the basis of a new spirituality and help to resolve our current spiritual, social and environmental problems."[10]

I would like to conclude my contribution by describing a number of incidents that serve to illustrate the almost magical effect that Albert Hofmann can exert on many people.

At the end of the 1996 "Worlds of Consciousness" Conference (held at the *Stadthalle* in Heidelberg), I ordered a taxi, as Albert had said that he would like to be driven to the famous Philosophers' Way, so that we could walk along it together and look out over the town. When the taxi driver arrived, people were still thronging around Albert, who was only too happy to speak to them. The taxi driver had to wait for over an hour. When I spoke to the driver about this unfortunate delay, he replied: "Even if I have to wait all day, it will still be the greatest honor of my life so far to be able to take Dr. Albert Hofmann to the Philosophers' Way." He doggedly refused to accept any payment or even a tip for his services.

Abb. 3: Versteinerte Herzmuschel aus dem Jurameer (Foto: Rolf Verres).

Fig. 3: Cockle shell *(Herzmuschel)* from the Jura Ocean (photo: Rolf Verres).

10   Albert Hofmann, Vermag Einsicht in naturwissenschaftliche Wahrheit psychotherapeutisch zu wirken? [Can insight into scientific truth have psychotherapeutic effects?], cf. note 9.

Abb. 4: Dr. Albert Hofmann
mit dem Maler Wolfgang Ohlhäuser
auf Schloss Langenzell bei Heidelberg, 1999 (Foto: Rolf Verres).

Fig. 4: Albert Hofmann with the
painter Wolfgang Ohlhäuser
at Langenzell Castle near Heidelberg,
1999 (photo: Rolf Verres).

Zu meinem fünfzigsten Geburtstag schenkte mir Albert im Jahre 1998 eine versteinerte Herzmuschel «aus dem Schoss der Rittimatte», dem «grossen Garten», in dem sein Haus steht. Er schrieb dazu: «An Deinen Publikationen und Vorträgen finde ich besonders wertvoll, dass darin immer wieder Hinweise auf das Mysterium des Lebens, auf die Schönheit der Natur und auf das Göttliche in der Schöpfung aufleuchten. Dadurch hilfst Du Menschen, das zu gewinnen, was Goethe als das Beste bezeichnet. Etwas Sinnvolleres kann man nicht tun. Am aufgebrochenen Wiesenwegrand, wo ich die Herzmuschel fand, rauschte vor Hundertmillionen Jahren das Jura-Meer. Was für eine Entwicklung des Lebens in der Pflanzen- und Tierwelt musste sich vollziehen, bis auf der Erde ein Geschöpf erschien, das die Welt und sich selbst bewusst erlebt, der Mensch, der erkennen, staunen und lieben kann. Die Herzmuschel kann als vielseitig anregender Gegenstand der Betrachtung in der Meditation dienen: Gedanken werden wach über die individuelle menschliche Lebenszeit im Vergleich zum Alter des Lebens auf der Erde; die Schönheit und Vollkommenheit der Lebensgestalt schon an einem Geschöpf vom Anfang der Evolution ist ergreifend; zur Herzform der Muschel kommt ein weibliches, weiches, ovales und ein männliches, hartes, kammartiges Formelement, und von der Seite betrachtet, erscheint die Silhouette eines Schmetterlings mit zusammengelegten Flügeln. Vor allem aber möge die Herzmuschel aus dem Jura-Meer Dich immer an die Rittimatte am Hang des Jura-Gebirges erinnern, wo Dich Freunde mit in Liebe schlagenden Herzen immer mit Freude erwarten.»

Meine letzten Beispiele möchte ich in fotografischer Form einbringen. Die Bilder zeigen Albert Hofmann in Begegnungen mit Persönlichkeiten aus Kunst und Wissenschaft und machen vielleicht noch besser als alle Worte etwas von dem deutlich, was ihn und seine liebenswerte Frau Anita als Menschen wohl ganz besonders kennzeichnet: das Offensein, das Interesse, die Lebensfreude.

Abb. 5: Dr. Albert Hofmann
mit dem Göttinger Molekularbiologen
Professor Friedrich Cramer auf der
Terrasse von Hofmanns Haus in Burg
bei Basel, 2002 (Foto: Rolf Verres).

Fig. 5: Albert Hofmann with the
molecular biologist Professor
Friedrich Cramer of Göttingen on the
patio of the Hofmanns' home at Burg
near Basel, 2002 (photo: Rolf Verres).

In 1998, on my 50th birthday, Albert presented me with a fossil cockle shell "yielded up by the Rittimatte", "the magnificent garden" where his house is also situated. He had written this note: "What I value particularly about your publications and lectures are the constant references to the mystery of life, the beauty of nature and the divine aspect of creation. You thereby help people to gain what Goethe calls *Das Beste*. One could not do anything more useful. On the wayside where I unearthed this cockle shell, the waters of the Jura Ocean roared hundreds of millions of years ago. How far life in the plant and animal world had to develop before a creature appeared on Earth that is conscious of the world and itself – man, who has the capacity for insight, wonder and love. In meditation, the cockle shell can serve as a highly stimulating object of attention: thoughts arise about the individual human lifespan compared with the age of life on Earth; the beauty and perfection of a life form dating back to the beginning of evolution is soul-stirring; as well as being heart-shaped, the shell's form includes both female, soft, rounded and male, hard, ribbed elements, and viewed from the side the silhouette of a butterfly with folded wings appears. Above all, however, may the cockle shell *(Herzmuschel)* from the Jura Ocean ever remind you of the Rittimatte on the slopes of the Jura Mountains, where you will always be warmly welcomed by friends whose hearts beat in love."

The final examples I would offer are in the form of photographs. These records of encounters with personalities from the worlds of art and science convey, perhaps better than any words, the special human qualities of Albert Hofmann and his dear wife Anita – their openness, keen interest and zest for life.

Literatur

Mathias Bröckers/Roger Liggenstorfer, Albert Hofmann und die Entdeckung des LSD, Aarau: AT-Verlag, 2006.

Friedrich Cramer, Chaos und Ordnung. Die komplexe Struktur des Lebendigen, Stuttgart: Deutsche Verlags-Anstalt, 1988.

Friedrich Cramer, Symphonie des Lebendigen. Versuch einer allgemeinen Resonanztheorie, Frankfurt a.M.: Insel, 1996.

Stanislav Grof, LSD-Psychotherapie, Stuttgart: Klett-Cotta, 2001 (Originalausgabe: LSD Psychotherapy, New York: Hunter House, 1980).

Albert Hofmann, Die Mutterkornalkaloide, Solothurn: Nachtschatten Verlag, 2000 (Originalausgabe: Stuttgart: Ferdinand Enke Verlag, 1964).

Albert Hofmann, Planung und Zufall in der pharmazeutisch-chemischen Forschung, in: Swiss Pharma 1, Nr. 9, 1979, S. 22–31.

Albert Hofmann, LSD – mein Sorgenkind, Stuttgart: Klett-Cotta, 2001 (Originalausgabe: 1979).

Albert Hofmann, Einsichten – Ausblicke. Essays, Solothurn: Nachtschatten Verlag, 2003 (Originalausgabe: Basel: Sphinx, 1986).

Albert Hofmann, Lob des Schauens, Solothurn: Nachtschatten Verlag, 2003.

Eric C. Kast/V. J. Collins, A Study of Lysergic Acid Diethylamide as an Analgesic Agent, in: Anesthesia and Analgesia, Nr. 43, 1964, S. 285–291.

Roger Liggenstorfer/Christian Rätsch, Maria Sabina, Botin der heiligen Pilze, Solothurn: Nachtschatten Verlag, 1996/2003.

Walter N. Pahnke/William A. Richards, Implications of LSD and Experimental Mysticism, in: Journal of Religion and Health, Nr. 5, 1966, S. 175.

W. N. Pahnke/Albert A. Kurland/Sanford Unger/Charles Savage/Stanislav Grof, The Experimental Use of Psychedelic (LSD) Psychotherapy, in: The Journal of the American Medical Association, Nr. 212, 1970, S. 1856.

Alfred Pletscher/Dieter Ladewig, 50 Years of LSD, New York/London: Parthenon, 1994.

Christian Scharfetter, Der spirituelle Weg und seine Gefahren, Stuttgart: Ferdinand Enke Verlag, 2002.

Rolf Verres/Jochen Schweitzer/Klaus Jonasch/Birgit Süßdorf (Hg.), Heidelberger Lesebuch Medizinische Psychologie, Göttingen: Vandenhoeck und Ruprecht, 1999.

Rolf Verres/Hanscarl Leuner/Adolf Dittrich (Hg.), Welten des Bewusstseins, Bd. 7: Multidisziplinäre Entwürfe, Berlin: VWB, 1998.

Rolf Verres, Was uns gesund macht. Ganzheitliche Heilkunde statt seelenloser Medizin, Freiburg i.Br.: Herder, 2005.

R. Gordon Wasson/Albert Hofmann/Carl A. P. Ruck, The Road to Eleusis, New York: Harcourt Brace Jovanovich, 1978.

Richard Yensen, Vom Mysterium zum Paradigma. Die Reise des Menschen von heiligen Pflanzen zu psychedelischen Drogen, in: Christian Rätsch (Hg.), Das Tor zu inneren Räumen. Heilige Pflanzen und psychedelische Substanzen als Quelle spiritueller Inspiration. Eine Festschrift zu Ehren von Albert Hofmann, Südergellersen: Bruno Martin, 1992 (Originalausgabe: Richard Yensen, From Mysteries to Paradigms: Humanity's Journey from Sacred Plants to Psychedelic Drugs, in: Christian Rätsch (Hg.), Gateway to Inner Space, Dorset: Prism Press, 1989).

References/Further reading

Mathias Bröckers/Roger Liggenstorfer, Albert Hofmann und die Entdeckung des LSD, Aarau: AT-Verlag, 2006.

Friedrich Cramer, Chaos and Order: The Complex Structure of Living Systems, Weinheim: VCH, 1993.

Friedrich Cramer, Symphonie des Lebendigen. Versuch einer allgemeinen Resonanztheorie, Frankfurt a.M.: Insel, 1996.

Stanislav Grof, LSD Psychotherapy, New York: Hunter House, 1980/1994.

Albert Hofmann, Die Mutterkornalkaloide, Solothurn: Nachtschatten Verlag, 2000 (Original edition: Stuttgart: Ferdinand Enke Verlag, 1964).

Albert Hofmann, Planung und Zufall in der pharmazeutisch-chemischen Forschung, in: Swiss Pharma 1, no. 9, 1979, pp. 22–31.

Albert Hofmann, LSD – mein Sorgenkind, Stuttgart: Klett-Cotta, 1979/2001.

Albert Hofmann, LSD – My Problem Child, Translation by Jonathan Ott, New York: McGraw-Hill, 1980.

Albert Hofmann, Einsichten – Ausblicke. Essays, Solothurn: Nachtschatten Verlag, 2003 (Original edition: Basel: Sphinx, 1986).

Albert Hofmann, Insight – Outlook, Atlanta: Humanics, 1989.

Albert Hofmann, Lob des Schauens, Solothurn: Nachtschatten Verlag, 2003.

Eric C. Kast/V. J. Collins, A Study of Lysergic Acid Diethylamide as an Analgesic Agent, in: Anesthesia and Analgesia, no. 43, 1964, pp. 285–291.

Roger Liggenstorfer/Christian Rätsch, Maria Sabina, Botin der heiligen Pilze, Solothurn: Nachtschatten Verlag, 1996/2003.

Walter N. Pahnke/William A. Richards, Implications of LSD and Experimental Mysticism, in: Journal of Religion and Health, no. 5, 1966, p. 175.

Walter N. Pahnke/Albert A. Kurland/Sanford Unger/Charles Savage/Stanislav Grof, The Experimental Use of Psychedelic (LSD) Psychotherapy, in: The Journal of the American Medical Association, no. 212, 1970, p. 1856.

Alfred Pletscher/Dieter Ladewig, 50 Years of LSD, New York/London: Parthenon, 1994.

Christian Scharfetter, Der spirituelle Weg und seine Gefahren, Stuttgart: Ferdinand Enke Verlag, 2002.

Rolf Verres/Jochen Schweitzer/Klaus Jonasch/Birgit Süßdorf (Hg.), Heidelberger Lesebuch Medizinische Psychologie, Göttingen: Vandenhoeck & Ruprecht, 1999.

Rolf Verres/Hanscarl Leuner/Adolf Dittrich (Hg.), Welten des Bewusstseins, Vol. 7: Multidisziplinäre Entwürfe, Berlin: VWB, 1998.

Rolf Verres, Was uns gesund macht. Ganzheitliche Heilkunde statt seelenloser Medizin, Freiburg i.Br.: Herder, 2005.

R. Gordon Wasson/Albert Hofmann/Carl A. P. Ruck, The Road to Eleusis, New York: Harcourt Brace Jovanovich, 1978.

Richard Yensen, From Mysteries to Paradigms: Humanity's Journey from Sacred Plants to Psychedelic Drugs, in: Christian Rätsch (Ed.), Gateway to Inner Space, Dorset: Prism Press, 1989.

Solidarität mit dem Universum.
Laienhafte Mutmassungen über einen Hundertjährigen

Volker Biesenbender

Für den Freund Albert Hofmann zum grossen Geburtstag

In den Werken der Natur und gerade in ihnen herrscht die Regel,
nicht blinder Zufall, sondern Sinn und Zweck.
Der Endzweck aber, um dessentwillen ein Ding geschaffen
oder geworden ist, liegt im Bereich des Schönen.
Aristoteles (384–322 v. Chr.)

Du wirst dich der Welt nicht erfreuen können,
als bis du das Meer in deinen Adern fliessen fühlst,
als bis du dich mit dem Himmel bekleidest und mit den Sternen krönst.
Thomas Traherne (1638–1674)

Mir ist in vierzig Jahren noch keine einzige Person begegnet,
die ein tiefes Erlebnis der transzendenten Bereiche gehabt hat
und trotzdem weiterhin dem Weltbild der westlichen
materialistischen Wissenschaft anhinge.
Stanislav Grof (geb. 1931), Psychiater und LSD-Forscher

Es gibt historische Momente, in denen sich durch die mutige Tat eines Einzelnen, durch einen bedeutenden literarischen Text oder durch eine bahnbrechende Entdeckung für einen Atemzug lang die heimlichen (oder auch unheimlichen) Tendenzen und Sehnsüchte einer Epoche fast greifbar verdichten. Der Urheber des bis dato Unerhörten und die unbewussten Erwartungen der Zeit scheinen in solchen Momenten so eng miteinander verbunden, dass es eigentlich sinnlos ist, darüber zu spekulieren, wer nun eigentlich wen hervorgebracht hat – ob der veränderungsträchtige Zeitgeist *selbst* dem Initiator des Neuen seinen grossen Wurf eingeflüstert hat oder ob umgekehrt dieser erst durch seinen Impuls dazu beitrug, das Bewusstseinssteuer seiner Zeit ein Stück weit herumzuwerfen. Goethes *Werther* als flammende Fackel einer bewegten Zeit, Beaumarchais' Schauspiel *Le mariage du Figaro*, ohne das laut Napoleon die Französische Revolution undenkbar gewesen wäre, die «zufällige» Entdeckung eines neuen Kontinents durch Cristóbal Colón. Hätte der allzu früh aus dem Leben geschiedene Stefan Zweig seinen berühmten Miniaturen über die *Sternstunden der Menschheit* im Alter einen zweiten Band nachfolgen las-

Solidarity with the universe.
Reflections of a layman inspired by a centenarian

Volker Biesenbender

For Albert Hofmann on his hundredth birthday

*Absence of haphazard and conduciveness of everything
to an end are to be found in Nature's works in the highest degree,
and the end for which those works are put together
and produced is a form of the beautiful.*
Aristotle (384–322 BC)

*You never enjoy the world aright, till the sea itself floweth
in your veins, till you are clothed with the heavens,
and crowned with the stars.*
Thomas Traherne (1638–1674)

*In forty years, I have not yet met a single person who has had
a deep experience of the transcendental realms and continues
to subscribe to the worldview of Western materialistic science.*
Stanislav Grof (b. 1931), psychiatrist and LSD researcher

At certain points in history, the latent trends and yearnings of an era are, for a moment, rendered almost tangible by the courageous act of an individual, the publication of a major literary work, or a pioneering scientific discovery. At such moments, the author of the unprecedented development and the era's subconscious expectations appear to be so closely interwoven that there is little point in speculating as to who the actual originator was – whether the *Zeitgeist* itself, pregnant with change, prompted the author's seminal innovation or whether, conversely, it was the latter who provided the stimulus to change the course of the contemporary consciousness. Examples of this phenomenon are: Goethe's *Werther* serving as a flaming torch for a turbulent era; Beaumarchais's *Le mariage du Figaro,* without which (according to Napoleon) the French Revolution would have been inconceivable; and the "chance" discovery of the New World by Christopher Columbus. If Stefan Zweig, rather than departing this life prematurely, had survived to old age and written a follow-up to his celebrated collection of miniatures on *Decisive Moments in History,* I could well imagine that, alongside Konrad Zuse's invention of the computer

sen: Ich könnte mir gut vorstellen, dass er neben Konrad Zuses Erfindung des Computers und Neil Armstrongs erstem Schritt auf den Mond auch die unbeabsichtigte Entdeckung des LSD durch den Schweizer Naturstoff- und Medizinalchemiker Hofmann beschrieben hätte – in der hochgespannten, oft fast atemlosen Diktion, die einmal Zweigs vielbewundertes Markenzeichen war, etwa so: «LSD – drei Buchstaben veränderten die Welt!»

Albert Hofmann, Naturwissenschaftler, Psychonaut, Freund der Künstler, Mozart- und Schubert-Liebhaber, nüchterner Registrator mystischer Zustände und neuerschlossener innerer Räume, dessen Entdeckung vielleicht eines der wichtigsten und folgenschwersten Ereignisse des 20. Jahrhunderts darstellt, lebt heute als Hundertjähriger hellwach und in erstaunlicher körperlicher Rüstigkeit nicht weit von Basel, dem Ort seiner beruflichen Tätigkeit, in einem schönen Haus mitten in der Natur. Die Haushaltsführung teilt er sich ohne grosse Hilfe von aussen mit seiner 95-jährigen Frau Anita – «Philemon und Baucis» nennt er ihre über siebzig Jahre alte Lebensgemeinschaft liebevoll. Er freut sich an ausgedehnten, erholsamen Waldgängen, liest Werke des Barock in der Originalfassung, lernt immer noch Gedichte von Rilke und Goethe auswendig, korrespondiert mit Freunden und Kollegen in aller Welt und hielt bis vor kurzem öffentliche Vorträge. Bei seinem letzten Referat vor Zürcher Neurologen sei er sich allerdings wie ein Dinosaurier, oder besser, wie ein letzter Mohikaner vorgekommen, berichtet er im Gespräch, und gibt freimütig zu, sich in der globalisierten Forschungswelt von heute nicht mehr so ganz zurechtzufinden; weniger um der Sturzflut neuer wissenschaftlicher Informationen willen als vor allem wegen der zutiefst ambivalenten, seiner Meinung nach heute geradezu lebensgefährlichen (genauer: Lebendiges gefährdenden) Grundgesinnung vieler Kollegen: «Früher sind Forscher fromme Menschen gewesen, die ihre Bücher zur Ehre Gottes geschrieben haben!» Heute meint er eher die diabolische Seite im Janusgesicht der Wissenschaften zu spüren; *er* zumindest befürchte, dass – unter anderem auch als Konsequenz einer einseitig materialistischen und am zusammenhanglosen Detail orientierten Wissenschaft – eine überaus kritische und schwierige Zeit, eine Zerreissprobe der Welt gleichsam, vor der Tür stehe.

Ist Hofmann mit seiner Affinität zur ganzheitlichen Sicht Adolf Portmanns und Walter Heitlers, zur phänomenologischen Arbeitsweise des Naturwissenschaftlers Goethe, zum Bestreben Teilhard de Chardins, den Gottesbeweis oder zumindest ein schöpferisch ordnendes Prinzip hinter der Evolutionsreihe zu finden – ist Hofmann tatsächlich der unter liebevollen Artenschutz zu stellende Dinosaurier einer endgültig überlebten Geisteshaltung? Oder könnte der Hundertjährige, zusammen mit einer wachsenden Zahl von Gleichgesinnten, so etwas wie der Vorbote eines neuen, integralen Wirklichkeitsbewusstseins sein, dem es zumindest in Ansätzen gelingt, Qualitatives und Quantitatives, Detail und Ganzes, Wahrnehmen und Handeln

and Neil Armstrong's first steps on the moon, he would have described the accidental discovery of LSD by the Swiss natural products and medicinal chemist Albert Hofmann. Using the heightened, often almost breathless diction that was once the much admired hallmark of his style, Zweig might have written: "LSD – three letters that changed the world!"

Albert Hofmann – the natural scientist, psychonaut, friend of artists, devotee of Mozart and Schubert, and objective recorder of mystical states and newly revealed inner spaces, who made what is perhaps one of the twentieth century's most significant and momentous discoveries – is now a highly alert and astonishingly sprightly hundred-year-old, living in a beautiful house in the countryside not far from Basel, the city where he spent his professional career. With a minimum of outside help, he shares the running of the household with his 95-year-old wife Anita. This partnership, which has lasted more than seventy years, he affectionately dubs "Philemon and Baucis". He enjoys long restorative walks in the woods, reads works of Baroque literature in the original, still memorizes poems by Rilke and Goethe, corresponds with friends and colleagues around the world, and only recently decided to give up speaking engagements. At his final presentation to an audience of neurologists in Zurich he felt, by his own account, like a dinosaur or, rather, like the last of the Mohicans. He openly admits to having lost his bearings somewhat in today's globalized research world; he is disconcerted not so much by the flood of scientific information as by the deeply ambivalent and in his view downright dangerous (or life-endangering) fundamental outlook of many of his fellow scientists: "In the past, researchers were religious men whose books were written for the glory of God!" Today, he discerns more of the diabolic aspect of the Janus-faced sciences. He, at least, fears that – partly as a result of science's materialist bias and pursuit of detail at the expense of the broader context – critical and difficult times lie ahead, a life-or-death test for the world.

Given Hofmann's affinity with the holistic perspective of Adolf Portmann and Walter Heitler, the phenomenological approach adopted by Goethe in his scientific work, and the efforts of Teilhard de Chardin to find a proof of God's existence or at least a creative ordering principle underlying evolutionary progression – does Hofmann in fact deserve to be cherished as an endangered species, a dinosaur representing an outmoded philosophy? Or could this centenarian, together with a growing band of kindred spirits, herald the advent of a new, holistic consciousness of reality, which at least partly succeeds in productively and fittingly combining the qualitative and quantitative, detail and whole, perception and action? The kind of awareness – at once contemplative, empathetic and actively organizing – that the Swiss philosopher Jean Gebser called "a-waring" (i.e., perceiving/imparting truth), the consciousness researcher Ken Wilber "vision-logic" or *scientia visionis*, Goethe "perceptive judgment", "objective thinking" or "exact imagination", and Hofmann, mod-

produktiv und in einer dem Menschen angemessenen Weise miteinander zu verbinden? Ein Erkennen – gleichzeitig hingegeben schauend, imaginierend teilnehmend und aktiv einordnend –, das der Schweizer Philosoph Jean Gebser einmal als «Wahrgeben» bezeichnete, der Bewusstseinsforscher Ken Wilber als Schau-Logik oder *scientia visionis,* Goethe als anschauende Urteilskraft, gegenständliches Denken oder «exakte Phantasie» und Hofmann mit Paracelsus bescheiden als «Lesen und Verstehen […] aus erster Hand, ‹aus dem Buch, das der Finger Gottes geschrieben hat›»?[1]

1996 schenkt sich Hofmann zum neunzigsten Geburtstag ein selbstgeschriebenes kleines Buch, *Lob des Schauens,* in dem er auf fast kindlich-dankbare Weise seine Zustimmung und Freude artikuliert, auf der Welt zu sein. Das Buch ist voll wunderschöner Fotoaufnahmen von Faltern und Schmetterlingen; in den hinzugefügten Texten evoziert Hofmann in einfachen und präzis beschreibenden Sätzen die betäubende Schönheit alltäglicher Dinge: Tageslauf, Wechsel der Jahreszeiten, das Leben in Feld und Wald. Schon die addierende Aufzählung verschiedener Blumen- und Falternamen verleiht dem Text eine geradezu poetische Qualität: Wiesenorchidee, Kaisermantel, Waldbläuling, Grünaderweissling, Kuckucksknabenkraut. Dazwischen entdeckt man immer wieder altertümliche Worte wie Maiwunder, Blütendom, Kirschenfest, Himmelskuppel, Schöpfungstag – ein recht seltsames Vokabular eigentlich für den Urheber einer vom bürgerlichen Establishment weltweit verurteilten «Teufelserfindung»; ungewöhnliche Begriffe in der Tat auch für den ehemaligen Leiter eines chemischen Laboratoriums des Weltkonzerns Sandoz!

Und doch hat Hofmann immer wieder darauf hingewiesen, dass eine solch feiertägliche Sicht der Dinge nicht notwendig des Wissenschaftlers abgespaltene andere Hälfte sein muss, sozusagen die Sonntagsseite des nüchternen *homo faber,* der im Laboratorium wissenschaftlicher Atheist ist, gleichzeitig aber seine Kinder in den Konfirmandenunterricht schickt und dem eigenen Foxterrier lieber nichts von Tierversuchen erzählt. Im Gegenteil: Mehr als einmal hat Hofmann beschrieben, dass er seine gesamte Forschungstätigkeit als direkte und logische Konsequenz ihn tief beeinflussender Kindheitserlebnisse empfindet, nämlich von einer «kindlichen Wahrnehmung der Natur, die der mystischen Erfahrung gleichzusetzen ist».[2] Immer wieder berichtet Hofmann in einer Sprache, durch die noch immer das Angerührtsein von solchen nun mehr als neunzig Jahre zurückliegenden Erlebnissen hindurchschwingt, über numinose Momente während seiner Knabenzeit: «Während ich durch den

1 Albert Hofmann, LSD – mein Sorgenkind, Stuttgart: Klett-Cotta, 2001, S. 217 (Originalausgabe: 1979), und ders., Geborgenheit im naturwissenschaftlich-philosophischen Weltbild, in: ders., Einsichten – Ausblicke, Solothurn: Nachtschatten Verlag, 2003, S. 57–89, Zitat S. 86.
2 Albert Hofmann, Vorwort, in: ders., Einsichten – Ausblicke, Solothurn: Nachtschatten Verlag, 2003, S. 7–18, Zitat S. 18.

estly, "a reading and understanding of the text at first hand 'out of the book that God's finger has written' (Paracelsus)"?[1]

In 1996, to celebrate his ninetieth birthday, Hofmann published a small volume entitled *Lob des Schauens* [In Praise of Contemplation], in which he articulates with almost childlike gratitude his acceptance of and delight in life. The book is full of beautiful photographs of moths and butterflies; in the accompanying text, using language that is simple and precisely descriptive, Hofmann evokes the stunning beauty of everyday life: daily rhythms, the changing seasons, life in the fields and woods. The mere enumeration of the various plant and butterfly names lends the text a poetic quality: meadow orchid, Silver-washed Fritillary, Mazarine Blue, Green-veined White … These names are interspersed with somewhat archaic rural and religious expressions – a vocabulary that might not have been expected from the originator of what has been condemned by the conservative establishment worldwide as the "work of the devil", and an unusual idiom also for the former head of a chemical laboratory at the multinational company Sandoz!

And yet Hofmann has always emphasized that a "feast-day" perspective of this kind need not be the scientist's alter ego, the alternative (Sunday) personality of the sober Homo Faber who is a scientific atheist in the laboratory but at the same time sends his children to Sunday school and doesn't mention vivisection to his own fox terrier. On the contrary, Hofmann has frequently described his sense that all of his research was a direct and logical consequence of childhood experiences that had a profound impact on him, of "a child's perceptions of nature that are tantamount to a mystical vision".[2] Time and again – employing language that shows he is still moved by experiences from ninety years ago – Hofmann describes numinous moments in his childhood, such as when, on a sunlit woodland path, "all at once everything appeared in an uncommonly clear light. The spring forest […] shone with the most beautiful radiance, speaking to the heart, as though it wanted to encompass me in its majesty. I was filled with an indescribable sensation of joy, oneness, and blissful security. […] While still a child, I experienced several more of these deeply euphoric moments […]. It was these experiences that shaped the main outlines of my world view."[3]

1   Albert Hofmann, LSD – mein Sorgenkind, Stuttgart: Klett-Cotta, 2001, p. 217 (Original edition: 1979, English translation by Jonathan Ott: LSD – My Problem Child, New York: McGraw-Hill, 1980), and id., Geborgenheit im naturwissenschaftlich-philosophischen Weltbild, in: id., Einsichten – Ausblicke, Solothurn: Nachtschatten Verlag, 2003, pp. 57–89, quotation p. 86.
2   Albert Hofmann, Vorwort, in: id., Einsichten – Ausblicke, Solothurn: Nachtschatten Verlag, 2003, pp. 7–18, quotation p. 18.
3   Hofmann, LSD, cf. note 1, pp. 7f., and id., Das Sender-Empfänger Modell der Wirklichkeit, in: id., Einsichten – Ausblicke, Solothurn: Nachtschatten Verlag, 2003, pp. 19–55, quotation pp. 22f.

frisch ergrünten, von der Morgensonne durchstrahlten, von Vogelsang erfüllten Wald dahinschlenderte, erschien auf einmal alles in einem ungewöhnlich klaren Licht. [...] Er [der Frühlingswald] erstrahlte im Glanz einer eigenartig zu Herzen gehenden, sprechenden Schönheit, als ob er mich einbeziehen wollte in seine Herrlichkeit. Ein unbeschreibliches Glücksgefühl der Zugehörigkeit und seligen Geborgenheit durchströmte mich. In meiner späteren Knabenzeit hatte ich [...] noch einige solche beglückende Erlebnisse. Sie waren es, die mein Weltbild in seinen Grundzügen bestimmten.»[3]

In knappen Worten ist hier eine Realität beschrieben, von der die Mystiker und spirituellen Überlieferungen aller Kulturen ganz selbstverständlich berichten: Die Welt ist genau wie vorher, aber alles erscheint ganz anders. Ein Schleier ist gefallen, und der Schauende hat für Momente lang einen Geschmack von der «Istigkeit» (Meister Eckhart, 1260–1326) der Dinge bekommen. Was in allen vorwissenschaftlichen Kulturen mehr oder weniger normal war: Aus dem Alltag herausgehobene visionäre Zustände, in denen die existentielle Verbundenheit mit dem Grund des Seins unmittelbar erfahren wurde, werden heute, in einem – bewusstseinsgeschichtlich vielleicht notwendigen – Einengungsprozess, nur noch von wenigen Menschen spontan erlebt, von Kindern und Sensitiven, nach langjähriger spiritueller Übung oder eben unter dem Einfluss psychoaktiver Substanzen, deren sich die Menschheit immerhin seit Jahrtausenden bedient. Der Entdecker des LSD empfindet auch seine späteren Versuche und Selbstexperimente mit bewusstseinsverändernden Drogen in gewissem Sinne als Wiederholungen der oben beschriebenen, beseligenden Kindheitserlebnisse. In seiner Autobiografie *LSD – mein Sorgenkind* beschreibt Hofmann sogar, wie er sich in einer Psilocybin-Sitzung einmal gezielt darum bemühte, das visionäre Erleben seiner Knabenzeit erneut heraufzubeschwören (was ihm in diesem Moment gründlich misslang – die Geister der heiligen Pilze waren stark genug, ihm ihren eigenen Willen aufzunötigen!).

Hofmann, wie jeder moderne Chemiker ein Nachfahre der mittelalterlichen Alchemisten und wie jeder echte Forschergeist auch im Alter noch ein begeisterter und staunender *puer aeternus,* studierte die Naturwissenschaften gegen die Erwartungen überraschter Eltern aus einem tiefen, wenn auch damals vielleicht nur halbbewussten Bedürfnis heraus. Als wichtigstes Grundmotiv seiner wissenschaftlichen Tätigkeit formuliert er heute: «Jene mystischen Wirklichkeitserfahrungen waren [...] der Grund, warum ich den Beruf des Chemikers ergriffen habe. Sie weckten in mir das Verlangen nach einem tieferen Einblick in den Bau und das Wesen der materiellen Welt.»[4]

3   Hofmann, LSD, wie Anm. 1, S. 7f., und ders., Das Sender-Empfänger Modell der Wirklichkeit, in: ders., Einsichten – Ausblicke, Solothurn: Nachtschatten Verlag, 2003, S. 19–55, Zitat S. 22f.
4   Hofmann, Sender-Empfänger Modell, wie Anm. 3, Zitat S. 23f.

The reality concisely described in this passage is also to be found in numerous accounts given by mystics and in the traditional spiritual texts of all cultures: the world is exactly the same as before, but everything appears in a completely different light – a veil has been lifted, and for a moment the beholder is granted a taste of the "isness" of things (Meister Eckhart, 1260–1326). Transcendental, visionary states, in which subjects directly experienced an existential affinity with the foundations of being, may have been a more or less normal feature of all prescientific cultures; today, however, as a result of a process of mental restriction (perhaps necessary in terms of the historical development of consciousness), these states are only experienced spontaneously by a few people, by children and psychics, after many years of spiritual exercises or, equally, under the influence of psychoactive substances, which after all have been used by humanity for millennia. For Hofmann, the experiments and self-experiments with consciousness-altering drugs that followed his discovery of LSD were a kind of repetition of the ecstatic childhood experiences described above. In his autobiography *LSD – My Problem Child,* he even describes how on one occasion, during a psilocybin session, he deliberately sought to conjure up anew a boyhood visionary experience (which in this case he singularly failed to do, as the spirits of the sacred mushrooms were strong enough to impose their own will!).

Hofmann – like any modern chemist a descendant of the medieval alchemists and like any true researcher still an enthusiastic and awestruck *puer aeternus* in his old age – studied the natural sciences, much to the surprise of his parents, in order to satisfy a deep-seated need, of which he was at the time perhaps only partly aware. He recently described the underlying motivation for his scientific activities as follows: "The mystical experiences of reality were […] the reason why I chose to become a chemist. They aroused in me the desire to gain a deeper insight into the structure and nature of the material world."[4]

As a figure who is both celebrated and a thorn in the side of the bourgeoisie (of which he readily admits to being a representative), Hofmann has always insisted: "I'm not a guru, I'm a chemist." Full of respect for the scientific achievements of earlier generations, and having himself, as an empirical researcher, not only discovered LSD and synthesized psilocybin but also developed a number of highly successful "conventional" pharmaceuticals that are still sold worldwide after fifty years on the market, he does not share the widespread skepticism and concerns about scientific thought and methods. In his view, most popular notions of chemistry are based on superficial knowledge and therefore one-sided and erroneous. He thus remains optimistically

---

4   Hofmann, Sender-Empfänger Modell, cf. note 3, quotation pp. 23f.

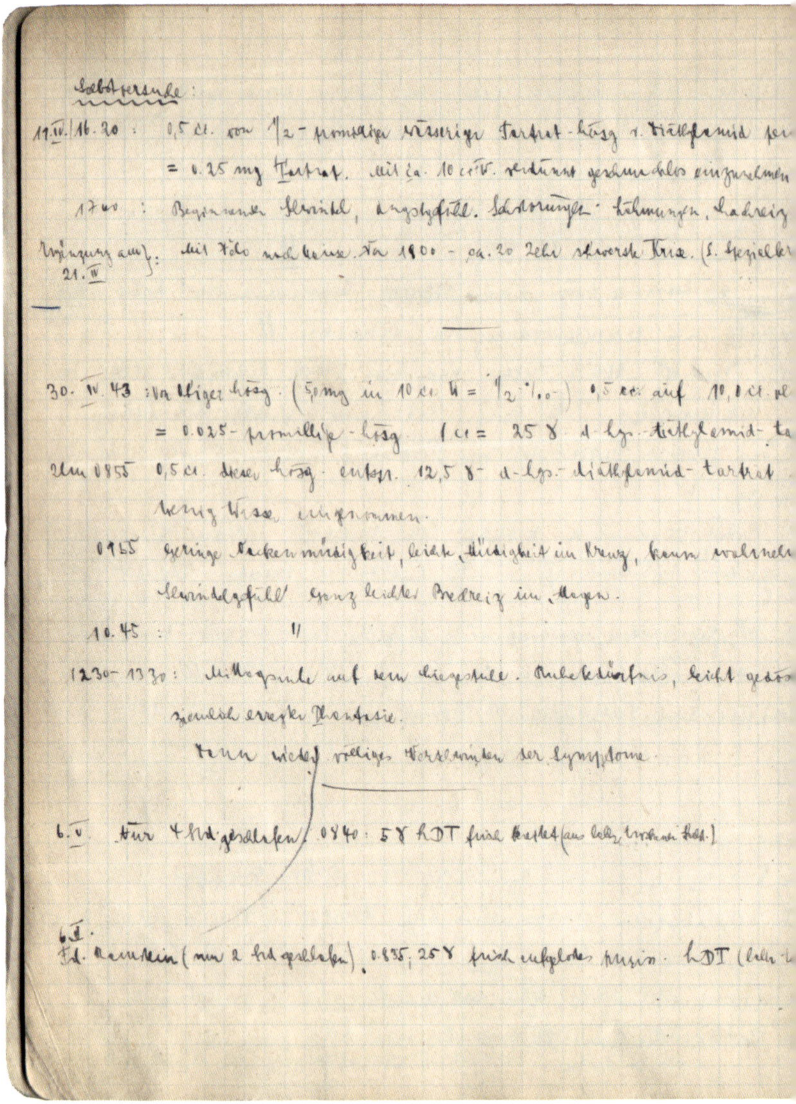

Abb. 1: Auszug aus dem Laborjournal von Albert Hofmann, oben links Eintragung zum ersten Selbstversuch mit LSD.

Selbstversuche:
19. IV. / 16.20: 0,5 cc. von ½-promilliger wässeriger Tartrat-Lösg. v. Diäthylamid peroral
= 0,25 mg Tartrat. Mit ca. 10 cc. W. verdünnt geschmacklos einzunehmen.
17.00: Beginnender Schwindel, Angstgefühl. Sehstörungen. Lähmungen, Lachreiz.
Ergänzung am 21. IV.: Mit Velo nach Hause. Von 18.00–
ca. 20 Uhr schwerste Krise. (S. Spezialbericht)

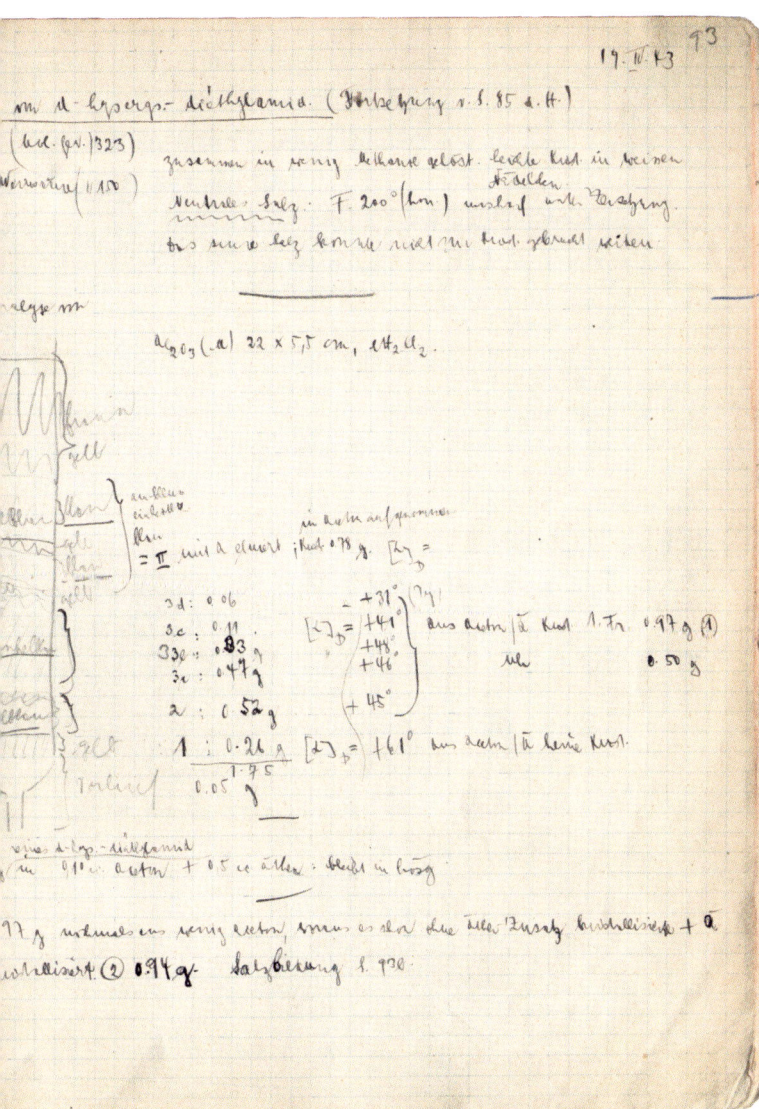

Fig. 1: Extract from Albert Hofmann's laboratory journal. *Top left:* the entry describing his first self-experiment with LSD.

Self-experiments:
4/19/43 16:20: 0.5 cc of ½ promil aqueous solution of diethylamide tartrate orally = 0.25 mg tartrate.
Taken diluted with about 10 cc water. Tasteless.
17:00: Beginning dizziness, feeling of anxiety, visual distortions, symptoms of paralysis, desire to laugh.
Supplement of 4/21: Home by bicycle. From 18:00–ca. 20:00 most severe crisis. (See special report.)

131

«Ich bin kein Guru, ich bin Chemiker» – darauf hat Hofmann, der Hochgefeierte und gleichzeitig Stachel im Fleisch des Bürgertums (zu dessen Vertretern er sich unbefangen selber zählt) immer nachdrücklich bestanden. Voller Hochachtung für die wissenschaftlichen Leistungen vorangegangener Generationen, teilt er als empirischer Forscher, der neben der Entdeckung des LSD und der Synthetisierung des Psilocybin einige überaus erfolgreiche, auch nach fünfzig Jahren noch weltweit vertriebene «normale» Medikamente entwickelt hat, die Skepsis und das Unbehagen vieler Zeitgenossen gegenüber dem naturwissenschaftlichen Denken und dessen Arbeitsmethoden keineswegs. Seiner Ansicht nach ist das landläufige Bild der Chemie in der Öffentlichkeit von populärem Halbwissen geprägt und deswegen einseitig und falsch. So ist er optimistisch davon überzeugt, dass «das naturwissenschaftliche Weltbild die einzige solide, feste Basis ist, auf der aufgebaut werden kann».[5] Je genauer wir aber forschen, je gewissenhafter und detailreicher wir das Leben und seine Formen erfassen, umso deutlicher werden wir gleichzeitig mit dem Unbegreiflichen und Geheimnisvollen konfrontiert. Nach Hofmann entwickelt jeder Forscher, der offen ist für solche Zusammenhänge, fast zwangsläufig ein Gefühl der Dankbarkeit und der Verpflichtung gegenüber jenem «Etwas», das unsere hebräisch-biblische Überlieferung in Ermangelung eines besseren Worts *ruach* nennt: den Atem Gottes. Hofmann betont, dass unsere physikalischen und chemischen Erkenntnisse immer nur «die eine Hälfte der Wirklichkeit» sein können, während deren andere aus den «geistigen Dimensionen der Wirklichkeit, zu denen die wesentlichen Merkmale des Lebendigen gehören», und dem «Mensch mit seiner Geistigkeit» besteht.[6] So stellen die grossartigen Forschungsresultate der Naturwissenschaft lediglich «Beschreibungen von Vorgegebenem dar, sind keine Erklärungen». In der Natur selbst gibt es keine Chemie und keine Physik, sie sind als selbstgeschaffene, dem Weltenchaos abgetrotzte Ordnungssysteme und hilfreiche intellektuelle Landkarten letztlich *geistige* Errungenschaften und damit Glanzleistungen des Menschen. Der innere Kern aber, das Wesentliche und Wichtige an den Dingen, schreibt Hofmann in seinem Buch *Lob des Schauens*, ist letztlich nur liebbar, nicht mehr messbar: «Die höchste Stufe des Sehens ist Liebe. Umgekehrt kann Liebe definiert werden als die höchste Stufe des Sehens.»[7] Hofmann besteht denn auch immer wieder darauf, dass zumindest der heutige Wissensstand der Naturwissenschaft durchaus «in Übereinstimmung [steht] mit der emotionalen Erfahrung des Mystikers von der Einheit alles Lebendigen».[8]

So scheint in zahlreichen Texten des Forschers das Bedauern und der leise Schmerz durch – gerade aufgrund des von ihm existentiell Erlebten –, dass so

5 Hofmann, Geborgenheit, wie Anm. 1, Zitat S. 70.
6 Hofmann, Geborgenheit, wie Anm. 1, Zitat S. 69f.
7 Albert Hofmann, Lob des Schauens, Solothurn: Nachtschatten Verlag, 2002, o.S.
8 Hofmann, Vorwort, wie Anm. 2, Zitat S. 17.

convinced that "the scientific worldview is the only sound foundation that we can build on".[5] However, as we research in greater depth, attaining an ever-more detailed knowledge of life in its various forms, we are inevitably also confronted with the incomprehensible and the mysterious. According to Hofmann, any researcher who is open to this broader canvas is almost bound to develop a sense of gratitude and of obligation towards that which is known in our Hebraic-biblical tradition as *ruach* – the breath of God. Hofmann states in unequivocal terms that our physical and chemical knowledge can only ever be "one half of reality", with "the essential characteristics of the animate world" and "man in his spirituality" being part of the other half.[6] Thus, the magnificent results of scientific research are merely "descriptions of the given, not explanations". In nature itself, there is no chemistry or physics – as man-made systems wresting order from the chaos of the world, or helpful maps, these disciplines are ultimately *intellectual* achievements and, as such, human triumphs. But as Hofmann notes in *Lob des Schauens,* the inner core, the essential and important nature of things, ultimately admits only of love, not measurement: "The highest form of seeing is love. Conversely, love can be defined as the highest form of seeing."[7] Hofmann therefore repeatedly stresses that at least the current state of scientific knowledge is indeed "in accordance with the mystic's emotional experience of the oneness of all life".[8]

In many of his publications, it is apparent that – given the existential nature of his own experiences – Hofmann regrets and is slightly pained by the fact that so few of his fellow researchers are prepared to let their scientific findings come to life, as it were, through contemplation; that they ultimately reduce the wealth and colorfulness of existence to the formula World = Physics + Chemistry; and that, in line with the current rules of the scientific game, they force themselves to muffle their senses, dogmatically declaring their sensory perceptions to be constructs or even non-realities. Further, that they scarcely realize that, as they trawl the vast ocean which is the world for physical and chemical catches, life itself slips through their self-made nets, together with the *Gestalt*-seeking nature of things. Hofmann finds it difficult to comprehend the fact that chemists of all people, "who should really be aware of the capabilities and the limits of chemistry do not more often challenge the materialist worldview in which everything is reduced to the chemical level".[9]

Hofmann, who sometimes seems to regard children as the better researchers because they are still capable of a direct and holistic response to

5   Hofmann, Geborgenheit, cf. note 1, p. 70.
6   Hofmann, Geborgenheit, cf. note 1, pp. 69f.
7   Albert Hofmann, Lob des Schauens, Solothurn: Nachtschatten Verlag, 2002, unpaginated.
8   Hofmann, Vorwort, cf. note 2, quotation p. 17.
9   Hofmann, Geborgenheit, cf. note 1, quotation pp. 76f.

wenige seiner Kollegen bereit sind, ihre naturwissenschaftlichen Befunde kontemplativ lebendig werden zu lassen, dass sie die Fülle und Farbigkeit des Daseins letztlich auf die Formel Welt = Physik + Chemie reduzieren, dass sie sich gemäss den geläufigen wissenschaftlichen Spielregeln dazu zwingen, die Sinne zu verschliessen, und ihre unmittelbaren Sinneswahrnehmungen apodiktisch als konstruierte Wirklichkeiten oder gar als Nicht-Wirklichkeiten ausgeben. Dass sie kaum realisieren, dass ihnen bei ihren physikalisch-chemischen Fischzügen im Meer der Welt das Leben selbst und die Gestaltstrebigkeit der Dinge aus ihren selbstgeknüpften Netzen schlüpfen. Hofmann findet es schwer verständlich, dass gerade von den Chemikern, «die doch wissen müssten, was im Bereich der Chemie liegt und die ihre Grenzen kennen sollten, das auf die Ebene der Chemie reduzierte materialistische Weltbild nicht vermehrt angegriffen wird».[9]

Hofmann, der Kinder zuweilen fast für die besseren Forscher zu halten scheint, weil sie noch die Fähigkeit haben, unmittelbar und ganzheitlich auf den lebendigen Moment zu reagieren, erinnert wiederholt daran, dass auch eine reife wissenschaftliche Tätigkeit ihren Anfang in der kindlichen Fähigkeit des Staunens, des Sich-Wunderns, des Be-Wunderns haben sollte: «Dass uns heute so vieles, fast alles selbstverständlich scheint, ist einer der folgenreichsten Fehler in unserer Geisteshaltung. An Selbstverständlichkeit könnte die Welt zugrundegehen. […] Die Kinder haben recht […], weil sie die Erde noch so wahrnehmen, wie sie wirklich ist, nämlich wunderbar.»[10] In diesem Punkt, der sokratischen Bereitschaft nämlich, zu wissen, dass man nichts weiss, findet Hofmann sich von den Grossen der Zunft bestätigt: Heisenberg, Max Planck, Einstein vor allem, den er angesichts seines Muts zur Demut besonders schätzt: «Das Schönste ist, dass wir uns mit der Anerkennung des Wunders bescheiden müssen, ohne dass es einen legitimen Weg darüber hinaus gäbe. Hier […] liegt unser schwacher Punkt für die Positivisten und berufsmässigen Atheisten, die sich beglückt fühlen durch das Bewusstsein, die Welt nicht nur ‹entgöttert›, sondern auch ‹entwundert› zu haben.»[11] Den eigentlichen, für die Entwicklung des Menschen fruchtbaren Sinn wissenschaftlicher Arbeit sieht Hofmann denn auch nicht wie so viele seiner Kollegen darin, als Speerspitze an der Forschungs-«Front» die unbegrenzte Expansion von Industrie und Technik vorantreiben zu helfen, sondern in der «Erweiterung des menschlichen Bewusstseins vom Wunder der Schöpfung».[12] Aus seinen knabenhaften Selbstexperimenten, sprich mystischen Erlebnissen, und seinen späteren Versuchen mit psychoaktiven Substanzen hat er die unumstössliche,

9 Hofmann, Geborgenheit, wie Anm. 1, Zitat S. 76.
10 Hofmann, Vorwort, wie Anm. 2, Zitat S. 11f., 14.
11 Albert Einstein, Lettres à Maurice Solovine, Faksimilereproduktionen mit französischer Übersetzung, Paris: Gauthier-Villars, 1956, S. 114.
12 Hofmann, Vorwort, wie Anm. 2, Zitat S. 16f.

the living moment, frequently points out that even mature scientific activities should have their origins in the child's capacity for wonder, wondering and marveling: "The fact that today we take so much, nearly everything, for granted is one of the most fatal flaws in our mentality. The world could founder on this obliviousness. Children are right because they still perceive the true – marvelous – nature of the Earth."[10] In his Socratic readiness to know that we know little, Hofmann has the support of a number of giants: Heisenberg, Max Planck and especially Einstein, whom he particularly admires for having the courage to show humility: "We can only recognize the miracle [of the orderliness of the world] without there being any legitimate way of going beyond it. […] And this is a weak point for the positivists and professional atheists who are delighted by their sense of having rid the world not only of the divine but also of the miraculous."[11] For Hofmann, accordingly, unlike so many of his colleagues, the real purpose of the scientific endeavor and its contribution to human development does not lie in spearheading the unlimited expansion of industry and technology, but in "increasing human awareness of the miracle of creation".[12] From the mystical experiences of his childhood and his later experiments with psychoactive substances, he has derived the absolute certainty (based on personal insight) that man is part of a meaningful and purposeful cosmic order – what Hofmann unabashedly calls "revelations of creation's metaphysical design" (an attitude that is either hopelessly old-fashioned or, on the contrary, positively futuristic).[13] Not unlike Johannes Kepler, who in his laws of planetary motion explicitly sought to demonstrate the harmony of the created universe, or Johann Sebastian Bach, who always wrote "Soli Deo Gloria" at the bottom of his compositions, or even one of the forefathers of mechanistic philosophy, the secret alchemist Sir Isaac Newton, who wrote that the only purpose of his scientific research was to prove the existence of God to the educated classes, Albert Hofmann is also firmly convinced that understood aright, "the findings of scientific research do not necessarily entail a materialist worldview".[14] In the "reduction of the world to a few dead elements as its ultimate reality" he sees "an immense overestimation of the role of matter in creation". He also criticizes the self-imposed form- and color-blindness of many molecular biologists, who "in their rational endeavors, seek to reduce the phenomena of life to chemical reactions".[15] As a cautionary example, Hofmann cites one of the best-selling works of natural philosophy to

10   Hofmann, Vorwort, cf. note 2, quotation pp. 11f., 14.
11   Albert Einstein, Lettres à Maurice Solovine, facsimile reproductions with French translations, Paris: Gauthier-Villars, 1956, p. 114.
12   Hofmann, Vorwort, cf. note 2, quotation pp. 16f.
13   Hofmann, Geborgenheit, cf. note 1, quotation p. 86.
14   Hofmann, Geborgenheit, cf. note 1, quotation p. 85.
15   Hofmann, Geborgenheit, cf. note 1, quotation p. 76.

da selbsterlebte Gewissheit bezogen, dass der Mensch eingebettet ist in eine sinnvolle und zielgerichtete Weltordnung – in das, was Hofmann unbefangen (entweder hoffnungslos altmodisch oder im Gegenteil geradezu futuristisch) «Offenbarungen vom metaphysischen Bauplan der Schöpfung» nennt.[13] Nicht gar so anders als ein Johann Kepler, der in den Gesetzen der Planetenbahnen ausdrücklich die Harmonie einer vom grossen Mastermind erschaffenen Welt nachweisen wollte, wie Johann Sebastian Bach, der unter jede seiner Kompositionen «Soli Deo Gloria» setzte, wie selbst einer der Ahnherren strikt mechanistischen Denkens, der heimliche Alchemist Isaak Newton, welcher schrieb, er betriebe «nur darum Naturforschung, um den gebildeten Ständen das Dasein Gottes zu beweisen», so ist auch Albert Hofmann zutiefst davon überzeugt, dass «die [richtig verstandenen Erkenntnisse, d. Verf.] der naturwissenschaftlichen Forschung nicht zu einem materialistischen Weltbild führen müssen».[14] In der «Reduktion der Welt auf wenige tote Elemente als ihre letzte Wirklichkeit» sieht er «eine ungeheure Überschätzung der Rolle der Materie in der Schöpfung», und er kritisiert die selbstgewählte Gestalten- und Farbenblindheit mancher Molekularbiologen, die «in ihrem rationalen Bestreben versuchen, die Phänomene des Lebens auf chemische Reaktionen zurückzuführen».[15] Als warnendes Beispiel nennt Hofmann den grössten naturphilosophischen Bestseller der Nachkriegszeit *Zufall und Notwendigkeit* des Nobelpreisträgers Jacques Monod, ein Buch, das sich seiner Meinung nach «durch Unwissenschaftlichkeit und Arroganz auszeichnet»; zwar kenne man inzwischen die vier Buchstaben des genetischen Codes, «die entscheidende Frage nach dem Ursprung des Textes aber bleibt offen».[16] Die Welt mehr oder weniger als Produkt des Zufalls ohne ein dahinterstehendes geistig-schöpferisches Prinzip zu sehen, kommt Hofmann so absurd vor, als wolle man «das Wunder einer Kathedrale auf die Anzahl und Qualität der verwendeten Bausteine reduzieren, indem man ihren Bauplan, ihre Schönheit, ihren Sinn nicht zur Kenntnis nimmt, und folglich auch keinen Grund sieht, an einen Architekten zu denken».[17] Wie so mancher Forscher, der über sein Metier nachdenkt, betrachtet auch Hofmann die echte Scheidung naturwissenschaftlicher Geister darin, ob man die Chemie und ihre Gesetze als «letzten ursächlichen Grund für die Entstehung der sichtbaren Welt» betrachten will oder lediglich als «Wissenschaft vom Baumaterial, dessen sich eine geistige Macht für den Bau der Schöpfung [...] bediente».[18] Im Grunde genommen geht es um einen

13   Hofmann, Geborgenheit, wie Anm. 1, Zitat S. 86.
14   Hofmann, Geborgenheit, wie Anm. 1, Zitat S. 85.
15   Hofmann, Geborgenheit, wie Anm. 1, Zitat S. 76.
16   Hofmann, Geborgenheit, wie Anm. 1, Zitate S. 76, 80.
17   Hofmann, Geborgenheit, wie Anm. 1, Zitat S. 75.
18   Hofmann, Geborgenheit, wie Anm. 1, Zitat S. 76f.

appear in the post-war era, Nobel laureate Jacques Monod's *Chance and Necessity,* which he condemns as "unscientific and arrogant". While the four letters of the genetic code are now known, "the crucial question of the origins of the text remains unanswered".[16] To Hofmann, seeing the world more or less as a product of chance, without any underlying spiritual or creative principle appears just as absurd as seeking to "reduce the miracle of a cathedral to the number and type of stones used, failing to notice its design, its beauty and its purpose, and consequently also seeing no reason to think of an architect".[17] Like many other researchers reflecting on their profession, Hofmann also sees a dichotomy between the school of scientific thought that regards chemistry and its laws as "the ultimate cause of the emergence of the visible world" and the opposing view that it is "the science of the materials employed by a spiritual force in the construction of creation".[18] Essentially, this is the old philosophical dispute between the evolutionists and the creationists, in which it is difficult for the layman, lacking sound expertise, to express a view – if he does not wish to find himself lumped together with the fundamentalists. One will therefore have to rely on the views expressed by great researchers such as Heisenberg, Planck, Einstein, Born, Portmann and Heitler, who – not *in spite of* but *because of* and *in association with* their scientific findings – were deeply convinced of the operation of underlying creative design and spiritual principles. I, for my part, also find Monod's "chance" development of life and his explanation of evolutionary processes barely more credible or fathomable than the creation myths of Central African tribes or Norse cosmogony. Even if the principles of selection are to be conceived of as operating over unimaginably vast periods of time, and even if the mutation of an organism is to be regarded as a change in form involving a gradual series of tiny steps with cumulative effects – a laboratory rat scurrying over a typewriter for millions of years will scarcely produce *Hamlet* by chance at any point. While it is doubtless plausible from a scientific viewpoint that mutation and selection play a role in the evolution of organisms, and the process can now, we are told, even be simulated by computer programs, this does not by any means refute the possibility of an ordering creative principle underlying these phenomena (any more than the possibility can be proved). As an interested layman, I myself must confess that I can certainly imagine life suddenly being transformed into death – as is vividly demonstrated a dozen times over by any self-respecting action movie – but it seems to me that the reverse, i.e., the transformation of "dead" matter into life à la Monod, for example, calls for faith of biblical proportions. Incidentally, what is the scientific objection to the view common among pre-

16   Hofmann, Geborgenheit, cf. note 1, quotations pp. 76, 80.
17   Hofmann, Geborgenheit, cf. note 1, quotation p. 75.
18   Hofmann, Geborgenheit, cf. note 1, quotation pp. 76f.

alten Grundsatzstreit, den zwischen Evolutionisten und Kreationisten nämlich, in dem es für den Nichtfachmann mangels fundierten Wissens schwierig
ist, Stellung zu nehmen, will er sich nicht unvermittelt in die Nähe bibelgläu-
biger Fundamentalisten gerückt sehen. So wird man sich auf die Aussagen
grosser Forscher wie Heisenberg, Planck, Einstein, Born, Portmann, Heitler
verlassen müssen, die nicht *trotz,* sondern *aufgrund* und *im Zusammenhang
mit* ihren wissenschaftlichen Erkenntnissen zutiefst überzeugt waren vom
Wirken schöpferischer Absichten und geistiger Prinzipien hinter den Dingen.
Auch mir persönlich erscheint Monods «grosser Zufall» bei der Entstehung
des Lebens und seine Erklärung des Evolutionsgeschehens kaum glaubwürdi-
ger und nachvollziehbarer als die Schöpfungsmythen zentralafrikanischer
Stämme oder die Weltentstehungslehre der alten Isländer. Selbst wenn wir uns
die Prinzipien der Selektion über unvorstellbar grosse Zeiträume hinweg zu
denken haben, selbst wenn wir uns die Mutation eines Organismus als je win-
zig kleine, schritt- um schrittchenweise sich summierende Gestaltänderung
vorstellen müssen: Auch eine Millionen Jahre lang auf einer Schreibmaschine
herumtippelnde Laborratte wird kaum irgendwann zufällig den *Hamlet*
schreiben, wenn nur genügend Versuchszeit zur Verfügung steht. Die Rolle
von Mutation und Selektion in der Evolution der Organismen ist wissenschaftlich sicher plausibel, lässt sich dem Vernehmen nach heute sogar mit
Computerprogrammen simulieren, doch ist damit die Möglichkeit eines ord-
nenden und kreativen Schöpfungsprinzips hinter den Erscheinungen nicht im
Geringsten widerlegt (genauso wenig wie es sich beweisen lässt). Ich selber
muss mich als interessierter Laie dazu bekennen, dass ich mir zwar die plötzliche Verwandlung des Prinzips Lebens in das Prinzip Tod recht gut vorstellen kann, wird sie doch in jedem besseren Action-Film gleich im Dutzend
realistisch dargestellt: Wie allerdings gemäss Monod, Manfred Eigen und anderen das umgekehrte Prinzip funktionieren soll, die Verwandlung «toter» Materie in Leben nämlich, dazu bedarf es meinem Empfinden nach einer geradezu
geballten biblischen Glaubenskraft. Was spricht übrigens wissenschaftlich
gegen das gänzlich auf «spirtueller Empirie» aufgebaute Verständnis aller vor-
industriellen Kulturen, dass auch die sogenannte Materie nur so etwas wie der
«geronnene», zur Ruhe gekommene Aggregatzustand, gleichsam der letzte
«Ausläufer» einer spirituell-pneumatischen Aktivität sei? In altindischen Texten ist das Prinzip einer unveränderlichen und statischen materiellen Welt
Maya, eine zu überwindende Illusion, eine Art virtueller Realität, hinter deren
Kulissen eine andere Wirklichkeit existiert. Der schwäbische Mystiker Oetinger brachte es für das 18. Jahrhundert auf den Punkt: «Leiblichkeit ist das Ende
der Wege Gottes.» Und zahlreiche Atomtheoretiker und Astronomen machen
heute mit strenger mathematischer Logik und komplizierten Versuchen glaub-
haft, dass wir uns als aktive Teilhaber eines intelligenten Universums betrachten dürfen, das durch kosmische Daten einer unbekannten, mit grosser Ziel-

industrial cultures – founded on "spiritual empiricism" – that so-called matter is merely something akin to the solidified, resting state, as it were the final "offshoot", of spiritual activity? In ancient Indian sacred texts, the principle of an immutable and static material world is called *maya*, i.e., an illusion that is to be overcome, some kind of virtual reality; in the eighteenth century, the German mystic Oetinger wrote that "corporeality is the end of the ways of God"; and today numerous theoretical physicists and astronomers argue, on the basis of rigorous mathematical logic and complex experiments, that we may regard ourselves as active participants in an intelligent universe which is fed by cosmic data from an unknown organizing source, operating with great accuracy and precision: "The stuff of the universe is mind-stuff" (Arthur Eddington).

A further – albeit highly subjective – argument for the operation of a purposeful creative/spiritual principle behind the scenes, which would be immediately shot down in flames by any seasoned exponent of scientism, I nonetheless boldly advance: anyone who, like myself, observes the development of young children at close range and also deals on a daily basis with young cats, an unruly garden and breathtaking music from Bach to Bartók, will actually find it difficult to dismiss out of hand the "outmoded" philosophical views of the centenarian father of LSD.

Hofmann, at any rate, vehemently opposes the widespread conviction that the "objective, materialist worldview of the natural sciences and the mystico-religious experience of the world are inconsistent. The opposite is true. They complement each other, providing a comprehensive insight into one and the same spiritual-material reality."[19] This fundamental existential sense of "security within the [correctly understood!] scientific worldview", which by his own account has made him increasingly content and grateful in the course of his life and also dispels any fear of the hereafter, is something that Hofmann radiates when one visits him at his home in Rittimatte for a leisurely conversation – a handsome and distinguished gentleman, who even at the age of 99 still speaks about his adventurous life and his adventurous heart with precision, impish humor and a certain refinement. "I think, all in all, I'm happier than I used to be, more stable and open. Yes, I can say that I am today a happy and grateful man."

Like his erstwhile partner in dialogue and kindred spirit Aldous Huxley, Hofmann believes that the most pressing next evolutionary step is to overcome the man-made dichotomy between *res cogitans* and *res extensa*, i.e., between the individual and the material world, body and spirit, reason and mysticism, conscious will and subconscious instinct, as "the main problems of

---

19   Hofmann, Lob des Schauens, cf. note 7.

sicherheit und Genauigkeit organisierenden Quelle gespeist ist: «Der Stoff, aus dem das Universum besteht, ist Geistesstoff» (Arthur Eddington).

Ein weiteres, allerdings sehr subjektives Argument für das Wirken eines zielvollen schöpferisch-geistigen Prinzips hinter den Kulissen würde von jedem gestandenen Szientisten sofort in der Luft zerfetzt werden; trotzdem sei es tapfer genannt: Wer wie ich hautnah das Aufwachsen kleiner Kinder miterlebt, darüber hinaus in seinem Haushalt täglich mit jungen Katzen, einem wilden Garten und atemberaubender Musik von Bach bis Bartók zu tun hat, dem fällt es in der Tat nicht ganz leicht, die «unzeitgemässen» Grundanschauungen des hundertjährigen LSD-Entdeckers als überholt und falsch abzutun.

Wie auch immer, Hofmann widerspricht vehement der weit verbreiteten Überzeugung, das «objektive, materielle Weltbild der Naturwissenschaften und die mystisch-religiöse Welterfahrung würden sich widersprechen. Das Gegenteil ist wahr. Sie ergänzen sich zu einer umfassenden Einsicht in ein und dieselbe geistig-materielle Wirklichkeit.»[19] Dieses existentielle Grundgefühl der «Geborgenheit im [richtig verstandenen, d. Verf.] naturwissenschaftlichen Weltbild», das ihn nach seinen eigenen Angaben im Lauf des Lebens immer zufriedener und dankbarer gemacht hat, das ihm auch jede Angst vor dem «Danach» nimmt, strahlt er in der Tat aus, wenn man ihn in seiner Rittimatte besucht und stundenlang mit ihm über Gott und die Welt plaudert – ein gutaussehender und distinguierter Gentleman, der selbst mit 99 Jahren noch mit Präzision, verschmitztem Humor, auch einem gewissen Mass bürgerlicher Behaglichkeit über sein abenteuerliches Leben und sein abenteuerliches Herz spricht. «Ich glaube, ich bin im Durchschnitt glücklicher als früher, stabiler, offener. Ja, das darf ich sagen: Ich bin heute ein glücklicher und dankbarer Mensch.»

Hofmann sieht wie sein Dialogpartner und Geistesbruder Aldous Huxley den nächstfälligen evolutionären Schritt vor allem in der Überwindung der menschengeschaffenen tiefen Kluft zwischen *res cogitans* und *res extensa,* das heisst zwischen Individuum und Objektwelt, Körper und Geist, Ratio und Mystik, bewusstem Willen und unbewusstem Instinkt, denn «die Hauptprobleme der Gegenwart sind aus einem dualistischen Wirklichkeitsbewusstsein entstanden».[20] Da Hofmann seinen Appell zur Überwindung der «abendländischen Schicksalsneurose» (Gottfried Benn) durch das eigene visionäre Erleben beglaubigt sieht, formuliert er unmissverständlich: «Ein erkenntnismässiger Hauptgewinn aus meinen LSD-Versuchen war das Erleben der unlösbaren Verflochtenheit des Körperlichen und Geistigen.»[21] So teilt er mit zahlreichen Menschen die Überzeugung, dass sich die akute Krise aller Lebensbereiche vielleicht nur überwinden lässt, «wenn wir das materialisti-

19 Hofmann, Lob des Schauens, wie Anm. 7.
20 Hofmann, Vorwort, wie Anm. 2, Zitat S. 17.
21 Hofmann, LSD, wie Anm. 1, S. 197.

our time stem from a dualistic consciousness of reality".[20] Hofmann regards his appeal for humanity to overcome what Gottfried Benn called the "Western neurosis" as being underpinned by his own visionary experience, stating categorically: "The most worthwhile spiritual benefit from [my] LSD experiments was the experience of the inextricable intertwining of the physical and spiritual."[21] He thus "share[s] the belief of many of my contemporaries that the spiritual crisis pervading all spheres of Western industrial society can be remedied only by a change in our world view [...] [shifting] from the materialistic, dualistic belief that people and their environment are separate, toward a new consciousness of an all-encompassing reality, which embraces the experiencing ego, a reality in which people feel their oneness with animate nature and all of creation [...]. What is needed today is a fundamental reexperience of the oneness of all living things [...]."[22]

However, it seems to me that in his efforts to reunite the two separated halves "psychedelically", Hofmann does not stray too far from the classical view that the human subject is an "embodied" center of emotion and action, confronting an "outside" world of objects and persons. The interaction between them is ultimately one of cause and effect: the external cause is a quantity and the internal effect is a quality. All that exists "objectively" in the external world are electromagnetic fields and acoustic oscillations of a certain frequency; these are transformed internally into sixth chords and Mozart's *Magic Flute*. Outside, wavelengths between 0.4 and 0.7 microns, inside the sensation of dark blue and Van Gogh's *Cafe Terrace at Night*. For Hofmann, as for the empiricists of the seventeenth and eighteenth centuries, "the inner space is a purely *subjective* mental experience, while the outer world exists objectively"; "everyone carries within himself his own personal picture of reality, created by his private receiver."[23] Thus, in the end, Hofmann's plausible "transmitter/receiver" concept of perception implicitly involves the classical notion of an objectively existing world devoid of colors, sounds, sweetness and bitterness, whose signals are processed more or less independently by the internal subject. On this view presumably, it is a matter of indifference to the cornflower, the conch, the sun and the electron whether and how they are seen (or *not* seen!) by man. Our sensory antennae register signals from the outside world in the form of a stimulus, and some kind of "complementary" response occurs inside us. But could it be that the object, the stone, the cloud, the violin also perceives *me* in its own fashion, is it in some way affected and influenced by *my* existence, *my* behavior, *my* inner impulses? Could there be something to the view held by certain Ancient Greek philosophers or to the practical self-

20 Hofmann, Vorwort, cf. note 2, quotation p. 17.
21 Hofmann, LSD, cf. note 1, p. 197.
22 Hofmann, LSD, cf. note 1, pp. 9f., 211.
23 Hofmann, Sender-Empfänger Modell, cf. note 3, quotations pp. 25, 33.

sche Weltbild, in dem Mensch und Umwelt getrennt sind, durch das Bewusstsein einer alles bergenden Wirklichkeit ersetzen, die auch das sie erfahrende Ich einschliesst und in der sich der Mensch eins weiss mit der lebendigen Natur und der ganzen Schöpfung. [...] was heute nottut, ist ein elementares Wieder erleben der Einheit alles Lebendigen.»[22]

Trotzdem entfernt sich Hofmann meinem Empfinden nach in seinem Bemühen, die beiden getrennten Hälften «psychedelisch» neu miteinander zu verbinden, nicht allzu weit von der klassischen Anschauung, dass das «Subjekt Mensch» ein gleichsam von der Hülle seines Körpers umschlossenes Gefühls- und Handlungszentrum ist, dem eine «äussere» Welt von Dingen und Personen gegenübersteht. Die Interaktion zwischen ihnen ist letztendlich die von Ursache und Wirkung: «Draussen» ist eine Quantität Ursache, und «drinnen» ist eine Qualität Wirkung, in der äusseren Welt gibt es «objektiv» nur elektromagnetische Felder und akustische Schwingungen mit bestimmten Frequenzen, drinnen wandelt der Mensch sie um in Sextakkorde und Mozarts *Zauberflöte*. Hier Wellen zwischen 0,4 und 0,7 Millimikron, dort die Empfindung Dunkelblau und van Goghs *Nachtcafé in Arles*. Wie für die Empiristen des 17. und 18. Jahrhunderts ist auch für Hofmann «die innere Welt eine rein *subjektive* geistige Erfahrung», «während nur eine äussere Welt [objektiv, d. Verf.] existiert»; «jeder Mensch trägt im Innern sein eigenes, persönliches, von seinem privaten Empfänger erzeugtes Bild der Wirklichkeit.»[23] So herrscht letztlich auch in Hofmanns einleuchtendem Sender/Empfänger-Konzept der Wahrnehmung unausgesprochen die klassische Vorstellung von einer objektiv seienden Welt ohne Farben, Töne, Süssigkeit und Bitternis vor, verarbeitet das «subjektive» Innere seine Einwirkungen mehr oder weniger getrennt vom «objektiven» Äusseren. Der Kornblume, der Meeresschnecke, der Sonne, dem Elektron ist es dabei vermutlich ziemlich gleichgültig, ob und wie der Mensch sie sieht (oder auch *nicht* sieht!). Die Antennen unserer Sinne registrieren die Einwirkungen der Aussenwelt als Reiz, und etwas reagiert «ergänzend» darauf in unserem Inneren. Aber nimmt das Objekt, der Stein, die Wolke, die Violine, vielleicht auch *mich* in seiner Art wahr, wird es von *meinem* Dasein, *meinem* Verhalten, *meinen* inneren Impulsen auf irgendeine Weise berührt und beeinflusst? Könnte beispielsweise etwas «dran» sein an der Auffassung der ersten griechischen Philosophen oder dem praktischen Selbstverständnis der mittelalterlichen Alchemisten, dass auch die Materie auf ihre Weise so etwas wie ein «Bewusstsein» hat und dass der im alchemistischen Prozess angestrebte Wandlungsprozess der Substanzen gleichzeitig einen Weg der *eigenen* Verwandlung bedeutet *und umgekehrt?* Viele auch wissenschaftlich dokumentierte Phänomene weisen zumindest auf die Möglichkeit solcher gegenseitigen

22 Hofmann, LSD, wie Anm. 1, S. 9f., 211.
23 Hofmann, Sender-Empfänger Modell, wie Anm. 3, Zitate S. 25, 33.

conception of the medieval alchemists that matter is also endowed with its own kind of "consciousness", and that the transmutation of substances that was sought in the alchemical process simultaneously represents a way of transforming *oneself – and vice versa?* Many (in some cases scientifically documented) phenomena at least suggest the possibility of interactions of this kind, involving the flow of energy in both directions. (N.B. Is it entirely erroneous to suppose that the proliferation of natural disasters and global epidemics is not solely a *materially* mediated response on the part of the natural world to our interference – conceived in mechanistic terms – with the organic system of the biosphere, but also a kind of response to humanity's "moral" transgressions against fundamental laws of life? To put the question more concretely: is it completely inconceivable that our ethical, or rather *un*ethical, impulses, negative forms of thought and "bad vibes" could be as it were inscribed in the memory and in the soul of the Earth until at some point it "strikes back"? If it has long since been demonstrated that the number, velocity and spin of electrons orbiting a nucleus are directly influenced by the experimenter, could there not be some truth in the wild notion that the mental and emotional impulses of human individuals and groups also have an influence on the course of events, or rather on the development of the *material world?* Perhaps the seven-year-old girl from Cremona who gave me this enchanting description of her first "live" concert experience – "Mozart fa venire il sole" – was right after all!)

Let us take quite literally the idea, repeatedly proclaimed in all of Hofmann's writings, of the "oneness of all living things" and let us imagine that the universe – from the minutest elementary particle through humans and animals right up to the solar system – is a single as it were living and breathing, organically coherent entity, animated by an intelligence that only achieves full self-awareness in humans – a notion incidentally that is found in many historical and contemporary spiritual texts and works of natural philosophy. This would logically entail that the same forces of life and consciousness that actuate our bodies flow through stone and metal, simultaneously regulating the opening of a flower, the peristaltic motion of the digestive tract, the meandering of rivers and our own mental activity. Viewed from *this* perspective, Hofmann's "resonance" principle – universal vibrations and a "qualitative" human sounding board – also, in a sense, only grants humans the role of spectators in the global theater: on one side, the colorful human world of appearances and, on the other, the "thing-in-itself" (Kant), with the acid test for "genuine" reality again, ultimately, being that of chemical/physical quantifiability: "The material world is irrefutable, and its inherent laws are fixed. The science that gives an insight into this palpable, solid [...] part of our world is chemistry."[24]

24   Hofmann, Geborgenheit, cf. note 1, quotation p. 72.

energetischen Wechselwirkung hin. (Notabene: Ist es völlig abwegig, sich auszumalen, dass unsere sich rapide häufenden Naturkatastrophen und globalen Seuchen nicht allein eine *materiell* vermittelte Reaktion der Natur auf unsere mechanistisch konzipierten Eingriffe in das organische System Biosphäre sind, sondern darüber hinaus auch so etwas wie eine Antwort auf die «moralischen» Verstösse des Menschen gegen grundlegende Lebensgesetzlichkeiten? Konkreter gefragt: Wäre es völlig undenkbar, dass sich auch unsere ethischen bzw. *un*ethischen Impulse, negativen Gedankenformen, «schlechten Schwingungen» gleichsam ins Gedächtnis, in die Seele der Erde einschreiben, bis diese irgendwann einmal «zurückschlägt»? Wenn heute fast jedes Schulkind weiss, dass Anzahl, Geschwindigkeit, «Spin» der Elektronen um ihren Kern direkt von den Intentionen des Experimentierenden beeinflusst werden, könnte nicht die wilde Vorstellung, dass auch die geistig-seelischen Impulse von Menschen und Menschengruppen konkret auf den Lauf der Dinge bzw. auf den Lauf der *Dingwelt* einwirken, etwas für sich haben? Dann hat am Ende vielleicht auch das siebenjährige Mädchen aus Cremona irgendwie recht, das mir sein erstes «Live»-Konzerterlebnis einmal mit dem berückend schönen Satz beschrieb: «Mozart fa venire il sole!»)

Nehmen wir Hofmanns in allen Texten immer wieder heraufbeschworene Aussage von der «Einheit des Lebendigen» einmal ganz wörtlich und stellen uns bildlich vor, dass das Universum vom kleinsten Elementarteilchen über Mensch und Tier bis hin zu Sonnensystem und Spiralnebel ein einziges, gleichsam lebendig atmendes, in allen «Organen» untrennbar zusammengehöriges «Etwas» ist, das von einer allgeistigen, sich erst im Menschen ganz ihrer selbst bewusst werdenden Intelligenz bewohnt ist – eine Vorstellung, die übrigens in vielen spirituellen und naturphilosophischen Texten der Vergangenheit und Gegenwart auftaucht (etwa in James Lovelocks Gaia-Theorie). Dies heisst dann folgerichtig, dass die gleichen Lebens- und Bewusstseinskräfte, die unseren Körper bewegen, durch jeden Stein und durch jedes Metall strömen, gleichzeitig das Öffnen einer Blüte, die Peristaltik unseres Verdauungssystems, das Mäandern von Flüssen und unsere eigene Geistestätigkeit regulieren. Von *dieser* Warte aus betrachtet, billigt letztlich auch Hofmanns «Resonanz»-Prinzip von universeller Schwingung *hier* und menschlich-«qualitativem» Resonanzboden *dort* dem Menschen in gewisser Weise ebenfalls nur eine Zuschauerrolle im Welttheater zu: Hier die bunte menschliche Welt der Erscheinungen, dort das «Ding an sich», dessen Härtetest für die «wirkliche» Wirklichkeit am Ende doch wieder ihre chemisch-physikalische Quantifizierbarkeit ist: «Unwiderlegbar ist [...] die materielle Welt, und die ihr innewohnenden Gesetze stehen fest. Die Wissenschaft, die Einblick in diesen handgreiflichen, festen [...] Teil unserer Welt [...] gibt, ist die Chemie.»[24] Als

---

24   Hofmann, Geborgenheit, wie Anm. 1, Zitat S. 72.

As a lay physicist/chemist and a professional musician, I would put this cautious and essentially rhetorical question to my friend: is it strictly worthwhile to make music for a world in which sounds are not considered to be objectively real, as they are not amenable to description in physical and chemical terms but only arise as a kind of product of the individual imagination in my own brain and in that of the listener. Is it not equally conceivable that the *qualities* – the sounds and colors, the elegance of a movement and the disarming nature of a smile, sweetness and sourness and the fragrance of an autumn flower – issue from the source already "fully formed"? Why, for example, should it not be legitimate to regard the perception of external (i.e., measurable and regulable) light and internal (i.e., "spiritual") light as the perception of two different "states" of the single phenomenon light – as the same hard fact, as it were, from two different perspectives? After all, in his attack on Newton's mechanistic worldview, the passionate natural scientist Goethe spoke boldly of the "deeds and sufferings of light", experiencing the "moral and esthetic" effects and the "happiness" of colors, while Newton spoke in mathematical terms of the "index of refraction", splitting white light into its component colors according to mechanical laws. In his own *Lob des Schauens* (i.e., the "Theory of Colors"), Goethe – who as is well known described the eye as "sun-like" and the ear as a "vessel carved by the spirits of sound" – assumed that the eye and light are two essentially identical phenomena, so that in the act of seeing like is known by like: "No one will deny the immediate affinity between light and the eye, but it is more difficult to conceive of them as being identical."[25] Compare this with the view expressed by the medieval mystic Meister Eckhart: "If I see blue or white, the sight of my eye which sees the color, this very thing that does the seeing, is the same as what is seen by the eye. The eye in which I see God is the same eye in which God sees me. My eye and God's eye are one eye and one seeing, one knowing and one loving."[26]

Hofmann, who is a rare breed, writing both as an objective chemist and an avowed mystic, describes how under the influence of "the non-material energy flow of light, all life, from the ameba to the thought processes of the brain ultimately represents only a transformation of light energy. [...] we are creatures of light – this is not only a mystical experience, as indicated by the word 'enlightenment' and the significance of light in many religions, but also a concrete scientific insight."[27] While for the Ancient Egyptians the sun was the place where the supreme deity was enthroned and for modern scientists it

25 Johann Wolfgang von Goethe, Entwurf einer Farbenlehre, in: Goethes naturwissenschaftliche Schriften in vier Bänden, Kürschners Deutsche Nationalliteratur, Vol. 3, Weimar 1886, p. 85.

26 Bernard McGinn (Ed.), Meister Eckhart: Teacher and Preacher, Vol. I, Paulist press, 1986, p. 270.

27 Hofmann, Lob des Schauens, cf. note 7.

physikalisch-chemischer Laie und professioneller Musiker frage ich den Freund behutsam und eher rhetorisch, ob es sich strenggenommen überhaupt lohnt, für eine Welt zu musizieren, in der Töne und Klänge, da von Physik und Chemie nicht zu erfassen, nicht als objektiv existent betrachtet werden, sondern gleichsam erst als mehr oder weniger individuelles Phantasieprodukt in meinem Gehirn und dem meiner Zuhörer entstehen. Könnte man sich nicht genauso gut denken, dass die *Qualitäten,* also die Töne und Farben, die Eleganz einer Bewegung und das Entwaffnende eines Lächelns, das Saure und das Süsse und der Duft einer Herbstblume, gleichsam «fertig aus der Quelle» hervorgehen? Warum sollte man nicht zum Beispiel die Wahrnehmung von äusserem (mess- und regulierbarem) Licht und innerem («spirituellem») Licht legitim als Wahrnehmung zweier verschiedener «Aggregatzustände» des *einen* Phänomens Licht betrachten – als dasselbe konkrete Faktum gleichsam aus zwei verschiedenen Blickwinkeln? Immerhin sprach der passionierte Naturforscher Goethe in seinem Kampf gegen Newtons mechanistische Weltanschauung beherzt von «Taten und Leiden des Lichts», erlebte dort die «sinnlich-sittliche» Wirkung und das «Glück» der Farben, wo ein Newton mathematisierend von «Brechungsindex» sprach, das heisst die Farben nach mechanisch bestimmbaren Gesetzen aus weissem Licht heraussplittern liess. Goethe, der bekanntlich das Auge als «sonnenhaft» bezeichnete und das Ohr als ein «von den Geistern des Klanges geschnitztes Behältniss», ging in seinem *eigenen* «Lob des Schauens», nämlich in der *Farbenlehre,* davon aus, dass das Phänomen Auge und das Phänomen Licht im Grunde miteinander identisch seien, so dass im Akt des Sehens Gleiches von Gleichem erkannt werde: «Jene unmittelbare Verwandtschaft des Lichtes und des Auges wird niemand leugnen, aber sich beide zugleich als eins und dasselbe zu denken, hat mehr Schwierigkeit.»[25] Halten wir noch die Aussage des Mystikers Meister Eckhart dagegen: «Sehe ich blaue oder weisse Farbe, so ist die Sehkraft meines Auges, welches die Farbe sieht – dasselbe also, was sieht – dasselbe, was gesehen wird mit dem Auge. Das Auge, in welchem ich Gott sehe, ist dasselbe Auge, in welchem mich Gott sieht; mein Auge und Gottes Auge, das ist *ein* Auge und *eine* Sehkraft und *ein* Erkennen und *ein* Leben.»[26]

Hofmann immerhin beschreibt in der heute so seltenen Personalunion von nüchtern wertfreiem Chemiker *hier* und erklärtem Mystiker *dort,* wie unter der Einstrahlung «des immateriellen Energiestroms des Lichts alles Lebendige, von der Amöbe bis zu den Denkprozessen des Gehirns letztlich nur eine energetische Umwandlungsstufe von Licht darstellt. […] wir sind Lichtwesen, das

25 Johann Wolfgang von Goethe, Entwurf einer Farbenlehre, in: Goethes naturwissenschaftliche Schriften in vier Bänden, Kürschners Deutsche Nationalliteratur, Bd. 3, Weimar 1886, S. 85.
26 Meister Eckhart, Vom mystischen Leben. Eine Auswahl aus seinen deutschen Predigten, Basel: Verlag Benno Schwabe, 1951, S. 47.

is a ball of burning gases inimical to life, Hofmann defines the sun *both* as "the loving creative spirit's eye of light" *and* as a "nuclear power plant" where energy "is produced through nuclear fusion, with matter being transformed into radiant energy".[28] Perhaps Hofmann would be pleased to hear that a fellow chemist, Michael Werner of Arlesheim, who manages a pharmaceutical firm, has his own way of disproving sacred materialist dogma, namely by living on a "diet" of light, having demonstrably abstained from solids and most fluids for a number of years.[29]

Despite his belief in the oneness of life, Hofmann also sees no way of answering a question that is frequently suppressed (or artfully rephrased) in the natural sciences – how precisely the sudden change from object to value occurs, from chemical/electrophysiological signals to psychological qualities and sensations: "Here a major gap exists in human knowledge." Another point which is ultimately not addressed is the fascinating and perhaps crucially important question of whether Hofmann's old-new conception of the universe as a single creative consciousness that achieves self-awareness in man, "the most highly developed part of creation", could give rise to more qualitative and intrinsic approaches to scientific research in the future.[30]

In his experiments with psychoactive drugs, Hofmann discovered for himself that the "boundary between ego and external world erected by the mind" in everyday life is scarcely more than a kind of effective firewall against too direct contact with the scorching rays of the spiritual – what his friend Huxley called a "reducing valve". In the normal course of life, "limited powers of perception and a restricted awareness are evidently necessary" "if we are to be able to perform our daily duties".[31] Thus, from his "psychedelic" perspective, Western dualism is little more than a useful "construct of our intellect"[32]: in reality, transmitter and receiver, outside and inside, subject and object, mind and matter are functionally intertwined and, as "manifestations of the single creative spirit", are organs of a transcendent whole. For Hofmann as a scientist, the rigid subject/object distinction that is required for the systematically reproducible experiment is thus merely a useful fiction, presumably a necessity in the historical development of consciousness. According to Hofmann, the fact that this somewhat arbitrary dividing line between the internal and the external is precisely *not* an impermeable Chinese wall but rather a useful "pretence" (of proven value to science) can be apprehended as it were on a sound empirical basis in a self-experiment, namely through a visionary or psyche-

---

28   Hofmann, Lob des Schauens, cf. note 7, and id., Geborgenheit, cf. note 1, quotation p. 82.
29   Michael Werner/Thomas Stöckli, Leben durch Lichtnahrung, Aarau: AT-Verlag, 2005.
30   Hofmann, Sender-Empfänger Modell, cf. note 3, quotations pp. 31, 46f.
31   Hofmann, Sender-Empfänger Modell, cf. note 3, quotations pp. 52, 54.
32   Hofmann, Sender-Empfänger Modell, cf. note 3, quotation p. 50.

ist nicht nur eine mystische Erfahrung, auf die das Wort Erleuchtung und die Bedeutung des Lichts in vielen Religionen hinweist, sondern auch eine konkrete naturwissenschaftliche Erkenntnis.»[27] Wenn für den antiken Ägypter die Sonne der Thronsitz des grossen Gottes ist, für den modernen Wissenschaftler ein lebensfeindlicher Gasball, dann definiert Hofmann die Sonne *gleichzeitig* als «Lichtauge des liebenden Schöpfergeistes» *und* als «Atomkraftwerk», dessen Kernenergie «durch Kernfusion bei der Umwandlung von Materie in Strahlungsenergie entsteht».[28] Vielleicht freut es Hofmann, wenn er hört, dass ein Berufskollege von ihm, der promovierte Chemiker und pharmazeutische Betriebsleiter Michael Werner aus Arlesheim, das einbetonierte Dogma des Materialismus auf seine Weise widerlegt, indem er sich seit geraumer Zeit nur noch von Licht «ernährt», das heisst nachgewiesenermassen seit mehreren Jahren keine feste und flüssige Nahrung mehr zu sich nimmt.[29]

Trotz seines Bekenntnisses zur Einheit des Lebendigen sieht auch Hofmann keine Möglichkeit, die in den Naturwissenschaften oft verdrängte (oder auch listig umformulierte) Frage, wie der plötzliche Umschlag vom Ding zum Wert, also von chemisch-elektrophysiologischen Impulsen zu seelischen Qualitäten und Empfindungen genau vor sich geht, zu beantworten: «Hier klafft eine grosse Lücke menschlicher Erkenntnis.» Auch die spannende und vielleicht zukunftsentscheidend wichtige Frage, ob sich aus Hofmanns alt-neuem Bild vom Universum als einem einzigen schöpferischen Bewusstsein, das sich im Menschen als «höchstentwickeltem Teil der Schöpfung» seiner selbst bewusst wird, Ansätze zu einer mehr qualitativen und wesenhaften Naturforschung der Zukunft vorstellen lassen, bleibt letztlich unberücksichtigt.[30]

Hofmann hat in seinen Versuchen mit psychoaktiven Drogen selbst erlebt, dass die im profanen Alltag «von unserem Intellekt errichtete Grenze zwischen Ego und Aussenwelt» kaum mehr ist als ein wirksamer Feuerschutz (oder Verhütungsmittel) gegen einen zu direkten Kontakt mit den versengenden Strahlen des Geistigen – sein Freund Huxley nennt es das «Reduzierventil». Im normalen Lebensablauf sind «offenbar eine begrenzte Wahrnehmungsfähigkeit und ein eingeengtes Bewusstsein nötig», «um unsere täglichen Pflichten erfüllen zu können».[31] So ist aus seiner «psychedelischen» Sicht der abendländische Dualismus eine nützliche «Konstruktion unseres Intellekts»:[32] Sender und Empfänger, aussen und innen, Ich und Es, Geist und Materie bilden in Wirklichkeit ein Funktionsverhältnis, sind als «Manifestationen des

---

27 Hofmann, Lob des Schauens, wie Anm. 7.
28 Hofmann, Lob des Schauens, wie Anm. 7, und Hofmann, Geborgenheit, wie Anm. 1, Zitat S. 82.
29 Michael Werner/Thomas Stöckli, Leben durch Lichtnahrung, Aarau: AT-Verlag, 2005.
30 Hofmann, Sender-Empfänger Modell, wie Anm. 3, Zitate S. 31, 46f.
31 Hofmann, Sender-Empfänger Modell, wie Anm. 3, Zitate S. 52, 54.
32 Hofmann, Sender-Empfänger Modell, wie Anm. 3, Zitat S. 50.

delic experience of wholeness, or in deep meditation: "In the mystical state – when the receiver is attuned to the full spectrum of perception – we become simultaneously aware of an infinitely expanded external and internal universe."[33] "The emotional experience of the dissolution of subject/object dualism leads into the spiritual state that is described as cosmic consciousness or, in Christian tradition, *unio mystica*."[34] Hofmann maintains that this experience of oneness makes it possible to "become aware of a transpersonal reality, encompassing transmitter and receiver, subject and object, creator and creation, which can fill us with confidence, with love, with strength and peace".[35]

This state of expanded consciousness need not be conceived of *a priori* as an ecstatic wholesale merging of outer and inner space, with mind and matter entering into a chaotic unholy alliance. On the contrary, many people who describe similar experiences (e.g., Ken Wilber, Sri Aurobindo and Daisetz Suzuki among many others) testify that it may indeed also be a moment of the greatest clarity, transparency and peace, a "crystalline state" (George Leonard) of heightened awareness and thought-free insight into the nature of things, transcending all antitheses. On one occasion, Hofmann himself told me with a smile how, during an LSD session, he had suddenly discovered the essence of his ego at a precise point on the wall …

Without, I hope, misinterpreting my friend's views, I wish to conclude by briefly summarizing Hofmann's main contention in the texts accessible to myself – as it were his psychedelic *universalia in rebus:* In the visionary experience of oneness brought about by psychoactive drugs, meditation, spiritual exercises or simply grace, it is possible to apprehend directly the intrinsic interconnectedness of everything that exists, not merely as a religious sensation but as a kind of confirmation of today's various systems-theories. In such states, the whole of creation is seen, beyond space and time, as an organic system of completely inseparable energy structures, interacting in a constant communicative flow, into which the observer himself is integrated as a participant, and whose "parts" can only be defined in terms of their relationship to the whole. Thus, in these moments of vision, the participant senses or at least has an inkling of the fact that our manifest reality is produced and organized by spiritual/creative principles underlying and inhering in things. This kind of "snapshot" of the universe, portraying our existence – in contrast to scientific materialism – not as more or less devoid of meaning and value but as purposeful and creative, can in principle provide people with the sense of direction and security that they require to deal with the challenges of everyday life.

33   Hofmann, Sender-Empfänger Modell, cf. note 3, quotation p. 52.
34   Hofmann, Sender-Empfänger Modell, cf. note 3, quotation p. 51.
35   Hofmann, Sender-Empfänger Modell, cf. note 3, quotation p. 55.

einen Schöpfergeistes» Organe eines Ganzen, das diese übersteigt. Damit ist die für das systematisch reproduzierbare Experiment notwendige strikte Subjekt/Objekt-Trennung auch für den Naturwissenschaftler Hofmann nur eine hilfreiche, bewusstseinsgeschichtlich vermutlich notwendige Fiktion. Dass es sich bei dieser cher willkürlichen Grenzlinie zwischen innen und aussen eben *nicht* um eine undurchlässige Chinesische Mauer handelt, sondern um ein nützliches und wissenschaftlich bewährtes «So tun als ob», das lässt sich, gemäss Hofmann, gleichsam empirisch gesichert im Selbstexperiment, nämlich durch das visionäre bzw. psychedelische Ganzheitserlebnis oder auch in der tiefen Meditation, erleben: «Im mystischen Gemütszustand – wenn der Empfänger auf volle Wahrnehmungsbreite eingestellt ist – werden wir uns, simultan, eines unendlich erweiterten äusseren und inneren Universums bewusst.»[33] «Die gefühlsmässige Erfahrung der Aufhebung des Subjekt/Objekt-Dualismus leitet über in eine Geistesverfassung, die man kosmisches Bewusstsein oder, in der christlichen Überlieferung, *Unio Mystica* bezeichnet.»[34] Dieses Einheitserlebnis bietet nach Hofmann die konkrete Möglichkeit, der «transpersonalen, Sender und Empfänger, Subjekt und Objekt, Schöpfer und Schöpfung allumfassenden Wirklichkeit gewahr zu werden, was uns mit Vertrauen, mit Liebe, mit Kraft und Ruhe erfüllen kann».[35]

Nun wird man sich diesen Zustand erweiterten Bewusstseins nicht *a priori* als unterschiedslose ekstatische Verschmelzung von Aussen- und Innenraum vorzustellen haben, in dem Materie und Geist eine chaotisch-unbürgerliche Hochzeit eingehen. Viele Menschen, die ähnliche Erfahrungen beschreiben (Ken Wilber, Sri Aurobindo, Daisetz Suzuki und viele andere mehr), bezeugen im Gegenteil, dass es sich durchaus *auch* um einen Moment von höchster Klarheit, Durchsichtigkeit und Ruhe handeln kann, einen «kristallinen» (George Leonard) Zustand der Überbewusstheit und Gedanken-losen Einsicht in die Natur der Dinge, die jenseits aller Gegensätze verläuft. Hofmann selber erzählte mir übrigens im Gespräch einmal schmunzelnd, wie er während einer LSD-Sitzung die Essenz seines Ichs plötzlich an einem präzisen Punkt der Zimmerwand entdeckt habe …

Ich hoffe, den Freund einigermassen zutreffend zu interpretieren, wenn ich abschliessend die wichtigste Aussage der mir zugänglichen Hofmann-Texte – seine psychedelischen *universalia in rebus* gleichsam – skizzierend zusammenfasse: Im durch psychoaktive Drogen, Meditation, spirituelle Übung oder schlicht durch Gnade bewirkten visionären Einheitserlebnis ist es möglich, unmittelbar die wesenhafte Verbundenheit alles Existierenden zu erfahren, nicht allein als religiöse Empfindung, sondern gleichsam als system-

---

33 Hofmann, Sender-Empfänger Modell, wie Anm. 3, Zitat S. 52.
34 Hofmann, Sender-Empfänger Modell, wie Anm. 3, Zitat S. 51.
35 Hofmann, Sender-Empfänger Modell, wie Anm. 3, Zitat S. 55.

Logically, this thesis, which although readily comprehensible to many people is presumably considered rash from a modern scientistic perspective, can only be objectively evaluated by those who have themselves already had experiences of this kind: the higher cannot be explained or refuted by the lower, any more than the existence of colors can be demonstrated to the congenitally blind. Nonetheless, similar experiences have been reported by countless people of all eras and cultures. Naturally, such accounts cannot be simply accepted (merely because they may be found agreeable), without carefully examining levels of meaning and exploring fundamental epistemological questions and interdisciplinary considerations. However, those who shy away from such reports altogether or who dismiss them from the outset as psychedelic tall tales can only, in my view, be compared to the drunkard who loses his keys as he staggers home and is only prepared to look for them in the light cast by a single street lamp – "because that's where it's bright"! In fact, a good many serious scientists can be found today who consider the experience of "supreme identity" described above to be a genuine and legitimate scientific insight, revealing something of great importance about ourselves and the nature of the universe.

I fondly imagine, as ever, that at least the initiates of such visionary experiences, on returning to the laboratory, will be somewhat less inclined to genetically engineer plants and other organisms, to take part in animal experimentation, or to unleash energies with even the slightest potential to disturb the precarious equilibrium of the biosphere. After all, they have "seen" a convincing demonstration of the fact that, ultimately, the subjects of their engineering and experiments are none other than … they themselves! In my own adventurous youthful years, I often wondered how worldviews might be affected in the long term if, at their annual Christmas dinner, selected researchers at a physics institute, a group of senior politicians, or the Board of a chemical multinational were given a beginners' dose of LSD (i.e., about a millionth of a gram) instead of being plied with the finest cognac …

Arguably, our "knowledge through detachment" methodology – which is, we are told, already crumbling in quantum mechanics and modern research in nuclear physics – is only one in a series of steps in the evolution of human consciousness. Perhaps the elimination of individual perception in favor of ever-more sophisticated measuring instruments, the principle of intersubjectivity and the "inquisition" of nature through a barrage of reproducible experiments (something that the Ancient Greeks considered unworthy) is indeed destined at some point in the future to be superseded or complemented by more comprehensive means of inquiry. Perhaps our rationalist worldview will actually at some point be declared a naive "outsider method", as was proposed by the shrewd cultural historian Egon Friedell as long ago as 1927. For him at least, the "brief interlude of the ascendancy of reason in the context of world his-

theoretische Tatsache. Das Schöpfungsganze wird in solchen Zuständen gleichsam raum- und zeitlos als organisches System völlig untrennbarer, gegenseitig wechselwirkender, das heisst in ständigem Kommunikationsfluss befindlicher Energiestrukturen gesehen, in die der Beobachter selbst als Teilnehmer und «Mitarbeiter» eingewoben ist und deren «Teile» allein durch ihre Beziehung zum Ganzen definiert werden können. Darüber hinaus hat der Partizipierende im Moment der Schau anscheinend eine Empfindung oder doch zumindest eine deutliche Ahnung davon, dass unsere augenfällige Realität von geistig-schöpferischen, hinter und *in* den Dingen wirkenden Prinzipien bewirkt und organisiert ist. Eine solche «Momentaufnahme» des Universums, die unser Dasein nicht wie der wissenschaftliche Materialismus als mehr oder weniger sinn- und wertentleert abbildet, sondern im Gegenteil als absichtsvoll, kreativ und zielgerichtet, kann dem Menschen im Prinzip die nötige Orientierung, die Sicherheit und Geborgenheit vermitteln, die er zur Bewältigung des Alltags braucht.

Eine sachliche Beurteilung dieser für viele Menschen heute problemlos nachvollziehbaren, in den Augen moderner Szientisten aber vermutlich tollkühnen These ist logischerweise nur dem möglich, der solche Erfahrungen bereits selber gemacht hat: Das Höhere kann so wenig vom Niederen erklärt oder widerlegt werden, wie sich einem Blindgeborenen die Existenz von Farben beweisen lässt. Gleichwohl haben unzählige Menschen aller Zeiten und Kulturkreise von ähnlichen Erlebnissen berichtet. Natürlich können solche Informationen nicht ohne gewissenhafte Klärung von Aussage- und Bedeutungsebenen, nicht ohne grundlegende erkenntnistheoretische Fragestellungen und interdisziplinäre Überlegungen «einfach so» hingenommen werden, nur weil man sie vielleicht sympathisch findet. Wenn man sich aber aus Berührungsangst weigert, solche Berichte überhaupt zur Kenntnis zu nehmen oder von vornherein als psychedelisches Seemannsgarn ablehnt, dann verhält man sich meinem Empfinden nach kaum anders als der selig betrunken nach Hause torkelnde Zeitgenosse, der seinen auf dem Heimweg verlorenen Schlüsselbund einzig im Lichtkegel einer Strassenlaterne suchte, «weil es dort hell ist»! Es gibt aber immerhin heute genügend seriöse Wissenschaftler, die das oben beschriebene Erlebnis «höchster Identität» auch aus naturwissenschaftlicher Sicht als echte und legitime Erkenntnis betrachten, die etwas überaus Wichtiges über uns und die Natur des Universums auszusagen vermag.

Wie immer, ich stelle mir naiv vor, dass zumindest die Adepten oben beschriebener Schau-Erlebnisse nach ihrer Rückkehr ins Labor etwas zurückhaltender damit sein werden, Pflanzen und andere Lebewesen gentechnisch zu manipulieren, sich an wissenschaftlichen Tierversuchen zu beteiligen, Energien zu entfesseln, die auch nur den geringsten Verdacht erregen, das labile Gleichgewicht der Biosphäre zu beeinträchtigen, haben sie doch mit selbsterlebter Gewissheit «gesehen», dass sie ihre Manipulationen, Versuche, Expe-

tory" is no more than "a passing fad, interesting quirk and cultural-historical curiosity". He even goes so far as to claim that our scientific modern age will probably be seen by posterity as "the era of the darkest, most fruitless and narrow-minded superstition in recorded history".[36]

While this view may be highly contentious, it is at least conceivable that at some point new and exact means of observing and controlling nature will indeed emerge, inspired in the broadest sense by the forces of consciousness and the holistic principles suggested by Jean Gebser, Ken Wilber, Sri Aurobindo and also Hofmann. For the medieval period, it was self-evident that in all respects the macrocosm is intrinsically reflected in the microcosm of Earth and man. Thus, the alchemist, whose methods scarcely distinguished between material and spiritual phenomena, did not take a detached approach to matter but penetrated it, as it were, and recognized its qualitative properties inside himself – his quest for the synthesis of gold also represented a search for a personal synthesis. In contrast, the modern chemist, employing the methodology of the clear-cut subject/object distinction, seeks as it were to extract the world's material "essence", the structurally and quantitatively determinable distillate, from the organic whole. In future, according to Hofmann, a further step in the evolution of consciousness will be required, namely a mode of observation that is also qualitative, encompassing both "surface and depth stereoscopically"; arising from an individual consciousness gained through 500 years of scientific insight, it will be "rooted and embedded in the shared creative basis of all life".[37] For Hofmann, this evolutionary step – which is presumably to be conceived of, if not as an epistemological method transcending the subject/object dichotomy, then as an appropriate mixture of a "contemplative" and a "productive" approach – entails that "scientific research and the forces that have hitherto destroyed nature, technology and industry, are to be employed in order to restore our Earth to its former state – an earthly Garden of Eden".[38]

Given the current state of the world, those of a pessimistic disposition may doubt that such restoration work can be carried out by a poacher turned gamekeeper; others will only be able to conceive of such a regeneration process in terms of a radical course of withdrawal and detoxification treatment. Once again, for the future, I believe that it would be extremely important to establish precisely which elements of scientific tradition could be retained in the long term, what additional elements may be required and where there is a need for other, precisely defined methods of "deeper penetrative insight". To advocate a radical transformation of the scientific consciousness while at the same

36 Egon Friedell, Kulturgeschichte der Neuzeit, Munich: Verlag C. H. Beck, 1969, p. 239.
37 Hofmann, Geborgenheit, cf. note 1, quotations pp. 86, 88.
38 Hofmann, Geborgenheit, cf. note 1, quotation pp. 88f.

rimente letztlich an niemand anders vollziehen als – an sich selbst! Ich persönlich habe mir in meinen Flegeljahren öfter ausgemalt, welche weltanschaulichen «Spätfolgen» sich ergeben könnten, wenn man ausgesuchten Mitarbeitern eines physikalischen Instituts, einem Kreis von Spitzenpolitikern, dem Aufsichtsrat eines Chemiekonzerns beim alljährlichen Weihnachtsessen statt Unmengen erlesenen Cognacs einmal eine gute Dosis LSD für Anfänger (etwa ein Millionstel Gramm) offerieren würde ...

Manches spricht dafür, dass unser methodisches Werkzeug der «Erkenntnis durch Distanzierung», welches dem Vernehmen nach in der Quantenmechanik bzw. der modernen Atomforschung bereits gründlich aufgeweicht ist, nur *eine* unter mehreren Entfaltungsstufen menschlichen Bewusstseins ist. Vielleicht ist die Ausschaltung der Eigenwahrnehmung zugunsten immer raffinierterer Messinstrumente, das Prinzip der Intersubjektivität, die «peinliche Befragung» der Natur durch das Streufeuer systematisch reproduzierbarer Experimente (das noch bei den Griechen als unwürdig galt), tatsächlich dazu bestimmt, irgendwann einmal durch umfassendere Möglichkeiten der Erkenntnis abgelöst oder doch ergänzt zu werden. Vielleicht wird unsere rationalistische Weltsicht ja tatsächlich irgendwann einmal zur naiven «Aussenseitermethode» erklärt werden, wie es der geistreiche Kulturphilosoph Egon Friedell bereits 1927 vorschlägt. *Ihm* zumindest bedeutet das «kurze Intermezzo der Verstandesherrschaft im Rahmen der Weltgeschichte» nicht mehr als «eine flüchtige Mode, interessante Schrulle und kulturhistorische Kuriosität», ja, er behauptet sogar, dass der Mensch der Zukunft unsere wissenschaftliche Neuzeit vermutlich als «die Ära des finstersten, unfruchtbarsten und borniertesten Aberglaubens der bisherigen Geschichte sehen wird».[36]

Auch wenn sich über diese These temperamentvoll streiten lässt, so kann man sich immerhin vorstellen, dass sich irgendwann tatsächlich neue und exakte Möglichkeiten der Naturanschauung und -beherrschung ergeben werden, die im weitesten Sinne an die von Jean Gebser, Ken Wilber, Sri Aurobindo und auch Hofmann angedeuteten Bewusstseinskräfte und Ganzheitsprinzipien anknüpfen. Für das Mittelalter war es völlig selbstverständlich, dass sich der Makrokosmos in allen Belangen im Mikrokosmos von Erde und Mensch wesenhaft widerspiegelt. So trat der Alchemist, dessen Arbeitsweise kaum eine Unterscheidung zwischen materiellen und seelischen Phänomenen machte, der Materie nicht distanziert *entgegen,* sondern drang gleichsam in sie ein, fand ihre qualitativen Eigenschaften bei sich selber wieder – seine Suche nach der Synthese von Gold bedeutete gleichzeitig die Suche nach der eigenen Synthese. Der moderne Chemiker dagegen versucht mit dem methodischen Instrument strikter Subjekt/Objekt-Trennung gleichsam die materielle «Essenz», das strukturell und quantitativ bestimmbare Trockendestillat der Welt aus deren

---

36 Egon Friedell, Kulturgeschichte der Neuzeit, München: Verlag C. H. Beck, 1969, S. 239.

time seeking to preserve more or less unchanged classical reductionism, the exclusively quantitative experiment, the old statistical methods and the established rituals of the scientific community would appear to me to be essentially as "reformist" as an effort to build a "green" nuclear power plant or to develop a pacifist machine-gun.

Realistically, I for my part can only envisage scientific "restitution" (an intuitively attractive notion) as being possible if our classical principle of empirical, domineering control over nature increasingly gives way to a practical and disciplined attempt to discover what nature actually expects of *us*. To me as a layman, possibilities would seem to arise wherever we can learn to consider the old dichotomies of mind and matter, action and perception, sensation and neural function, etc. simply as two equal aspects of a single process; wherever the whole is automatically considered to be more than the sum of the parts; wherever there is no question of living systems being reduced to lifeless individual constituents of inorganic matter; wherever the existence of higher (or even lower) spiritual entities is at least held to be conceivable. I can imagine some careful replanting of the former Eden occurring wherever the exploration of processes, relationships and forms is considered a nobler research goal than the reduction of matter to still smaller units; wherever measurement and value shade into each other or are at least in constant communication; wherever our knowledge of the world can be legitimately both analytical and symbolic; wherever the "exact" logic of the heart is no less important than the logic of weights and measurements. To put it briefly and amateurishly: wherever nature, in all its parts, is regarded not as dead but as living and having a soul – as a meaningfully structured whole, not only functioning in accordance with precise mechanical principles but also subject to the *supra*-chemical teleological laws of life, and not least to those that are artistic, esthetic and "self-expressive" (Adolf Portmann) in a "non-functional" manner. Hofmann himself observes that "in its perfection and beauty, the calyx of the heavenly blue morning glory flower surpasses everything created by the hand of man a thousandfold".[39] Nature is evidently a consummate artist and proceeds accordingly in all its designs – for every snowflake, dragonfly wing, or tiny snail shell – always drawing on the living whole and transforming archetypal, wonderfully proportioned structures and forms. It should therefore actually be regarded as unscientific and inexpedient not to approach nature likewise using the appropriate means of gaining insight, i.e., the *artistic* methods of contemplation (free of preconceptions) and sympathetic bringing-to-life; any other approach would be as impractical as sending a parcel of water by post or trying to measure wind speed using pharmaceutical scales. As Goethe so

39   Albert Hofmann, Vorwort, in: Christian Rätsch, Enzyklopädie der psychoaktiven Pflanzen, Aarau: AT-Verlag, 1999, p. 12.

ganzheitlich organischem Zusammenhang herauszufiltern. In *Zukunft* geht es laut Hofmann um einen weiteren Bewusstseinsschritt, nämlich ein *auch* qualitatives, gleichsam «stereoskopisches Betrachten der Oberfläche und Tiefe», das sich – dank 500 Jahren wissenschaftlicher Erkenntnis – aus einem freiheitlich-individuellen Bewusstsein heraus neu im «gemeinsamen schöpferischen Urgrund alles Lebendigen verwurzelt und geborgen» sieht.[37] Dieser evolutionäre Schritt, den man sich bei Hofmann, wenn nicht als Erkenntnismethodik jenseits der Subjekt/Objekt-Spaltung, dann doch als glückliche Balance aus «anschauender» und «hervorbringender» Urteilskraft, als eine Art «ergriffenen Ergreifens» vorzustellen hat, bedeutet für ihn in der Konsequenz, «dass die naturwissenschaftliche Forschung und die bisherigen Zerstörer der Natur, Technik und Industrie, eingesetzt werden, um unsere Erde wieder in das zurückzuverwandeln, was sie einst war – in einen irdischen Paradiesgarten».[38]

Mancher pessimistische Zeitgenosse wird angesichts des Zustands der Welt eine solche gärtnerische Restaurierungsarbeit eher als Austreiben des Teufels mit Beelzebub bezeichnen, andere werden sich diesen Regenerationsprozess nur als radikale Entzugs- und Entgiftungskur vorstellen können. Wie immer, ausserordentlich wichtig wäre es meines Erachtens für die Zukunft, konkret herauszufinden, *welche* der überkommenen naturwissenschaftlichen Traditionen auf Dauer «mitgenommen» werden könnten, um *welche* Elemente sie gegebenenfalls erweitert werden müssten und wo andere, genau definierte Methoden «vertieften, erkennenden Eindringens» notwendig wären. Sich einerseits für einen tief greifenden wissenschaftlichen Bewusstseinswandel einzusetzen, andererseits aber dann doch den klassischen Reduktionismus, das nur quantitative Experiment, die statistischen Methoden, die etablierten Rituale der «Scientific Community» mehr oder weniger unverändert beibehalten zu wollen, würde mir im Grunde genommen ähnlich «reformerisch» vorkommen wie der Versuch, ein ökologisches AKW zu bauen oder ein pazifistisches Maschinengewehr zu entwickeln.

Ich selber kann mir den schönen und einleuchtenden Gedanken wissenschaftlicher «Wiedergutmachung» letztlich nur dort realistisch vorstellen, wo wir unser klassisches Prinzip empirischer, widerstandsbrechender Kontrolle über die Natur immer mehr in die konkrete und methodisch disziplinierte Suche danach verwandeln, was die Natur eigentlich von *uns* will. Ich sehe als Laie *dort* Möglichkeiten, wo wir die alte Dichotomie Geist und Materie, Bewegung und Wahrnehmung, Gefühl und Nervenfunktion einfach als zwei ebenbürtige Aspekte des *einen* Prozesses anzusehen lernen, wo Ganzheiten selbstverständlich als mehr denn die Summe von Teilen betrachtet werden, wo es sich verbietet, lebende Systeme auf leblose Einzelkomponenten anorganischer

37 Hofmann, Geborgenheit, wie Anm. 1, Zitate S. 86, 88.
38 Hofmann, Geborgenheit, wie Anm. 1, Zitat S. 88f.

aptly put it, "And if we seek to observe nature passably, we must ourselves be agile and malleable, following nature's own example."[40]

Understandably, Albert Hofmann does not feel called upon to map out the future of a process of development that actually began about a hundred years ago, namely the gradual shift in the focus of scientific thought from objects to processes, from opposition to cooperation, from individual items to contexts, from mechanism to energetics. In all his writings, his prime concern is to see humanity and the world once again in their inextricability, as a single continuum in a highly vulnerable state of dynamic equilibrium; to remind us that, even in the scientific consideration of nature, we should not commit ourselves *a priori* to the abstract position of a neutral observer; and that – rather than having to disturb and destroy in order to understand – we may regard ourselves as partners in natural processes, both actively observing and engrossed by phenomena, with a sympathetic and neighborly interest. Thus, Hofmann once again points out – citing well-known facts that "can be found in any elementary biology textbook but are now scarcely given due consideration precisely because of their familiarity"[41] – that the world, with its cycles of energy/metabolism in living things, is first and foremost a world in the making, constantly being created anew by each individual: "Reality is not a sharply defined state but the result of continuous processes [...] thus, true reality exists only in the here and now, the moment." [42]

Both opponents and supporters of LSD have emphasized that the drug was actually discovered as the by-product of a search for an effective new circulatory stimulant. In a lecture, Hofmann himself once remarked that he had "partly chanced upon" his world-changing substance, and that this discovery had later, as a logical consequence, "brought me the mushrooms [i.e., the substance psilocybin]". Quite apart from the fact that the discovery of America was also essentially the accidental by-product of an attempt to find a sea passage to the Orient, if one examines Hofmann's biography, it appears to be shaped by relatively little chance and a great deal of necessity. There seems to be an element of design that one is tempted to call "fate". Hofmann himself at least is fascinated by the way in which, at precisely the "right" moment, the materialistic euphoria and spiritual torpor of the 1950s and 1960s were jolted by the "chance" discovery of LSD and the associated psychedelic research: "The time at which something happens in this world is determined by the conditions that call for this event [...] the spiritual and material crisis of our era."[43]

---

40 Johann Wolfgang von Goethe, Die Metamorphose der Pflanzen, in: Goethes naturwissenschaftliche Schriften, Vol. 2, Weimar 1886.
41 Hofmann, Geborgenheit, cf. note 1, quotation p. 83.
42 Hofmann, Sender-Empfänger Modell, cf. note 3, quotation p. 36.
43 Hofmann, Vorwort, cf. note 39, p. 12.

Materie zu reduzieren, wo wir die Existenz höherer (oder auch niedriger) geistiger Wesenheiten zumindest für eine Denkmöglichkeit halten. Ich kann mir *dort* eine behutsame Neubegründung des alten Paradiesgartens vorstellen, wo Prozesshaftigkeit, Beziehung und Gestaltstrebigkeit noblere Forschungsziele sind als die Reduktion der Materie auf immer *noch* kleinere Einheiten, wo Mass und Wert ineinander übergehen oder zumindest ständig miteinander kommunizieren, wo unser Wissen von der Welt gleichberechtigt analytisch *und* bildhaft ist, wo die «exakte» Logik des Herzens nicht weniger wichtig ist als die Logik des Wägens und Messens. Kurz und dilettantisch ausgedrückt: Wo die Natur in allen Teilen nicht als *tot,* sondern als lebendig und beseelt betrachtet wird – als sinnvoll gegliederte Ganzheit, die durchaus nach exakten mechanischen Prinzipien funktioniert, darüber hinaus aber nach den auch *über*-chemischen teleologischen Gesetzmässigkeiten des Lebendigen, last but not least denen des «nutzlos» Künstlerischen, Ästhetischen und des «Selbstdarstellenden» (Adolf Portmann). Hofmann selber stellt fest, dass «der Kelch der blauen Windenblüte [...] an Vollkommenheit und Schönheit alles von Menschenhand erzeugte tausendmal übertrifft».[39] Wenn denn die Natur offensichtlich eine vollendete Künstlerin ist und in all ihren Gestaltungen, jeder Schneeflocke, jedem Libellenflügel, jedem winzigen Schneckenhäuschen, konkret künstlerisch vorgeht, nämlich immer aus dem lebendigen Ganzen und der Verwandlung urbildlicher, oft wunderbar proportionierter Gestaltungen und Formen heraus, dann müsste man es eigentlich als unwissenschaftlich und unzweckmässig betrachten, ihr nicht *auch* mit den adäquaten Erkenntnismethoden, nämlich mit den *künstlerischen* des vorurteilslosen Schauens, ergriffen teilnehmenden und innerlichen Verlebendigens zu begegnen – so unpraktisch es etwa wäre, Wasser in einem Postpaket zu verschicken oder die Geschwindigkeit des Windes auf einer pharmazeutischen Waage messen zu wollen. Goethe fasst es in die Worte: «Und wir haben uns, wenn wir einigermassen zum Anschauen der Natur gelangen wollen, selbst so beweglich und bildsam zu verhalten, nach dem Beispiele, mit dem sie uns vorgeht.»[40]

Albert Hofmann betrachtet es verständlicherweise nicht als seine Aufgabe, konkrete Zukunftsperspektiven zu entwickeln für einen Entwicklungsprozess, der eigentlich schon vor hundert Jahren angefangen hat, nämlich den des allmählichen wissenschaftlichen Umdenkens weg von Gegen-Ständen zu Prozessen, von Wider-Stand zu Kooperation, von Einzelobjekten zu Zusammenhängen, von Mechanismus zu Energetik. In all seinen Ausführungen geht es ihm vorerst darum, Mensch und Welt noch einmal in ihrer untrennbaren Verflochtenheit, gleichsam als ein einziges, in höchst verletzlichem Fliessgleich-

39 Albert Hofmann, Vorwort, in: Christian Rätsch, Enzyklopädie der psychoaktiven Pflanzen, Aarau: AT-Verlag, 1999, S. 12.
40 Johann Wolfgang von Goethe, Die Metamorphose der Pflanzen, in: Goethes naturwissenschaftliche Schriften, Bd. 2, Weimar 1886.

On several occasions, I have heard Hofmann musing that he had not discovered LSD – LSD had discovered him: "Yes, it came to *me,* I'm quite sure of that!" Nevertheless, as his autobiography indicates, he has throughout his life been distressed and deeply concerned about the fact that LSD – a substance that should be approached with respect and restraint, like the magical plants and sacred mushrooms of ancient cultures – degenerated over the years into a casually consumed recreational drug: on reaching puberty, the *Wunderkind* became (as is so often the case!) a problem child.

In the context of Hofmann's discoveries and worldview, not only his childhood experiences but also his meeting and subsequent lifelong friendship with the author Ernst Jünger seem to me to be anything but matters of chance. In many of his writings, Jünger – a not uncontroversial figure – combines an unparalleled beauty of diction with an almost scientific precision and objectivity of description. For the philosopher Martin Heidegger, Jünger was the "visionary par excellence", surpassing "all contemporary poets and thinkers in resoluteness of vision". Time and again, Jünger's "cold fire" has the capacity to shed a visionary light on his subject, verbally skewered in a subordinate clause or specific turn of phrase. The sudden opening-up of magical spaces through the mere (artistically sober) description of reality can be seen as symbolical of the way in which out-and-out "realism" can also open the doors to the wonderful in the world of scientific research: as Jünger put it, "Reality is just as magical as magic is real." Jünger's magical realism could even serve as a kind of metaphor for the fact that materialism, taken to its logical conclusion, perhaps cannot but dissolve, of its own accord, into a spiritual worldview.

Equally, Hofmann's important meeting and friendship with the painter Jürg Kreienbühl was doubtless not entirely a matter of chance. Even in the 1950s, when tachism and constructivism were still in vogue at the official galleries, the Basel-born artist (who for many years led a bohemian life in the bidonvilles of Paris) was a consistent exponent of realism in the style of the old masters. Nevertheless, some of Kreienbühl's paintings, often taking as their subject blighted industrial landscapes or slum dwellers, radiate a disconcerting and intriguing shimmer, not unlike some of the works of Holbein or Velázquez. There is an intimation of countless subtle and hidden worlds lurking behind the evenly lit everyday photorealism, eagerly waiting to be noticed and to tell their tale.

I do not find it surprising that, like the passionate entomologist and butterfly-hunter Jünger, Albert Hofmann professes a great love for what he calls the "jewels of nature": "They seem to come from a different world, a lighter, more colorful, zestful and spiritual world free of gravity."[44] Taking the example of butterflies, Hofmann seeks to demonstrate how man is inseparably inte-

44   Hofmann, Lob des Schauens, cf. note 7.

gewicht befindliches Kontinuum zu betrachten, uns erneut daran zu erinnern, dass wir uns auch in der wissenschaftlichen Naturbetrachtung nicht *a priori* auf eine neutrale und abstrakte Beobachterposition zu versteifen haben, dass wir nicht stören und zerstören müssen, um zu *verstehen,* sondern uns als gleichzeitig aktiv beobachtende *und* selbstvergessen in die Phänomene eintauchende, als *An*-Teil nehmende und sich nachbarschaftlich einander zuneigende Partner des Naturgeschehens betrachten dürfen. So weist Hofmann anhand bekannter, aber «gerade ihrer allgemeinen Bekanntheit wegen kaum mehr gebührend bedachter» Tatsachen – nachzulesen «in jedem elementaren Lehrbuch der Biologie»[41] – einmal mehr darauf hin, dass die Welt als energetisch-metabolischer Kreislauf des Lebendigen vor allem eine Welt im Werden ist, die in jedem Moment von jedem Einzelnen neu geschaffen wird: «Wirklichkeit [ist] kein fest umrissener Zustand […], sondern das Ergebnis von kontinuierlichen Prozessen […]. Eigentliche Wirklichkeit gibt es also nur im Hier und Jetzt, im Augenblick.»[42]

Es ist von Gegnern und Befürwortern gleichermassen betont worden, dass die Entdeckung des LSD eigentlich eher wie nebenher geschah, nämlich auf der Suche nach einem wirkungsvollen Kreislaufstimulans. Auch Hofmann bemerkte in einem Vortrag einmal pfiffig, er habe seine weltverändernde Substanz ja «zum Teil zufällig erwischt», das damals entdeckte LSD habe ihm dann logischerweise später «die Pilze ins Haus gebracht» (und damit die Substanz Psilocybin). Abgesehen davon, dass auch die Entdeckung Amerikas eher das unbeabsichtigte Nebenprodukt der Suche nach dem Seeweg zum Wunderland Indien war: Befasst man sich ein wenig mit der Biografie Hofmanns, dann scheint doch relativ wenig Zufall und sehr viel Notwendigkeit in diesem Lebensentwurf zu liegen. Da wirkt gleichsam etwas von langer Hand vorbereitet, das, wenn es nicht so entlarvend unwissenschaftlich klingen würde, vorsichtig als «Karma» bezeichnet werden könnte. Zumindest Hofmann selbst scheint fasziniert davon, wie genau zum «richtigen» Zeitpunkt das «Zufallsprodukt» LSD und die damit verbundene psychedelische Forschung in die materialistische Euphorie und den geistigen Schlaf der fünfziger und sechziger Jahre hinein fermentierte: «Der Zeitpunkt, an dem etwas geschieht auf dieser Welt, wird bestimmt durch die Zustände, die nach diesem Geschehnis rufen. Dieses Bedürfnis steht im Zusammenhang mit der geistigen und materiellen Notlage unserer Zeit.»[43] Ich selbst habe ihn mehrmals laut sinnieren hören, dass eigentlich nicht er das LSD entdeckt habe, sondern das LSD ihn: «Ja, es ist zu *mir* gekommen, da bin ich ganz sicher!» Trotzdem hat es ihn, so vermeint man aus seiner Autobiografie herauszulesen, ein Leben lang gleich-

---

41   Hofmann, Geborgenheit, wie Anm. 1, Zitat S. 83.
42   Hofmann, Sender-Empfänger Modell, wie Anm. 3, Zitat S. 36.
43   Hofmann, Vorwort, wie Anm. 39, S. 12.

grated into the animate world. Deeply moved by the beauty of the butterflies and moths presented in the book, he points out that their opalescence arises, like the blueness of a peacock's plumage or the colors of a rainbow, not from any material pigments but from refracted light. Hofmann then soberly reminds the reader once again that such things as colors and sounds do not exist in "external" nature, and that they have to be added as a kind of active "individual contribution" from man's inner space.

At the age of 99, Hofmann struck up a friendship with the 85-year-old gallery owner Ernst Beyeler, whom he had not previously known personally. This may be explained not only by the affinity between the two men in their "praise of contemplation", but also by their shared commitment to protection of the environment. In Beyeler's case, this took the form of opposition to the Kaiseraugst nuclear power plant in the 1980s, and today he actively supports rainforest conservation efforts.

Although Hofmann can scarcely be regarded as the archetypal political activist, he often comments forthrightly on current events in personal conversation. Such worrying phenomena as the US President, George W. Bush, or the Italian premier, Silvio Berlusconi, he dismisses as "sick people with sick thoughts"[45], a product of the (aberrant) culture of metropolitan centers, alienated from life's natural order to such an extent that decisions in keeping with life are scarcely possible (even if they were desired).

In his book entitled *Einsichten – Ausblicke*, he reflects philosophically – like the thinkers of classical antiquity or the noble *hommes de lettres* of the seventeenth and eighteenth centuries – on general human questions, such as the distinction between property and possession (an insight that came to him, he recalls, when he awoke from a nap on a train journey from Zurich to Basel). In his view, the concept of property, involving legal ownership rights, is bound up with the pursuit and exercise of power and has "little to do with happiness, to which it tends to be detrimental". For Hofmann, true possession, defined with reference to its etymological origins as an emotional attachment to an object or person, involves in the broadest sense any physical, sensory relationship to an object, i.e., any object of affectionate devotion and attentive interest. "This knowledge, arising from scientific insights, that one possesses the whole world" is considered by Hofmann to provide partial compensation for the glaring social injustices of inequitably distributed wealth.[46]

In his serene detachment from the fray, which is entirely fitting for a soon-to-be centenarian, Hofmann may no longer wish to take a stand on the unwelcome aspects of gene technology, the issue of industry-funded basic research

45   Interview with Albert Hofmann, Basler Zeitung, 27 December 2004, p. 8.
46   Albert Hofmann, Über den Besitz, in: id., Einsichten – Ausblicke, Solothurn: Nachtschatten Verlag, 2003, pp. 91–104, quotations pp. 95, 103.

zeitig gekränkt und mit zunehmender Sorge erfüllt, dass die «Sternennahrung» LSD, der man sich, wie den Zauberpflanzen und heiligen Pilzen alter Kulturen, mit Respekt und behutsamer Zurückhaltung annähern sollte, im Lauf der Zeit immer mehr zur beiläufig konsumierten Partydroge verkommen ist – das Wunderkind verwandelte sich (wie so viele Wunderkinder!) mit der Pubertät in ein echtes Sorgenkind.

Nicht nur seine Kindheitserlebnisse, auch des Wissenschaftlers Begegnung und lebenslange Freundschaft mit dem Schriftsteller Ernst Jünger erscheinen mir im Zusammenhang mit Hofmanns Entdeckungen und Weltsicht nichts weniger als zufällig. Der nicht unumstrittene Ernst Jünger verbindet in vielen Schriften eine unübertroffene sprachliche Schönheit mit einer fast wissenschaftlich anmutenden Präzision und Objektivität der Beschreibung. Für den Philosophen Heidegger war Jünger der «Schau-Mensch par excellence», er übertreffe «alle heutigen Dichter und Denker an Entschiedenheit des Sehens». Trotzdem vermag Jüngers «kaltes Feuer» immer wieder, das in einem Nebensatz oder einer spezifischen Wendung verbal gleichsam vivisezierend Aufgespiesste plötzlich in geradezu visionärem Glanz aufscheinen zu lassen. Man könnte dieses unvermittelte Aufschliessen magischer Räume allein durch die kunstvoll nüchterne Beschreibung dessen, was *ist,* als eine Art Gleichnis dafür betrachten, dass ein gleichsam auf die Spitze getriebener «Realismus» auch in der Welt wissenschaftlichen Forschens die Tore zum Wunderbaren öffnen kann: «Das Wirkliche ist ebenso zauberhaft, wie das Zauberhafte wirklich ist» (Ernst Jünger). Wenn man so will, könnte man Jüngers magischen Realismus sogar als eine Art Metapher dafür benutzen, dass ein wirklich konsequent zu Ende gedachter Materialismus vielleicht gar nicht anders *kann,* als sich in einer geisterfüllten Weltsicht gewissermassen selbst aufzuheben.

Auch die wichtige Begegnung und Freundschaft Hofmanns mit dem Maler Jürg Kreienbühl war sicher nicht ganz zufällig. Der lange Jahre als Bohemien in den Bidonvilles von Paris lebende Basler vertrat schon in den fünfziger Jahren, als in den offiziellen Galerien noch Tachismus und abstrakter Konstruktivismus angesagt waren, konsequent eine altmeisterlich-realistische Malweise. Trotzdem strahlen manche Bilder Kreienbühls, deren Sujets oft hässlich zersiedelte Industrielandschaften oder die Bewohner heruntergekommener Slums sind, eine Art beunruhigendes und lockendes Flirren aus, nicht unähnlich manchen Gemälden von Holbein oder Velázquez: Leise Andeutungen dessen, dass hinter der gleichmässig ausgeleuchteten Fotorealität des Alltags unzählige subtile und verborgene Welten begierig darauf warten, von uns zur Kenntnis genommen zu werden und von sich berichten zu dürfen. Für mich ist es immerhin nicht erstaunlich, dass sowohl der leidenschaftliche Entomologe und Schmetterlingsjäger Jünger als auch Albert Hofmann sich als grosse Liebhaber dieser «Juwelen der Natur» zu erkennen geben: «Sie scheinen aus einer anderen Welt zu kommen, einer lichteren, farbigeren, beschwing-

projects, the suffering caused by animal experiments in the interests of skin-friendly sun creams and kiss-proof lipsticks, or multinational corporations' pursuit of shareholder value. As a scientist, however, Hofmann expresses views that are unequivocal and, I believe, highly deserving of consideration, in his essay on the use of nuclear power. Writing in language accessible to the lay reader, he points out, for example, the difference between the nuclear (fusion) power generated by the sun – provided free of charge by the creator – and the nuclear (fission) power produced artificially on our planet. According to Hofmann, the use of nuclear power – a "manipulation of the core of matter" – represents a dangerous form of progress, a deviation "from the natural law-governed conditions upon which life on the planet is based".[47]

Partly as a result of his own spiritual experiences, Hofmann has a fundamental sense of fellow-creaturehood with all life. His practical "solidarity with the universe" is displayed in a brief essay entitled "Botanical reflections on the death of the forests". Here, the chemist and pharmacognosist expresses his concern, based on sound scientific argument, that "we need to consider the possibility that in the foreseeable future food crops could also start to die".[48]

And LSD? Hofmann himself remains convinced that the true significance of LSD as a contemporary sacred drug lies "in the possibility of providing chemical support for meditation aimed at mystical experience".[49] Whether in the long term this potential should be exploited more widely than by highly responsible spiritual elites, is now a matter for individual judgment. The pro's and con's of psychoactive substances have been vigorously debated for more than sixty years, sufficient practical experiences and approaches have been accumulated, and opinions can no longer be solicited from many of the original apologists, such as Aldous Huxley, Timothy Leary and Rudolf Gelpke.

For two acquaintances of mine, passing through LSD's doors did produce lasting life-changing effects. One of them, a highly successful philosophy student at the Sorbonne in Paris, dropped out overnight and became a street musician, on the grounds that through LSD he had become aware of an inner truth, in the light of which any traditional philosophical system appeared to be simply ridiculous. My friend thus proved a worthy successor to the scholastic philosopher Thomas Aquinas who, following "infused contemplation", abandoned work on his final book since the whole of Western philosophy (including his own) seemed to him "like straw compared to what has now been revealed to me". Has my friend now acquired the street wisdom that he could

47 Albert Hofmann, Atomkraftwerk Sonne, in: id., Einsichten – Ausblicke, Solothurn: Nachtschatten Verlag, 2003, pp. 105–116, quotations pp. 113, 114.
48 Albert Hofmann, Pflanzenkundliche Überlegungen zum Waldsterben, in: id., Einsichten – Ausblicke, Basel: Sphinx, 1986.
49 Hofmann, LSD, cf. note 1, p. 218.

teren, einer geistigeren Welt ohne Schwere.»[44] Gerade am Beispiel der Schmetterlinge versucht Hofmann die untrennbare Einbezogenheit des Menschen in die ganze Lebenswelt konkret zu belegen. So weist er anhand der ihn tief berührenden Schönheit der Schmetterlinge und Falter darauf hin, dass deren opaleszierender Glanz wie beim Blau der Pfauenfeder oder beim Regenbogen ohne jeden materiellen Farbstoff allein aus den Gegebenheiten der Lichtbrechung heraus entsteht. Daran anknüpfend erinnert Hofmann nüchtern einmal mehr daran, dass es so etwas wie Farben, Töne ja gar nicht gebe in der «äusseren» Natur, dass der Mensch diese sozusagen als aktive «Eigenleistung» aus seinem Innern hinzufügen müsse.

Dass sich noch mit 99 Jahren eine neue Freundschaft mit dem ihm vorher persönlich unbekannten 85-jährigen Galeristen Ernst Beyeler entwickelte, mag nicht nur mit beider innerer Verwandtschaft im «Lob des Schauens» zu tun haben, sondern auch mit ihrem gemeinsamen Engagement für den Schutz der Umwelt, das sich bei Beyeler in den achtziger Jahren im Protest gegen das Kernkraftwerk Kaiseraugst und heute im aktiven Engagement für den Schutz des Regenwaldes ausdrückt.

Obwohl Hofmann kaum als Prototyp des politischen Aktivisten zu betrachten ist, äussert er sich im persönlichen Gespräch gern und deutlich über das Tagesgeschehen. So beunruhigende Phänomene wie Amerikas Präsident George W. Bush oder Italiens Premier Silvio Berlusconi hält er schlicht für «kranke Menschen mit kranken Gedanken»[45], hervorgegangen aus einer (Un-)Kultur der Grossstädte, die in ihrer unendlichen Entfremdung von den natürlichen Ordnungen des Lebens kaum noch in der Lage seien, lebensgemässe Entscheidungen zu treffen (abgesehen davon, dass sie dies vermutlich gar nicht wollten).

Ähnlich den freien Geistern des klassischen Altertums oder den adligen *hommes de lettres* des 17. und 18. Jahrhunderts, denkt Hofmann in seinem Buch *Einsichten – Ausblicke* philosophisch über allgemein menschliche Themen wie den Unterschied zwischen Eigentum und Besitz nach (der ihm nach eigenem Bekunden einmal plötzlich beim Aufwachen im Zug von Zürich nach Basel eingefallen ist). Der Begriff Eigentum als rechtlich abgesicherte Verfügung über Besitz ist für ihn untrennbar mit Machtstreben und Machtausübung verbunden, hat «wenig zu tun mit Glück; [...] ist diesem eher abträglich». Wahrer Besitz definiert sich gemäss der sprachlichen Herkunft aus «etwas besetzen, sich auf etwas setzen» als affektive Bindung an einen Gegenstand oder eine Person und besteht nach Hofmann im weitesten Sinn in jeder körperlichen, sinnenhaften Beziehung zu einem Objekt – allem nämlich, dem man sich in liebevoller Hingabe und mit pflegendem Interesse zuwendet. «Dieses Wis-

44   Hofmann, Lob des Schauens, wie Anm. 7.
45   Interview mit Albert Hofmann, Basler Zeitung, 27. Dezember 2004, S. 8.

certainly not have found as a tenured philosophy professor? To be honest, I don't know, as I have since lost touch with him.

The other friend, during an LSD session, suddenly found himself in a purgatory-like, after-death scenario – in the midst of a hierarchy of angels, spirits and demons, of which he gave a precise description (strikingly similar to the presentation given in traditional spiritual texts, as he subsequently discovered). Since then, this man (now over seventy) has been absolutely convinced that he knows what awaits him after his death. Is he afraid, does he regret the glimpse through the keyhole, or is he glad? I don't know and dare not ask. All I know is that for more than forty years, not a single day has gone by on which my friend has not recalled this key experience in his life.

In conclusion, let us once again consult the centenarian Albert Hofmann: LSD today – *Wunderkind* or problem child? Perhaps Hofmann unwittingly came closest to the right answer when he said in a recent lecture: "Well, in fact you actually need two lives: one with and one without!"

We congratulate our dear friend Albert on his hundredth birthday and offer him Mozart to his heart's content. We sincerely wish that he may become ever lighter, ever more open and receptive, so that, at some point in the future, the final step across the threshold may be taken with the confidence, awareness and sense of adventure that have characterized his long life.

sen, das sich aus naturwissenschaftlichen Erkenntnissen ergibt, nämlich, dass die ganze Welt mein Besitz ist», erscheint Hofmann immerhin als partieller sozialer Ausgleich für die schreienden Ungerechtigkeiten eines falsch und ungerecht verteilten Reichtums.[46]

Hofmann mag in seinem abgeklärten und für einen fast Hundertjährigen vollkommen angemessenen Über-den-Gegensätzen-Stehen nicht mehr dezidiert Stellung nehmen zu den vielen Schattenseiten der Gentechnologie, zu einer Grundlagenforschung, deren Projekte zum grossen Teil von der Industrie finanziert werden, zum Elend von Tierversuchen zugunsten hautfreundlicher Sonnencremes und kussfester Lippenstifte, zu den robusten Shareholder-Values multinationaler Konzerne. *Deutliche* und meinem Empfinden nach höchst bedenkenswerte Worte findet der Wissenschaftler Hofmann aber in einem Essay über die Nutzung der Kernenergie. In einer auch für den Laien verständlichen Sprache weist er unter anderem auf den Unterschied zwischen dem vom Schöpfer gratis und franko zur Verfügung gestellten «Atomkraftwerk Sonne» und einem artifiziell hergestellten «Atomkraftwerk Standort Erde» hin. Bei der vom Menschen induzierten Kernspaltung «verschwindet Materie, indem sie sich in Energie auflöst», bei den stofflichen Umwandlungsprozessen durch die natürliche solare Energie bleiben die «mikrokosmisch der Sonne entsprechenden Atomkerne [...] unversehrt». Die Nutzung der Atomenergie bedeutet nach Hofmann als «Eingriff in den Kern der Materie» einen gefährlichen Fort-Schritt, einen Schritt «fort von den naturgesetzlichen Gegebenheiten, auf denen das Leben auf unserem Planeten beruht».[47]

Aus seinem auch durch die eigenen geistigen Erlebnisse genährten Grundgefühl der Mitgeschöpflichkeit mit allem Lebendigen beweist Hofmann seine praktische «Solidarität mit dem Universum» auch in dem kurzen Essay «Pflanzenkundliche Überlegungen zum Waldsterben». Darin weist der Chemiker und Pflanzenkenner anhand logisch nachzuvollziehender wissenschaftlicher Gedanken besorgt darauf hin, dass durchaus «mit der Möglichkeit gerechnet werden muss, dass in absehbarer Zeit auch Pflanzen, von denen sich die Menschheit ernährt, anfangen abzusterben».[48]

Und das LSD? Hofmann selbst ist nach wie vor davon überzeugt, die wahre Bedeutung des LSD als zeitgemässer sakraler Droge liege «in der Möglichkeit, die auf mystisches Erleben ausgerichtete Meditation von der stofflichen Seite her zu unterstützen».[49] Ob dieses Potential auf Dauer von

---

46 Albert Hofmann, Über den Besitz, in: ders., Einsichten – Ausblicke, Solothurn: Nachtschatten Verlag, 2003, S. 91–104, Zitate S. 95, 103.

47 Albert Hofmann, Atomkraftwerk Sonne, in: ders., Einsichten – Ausblicke, Solothurn: Nachtschatten Verlag, 2003, S. 105–116, Zitate S. 113, 114.

48 Albert Hofmann, Pflanzenkundliche Überlegungen zum Waldsterben, in: ders., Einsichten – Ausblicke, Basel: Sphinx, 1986.

49 Hofmann, LSD, wie Anm. 1, S. 218.

breiteren Kreisen oder von höchst verantwortungsvollen und bewusstseins-geschulten geistigen Eliten zu erschliessen ist, wird heute jeder für sich selbst beurteilen müssen. Das Für und Wider psychoaktiver Substanzen ist über sechzig Jahre lang vehement gegeneinander ausgespielt worden, praktische Erfahrungen und Ansätze sind zur Genüge gemacht worden, Apologeten der ersten Stunde wie Aldous Huxley, Timothy Leary und Rudolf Gelpke können heute nicht mehr befragt werden.

Für zwei gute Bekannte von mir wurde der Gang durch die schmale Tür LSD immerhin nachhaltig lebensverändernd. Der eine, ein höchst erfolgreicher Philosophiestudent der Pariser Sorbonne, beendete von einem Tag auf den anderen sein Studium und wurde Strassenmusiker, weil er durch das LSD eine innere Wahrheit kennen gelernt habe, der gegenüber sich jedes traditionelle philosophische System schlicht als lächerlich entpuppte. Mein Freund erwies sich damit als würdiger Nachfolger des Scholastikers Thomas von Aquin, der sein letztes Buch nach einer «eingegossenen Kontemplation» unvollendet liess, weil ihm die ganze abendländische Philosophie inklusive seiner eigenen plötzlich «nichts Besseres als Spreu oder Stroh mehr bedünkten». Hat mein Bekannter inzwischen auf der Strasse etwas von der Lebenskunst erlernt, die er als wohlbestallter Philosophieprofessor unter keinen Umständen hätte finden können? Ehrlich gesagt, ich weiss es nicht, ich habe inzwischen den Kontakt zu ihm verloren.

Ein anderer guter Bekannter fand sich während einer LSD-Sitzung plötzlich in einem fegefeuerähnlichen, nachtodlichen Szenario wieder – inmitten einer von ihm präzis beschriebenen (und wie er später herausfand, in spirituellen Überlieferungen frappierend ähnlich kartografierten) Hierarchie von Engeln, Geistern und Dämonen. Der inzwischen über Siebzigjährige glaubt seitdem mit absoluter Sicherheit zu wissen, was ihn nach seinem Tod erwartet. Fürchtet er sich davor, bereut er den vorweggenommenen Schlüssellochblick, ist er im Gegenteil froh darüber? Ich weiss es nicht und getraue mich nicht zu fragen. Ich weiss nur, dass seit mehr als vierzig Jahren kein Tag vergangen ist, an dem mein Freund nicht an dieses Schlüsselerlebnis seines Lebens zurückdenkt.

Erkundigen wir uns zum Schluss noch einmal beim hundertjährigen Albert Hofmann: LSD *heute* – Wunderkind oder Sorgenkind? Vielleicht kam Hofmann unbewusst der richtigen Antwort am nächsten, als er vor kurzem in einem Vortrag sagte: «Ach, in Wahrheit braucht man eigentlich zwei Leben: Eins mit und eins ohne!»

Wir grüssen den lieben Freund Albert zu seinem hundertsten Geburtstag und spielen für ihn Mozart *à discrétion*. Wir wünschen ihm von Herzen, er möge weiterhin immer leichter, offener, empfänglicher werden, auf dass der letzte Schritt über die Schwelle irgendwann einmal so zuversichtlich, bewusst und abenteuerlich werde wie sein langes Leben.

167

Das Antoniusfeuer in der Kunst des Mittelalters: die Antoniter und ihr ganzheitlicher Therapieansatz*

Günter Engel

Einleitung

Das Mutterkorn ist das Sklerotium oder die Überwinterungsform eines Schlauchpilzes (*Claviceps purpurea* Tulasne), der vornehmlich Roggen befällt und im Sommer aus dessen Ähren violettschwarz herauswächst. Mit den Inhaltsstoffen des Mutterkorns, den Mutterkorn- oder Ergotalkaloiden, hat sich Dr. Albert Hofmann intensiv beschäftigt. Sein medizinalchemisches Lebenswerk bestand darin, zusammen mit seiner Arbeitsgruppe die chemische Struktur der Ergotalkaloide aufzuklären und chemische Derivate davon herzustellen (vgl. den Beitrag von Günter Engel und Rudolf Giger in dieser Publikation). So gelang es Dr. Hofmann in der ersten Hälfte des 20. Jahrhunderts, auf der Basis der Ergotalkaloide eine Menge sehr wirksamer moderner Arzneimittel zu synthetisieren, die heute noch zu den Standardtherapien in einigen Indikationsgebieten gezählt werden.

Das Mutterkorn übte seit dem Mittelalter nicht nur in Medizin und Kunst, sondern auch in der Entwicklung der Frömmigkeit einen bedeutenden kulturellen Einfluss aus. Diese kultur- und mehr noch kunstgeschichtliche Bedeutung des Mutterkorns darzulegen, ist das Ziel dieses Beitrags.

Da im Mittelalter der Roggen und somit das daraus hergestellte Brot bis zu zwanzig Prozent Mutterkorn enthielten, brach nach der Ernte immer wieder Mutterkornvergiftung in verschiedenen Teilen Europas seuchenartig aus.[1] Diese Vergiftung kam durch den Verzehr grosser Mengen von Ergotalkaloiden aus dem Mutterkorn zustande, doch der mittelalterliche Mensch kannte die Ursache der Mutterkornvergiftung, die damals Antoniusfeuer genannt wurde, nicht und hatte keine Möglichkeit zu ihrer Vermeidung. Die Erkrankten suchten Heilung bei den Antonitern[2], einem mittelalterlichen Spitalorden oder moderner ausgedrückt einer Krankenhausträgerschaft, die sich ausschliesslich derjenigen annahm, die am Antoniusfeuer litten oder aufgrund der Krankheit zu

---

* Eine frühere Version dieses Beitrags erschien im Antoniter-Forum, Heft 7, 1999, S. 7–35.

1 Frank J. Bové, The story of ergot, Basel: S. Karger, 1970. Klaus Starke, Die Pharmakologie des Mutterkorns, in: Antoniter-Forum, Heft 12, 2004, S. 7–29.

2 Adalbert Mischlewski, Grundzüge der Geschichte des Antoniterordens bis zum Ausgang des 15. Jahrhunderts (Unter besonderer Berücksichtigung von Leben und Wirken des Petrus Mitte de Caprariis). Diss. theol. München 1968, als Monografie erschienen in der Reihe Bonner Beiträge zur Kirchengeschichte, Bd. 8, Köln/Wien 1976.

St. Anthony's fire in medieval art:
the Antonite Order's holistic approach to treatment*

Günter Engel

Introduction

Ergot is the overwintering structure, or sclerotium, of the sac fungus *Claviceps purpurea* Tulasne, which germinates in the summer, producing purplish black spores, and mainly affects rye. The constituents of ergot, known as ergot alkaloids, were extensively studied by Dr. Albert Hofmann. Indeed, the life-work of Dr. Hofmann and his coworkers in the field of medicinal chemistry comprised the elucidation of the chemical structure of the ergot alkaloids and the preparation of chemical derivatives of these compounds (cf. the contribution by Günter Engel and Rudolf Giger in this publication). In the first half of the twentieth century, Dr. Hofmann used the ergot alkaloids as the basis for synthesizing a series of highly effective modern pharmaceuticals, which still, today, rank as standard treatments in a number of indications.

Since medieval times, ergot has exerted a significant cultural influence, not only in medicine and art but also in the development of religious life. The aim of this contribution is to outline the cultural and, in particular, the art-historical significance of ergot.

In the Middle Ages, rye and hence rye bread had an ergot content of up to twenty percent. As a result, epidemics of ergot poisoning broke out repeatedly after the rye harvest in various parts of Europe.[1] This poisoning, now known as ergotism, was caused by the consumption of large quantities of ergot alkaloids from the fungus. As the cause of ergotism – known in medieval times as "holy fire" – was not yet known, people had no way of avoiding the disease. For a cure, they turned to the Antonites.[2] This monastic nursing order, the Hospital Brothers of St. Anthony, devoted itself exclusively to the care of those suffering from or crippled by what had become known as St. Anthony's fire.[3] In Antonite hospitals of the late-medieval period, paintings were

* An earlier version of this contribution appeared in the Antoniter-Forum, Vol. 7, 1999, pp. 7–35.

1 Frank J. Bové, The story of ergot, Basel: S. Karger, 1970. Klaus Starke, Die Pharmakologie des Mutterkorns, in: Antoniter-Forum, Vol. 12, 2004, pp. 7–29.

2 Adalbert Mischlewski, Grundzüge der Geschichte des Antoniterordens bis zum Ausgang des 15. Jahrhunderts (unter besonderer Berücksichtigung von Leben und Wirken des Petrus Mitte de Caprariis). Theological dissertation, Munich 1968 (published as a monograph in the series Bonner Beiträge zur Kirchengeschichte, Vol. 8, Cologne/Vienna 1976).

3 Adalbert Mischlewski, Der Antoniterorden in Deutschland, in: Archiv für mittelrheinische Kirchengeschichte, Vol. 10, 1958, pp. 39–66.

Krüppeln geworden waren.[3] In den Antoniterspitälern wurden im Spätmittelalter Gemälde als Teil eines ganzheitlichen Therapieansatzes eingesetzt, denen als Auftragswerke der Antoniter eine gemeinsame Entstehungsgeschichte zugrunde liegt. Für diese Hypothese gilt es einen bildbezogenen Beweis anzutreten. Demnach wären die Werke als bildhafte Predigten zu verstehen, die den Betrachter in der Krankheitsbewältigung unterstützen und zum «Heil» führen sollten. Von den bekanntesten Malern, die damals Aufträge von den Antonitern erhielten, seien hier nur Matthias Grünewald, Martin Schongauer und Niklaus Manuel genannt. Ein Maler des zu Ende gehenden 15. Jahrhunderts setzte sich in seinen Bildern besonders intensiv mit den Antonitern und den am Antoniusfeuer Erkrankten auseinander: Hieronymus Bosch.[4]

In Boschs Diablerien und Höllenszenen finden wir bildhafte Beschreibungen des Antoniusfeuers, und zwar in seinen zwei unterschiedlichen Verlaufsformen, die den wissenschaftlichen Namen Ergotismus gangraenosus bzw. Ergotismus convulsivus tragen.[5] Eine Untersuchung der Bilder nach Insignien der Auftraggeber, nach deren Zielsetzung und nach der Interpretation des Antoniusfeuers im zu Ende gehenden Mittelalter kann einem besseren Verständnis der enigmatischen Kunst von Hieronymus Bosch dienen.

Der Antoniterorden ging in der Säkularisation von 1803 endgültig unter. 1991 wurde in Deutschland eine Gesellschaft zur Pflege des Erbes der Antoniter gegründet. Albert Hofmann, der dieser Vereinigung als Mitglied angehört, äusserte einmal gegenüber dem Autor, dass er den hl. Antonius als seinen Schutzpatron betrachte. Er habe ihn sein Leben lang begleitet.

Ergotismus gangraenosus

Da die Mutterkornvergiftung in ihren beiden Verlaufsformen heute nicht mehr vorkommt, die Kenntnis der Symptome aber für das Verständnis der mittelalterlichen Werke unerlässlich ist, sollen Zeitzeugen zu Wort kommen. Deshalb sei hier eine Passage aus dem Werk des Luzerner Stadtarztes Carl Niclaus Lang, das 1717 in Luzern erschien, angeführt:

> [...] Den so schädlichen und biß dahin bey uns unerhörten Genuß des Kornzapffens oder Rocken Mutter (sonsten von den unserigen Wolffs-Zähn genennet) in dem Rocken-Brot hat man zu erst in unserem Lucerner Gebiet zu End deß Augstmonats und von Anfang deß Herbstmonats des 1709. Jahrs beobachtet und wahrgenommen [...]

3 Adalbert Mischlewski, Der Antoniterorden in Deutschland, in: Archiv für mittelrheinische Kirchengeschichte, 10, 1958, S. 39–66.
4 Veit Harold Bauer, Das Antonius-Feuer in Kunst und Medizin, Berlin: Springer, 1973. Für eine kunsthistorische Interpretation der Malerei von Hieronymus Bosch sei, anstatt zahlreicher Einzelzitate, auf Walter Samuel Gibson, Hieronymus Bosch, New York/Toronto: Oxford University Press, 1973, verwiesen.
5 Hans Guggisberg, Mutterkorn. Vom Gift zum Heilstoff, Basel: S. Karger, 1954.

employed as part of a holistic approach to treatment. It has been claimed that these works have a common origin – they were commissioned by the Antonites. Evidence in support of this claim can be found in the paintings themselves. Thus, the works are to be seen as pictorial sermons, designed to help the viewer to overcome disease and find salvation. Among the best-known painters to have received commissions, mention may be made here of Matthias Grünewald, Martin Schongauer and Niklaus Manuel. One painter of the late fifteenth century whose works were particularly concerned with the Antonites and victims of St. Anthony's fire was Hieronymus Bosch.[4]

In Bosch's diableries and scenes of hell, we can find representations of the two clinical forms of St. Anthony's fire, known scientifically as gangrenous and convulsive ergotism.[5] By examining the paintings for the patrons' insignia, and by considering their function and how St. Anthony's fire was interpreted in the late Middle Ages, we can gain a better understanding especially of the enigmatic work of Bosch.

The Secularization of 1803 spelled the end of the Order of St. Anthony. In 1991, the Antoniter-Forum, an association dedicated to the preservation of the Antonite heritage, was established in Germany. Albert Hofmann, who is a member of this association, told the author on one occasion that he considered St. Anthony to be the patron saint who had accompanied him throughout his life.

Gangrenous ergotism

Since ergot poisoning no longer occurs today, and knowledge of the symptoms of the two clinical forms is indispensable to an understanding of the medieval works of art in question, accounts by contemporary witnesses are given below. The following passage is taken from a work published in 1717 by the Lucerne physician Carl Niklaus Lang:

> […] The most harmful and here previously unheard-of consumption of horned rye (otherwise known locally as "wolf's teeth") in rye bread was first observed in our Lucerne region at the end of August and the beginning of September in the year of 1709 […]
>
> Further, this horned rye poison in bread afflicted people of all kinds, man and woman, rich and poor – especially the latter – and young and old without distinction […]

---

4   Veit Harold Bauer, Das Antonius-Feuer in Kunst und Medizin, Berlin: Springer, 1973. For an interpretation of the work of Hieronymus Bosch from an art historian's perspective, see Walter Samuel Gibson, Hieronymus Bosch, New York/Toronto: Oxford University Press, 1973.

5   Hans Guggisberg, Mutterkorn: vom Gift zum Heilstoff, Basel: S. Karger, 1954.

Weitters hat dieses Korn-Zapffen Gifft in dem Brot allerhand Persohnen angegriffen Weib und Mann / Reiche und Arme / doch diese ammeisten / Junge und Alte ohne underscheid [...]

Erstlichen erkalteten ihnen die eusserste Glider / worauff die Haut bleich und Bleyfarb wurde / auch also geruntzlet aussahe / als wenn sie lange zeit in dem warmen Wasser wäre gehalten worden; die Adern verschluffen sich völlig unter die Runtzeln / und wurden ganz unsichtbar / worauff entlichen eine gänztliche Entschläffung deß angegriffenen Glids erfolgte / also das kein einige Empfindlichkeit mehr darinnen verspühret wurd. Man könte über das nach belieben darein stechen oder hauen / die armen Patienten empfunden kein einigen Schmertzen / es runne auch bey solchem Anlaß kein einziger tropffen Blut auß dem von dem Gifft angegriffenen und verwundten Theil [...]

Dise also entschläffte / zusamen geschnurrete und ohne einige Empfindlichkeit und Blut gleichsam annoch lebente Glider wurden letstlichen mit einem entsetzlichen und unleydlichen Schmertzen angefochten und überfallen / welche die unglückseligen Patienten öffters etliche Täg und Nächt nicht ruhen ließen sondern ein unauffhörliches Geschrey bey ihnen verursachten [...]

[...] bis letstlichen der kalte Brand sich in den leydentden Theil setzte und solchen gäntzlich tödete / worauff die völlige Außdöhrung und eine abscheuliche Schwärz deß erkranckten Glids darzuschluge / biß es endtlichen von dem übrigen Leib auffgelöst wurde / und vorsich selbstens abfallen thäte.[6]

Fielen die Glieder nicht von selbst ab, wurden sie oft amputiert, was ohne Narkose möglich war. Während seiner Tätigkeit als festangestellter Arzt am Antoniterhof in Strassburg führte Hans von Gersdorff (1455–1529) nach eigenen Angaben 100 bis 200 Amputationen durch.[7] Am häufigsten kam es zur Amputation von Füssen, die oberhalb des Fussgelenks abgenommen wurden.[8] Auf zeitgenössischen Antonius-Holzschnitten erscheinen sie als Votivgaben. Bei Hieronymus Bosch begegnen wir diesem Thema sehr häufig, allerdings in

6   Carl Niklaus Lang, Beschreybung deß bis dahin bey uns niemahl erhörten / und zu Zeiten sehr schädlichen Genuß der Korn-Zapffen in dem Brot / und deß darauff folgenden unversehenen Kalten Brandts, Luzern 1717. Hier werden die Symptome sehr ausführlich behandelt. Zitiert nach Bauer, wie Anm. 4, S. 13–15.

7   Hans von Gersdorff, Feldtbuch der Wundtarzney, Strassburg 1517, reprografischer Nachdruck, Darmstadt: Wissenschaftliche Buchgesellschaft, 1967.

8   Siehe dazu Bauer, wie Anm. 4, S. 62, und Gersdorff, wie Anm. 7, fol. 70a^r: Der Holzschnitt *Serratura* zeigt einen Wundarzt beim Durchsägen des Unterschenkels eines Kranken. Ein Vierzeiler ist am oberen Bildrand angebracht: «Arm / bein abschniden hat sein kunst / Vertriben sanct Anthonien brunst. Gehoert auch nit eim yeden zu / Er schick sich dann wie ich im thu.»

Firstly, their extremities grew cold, whereupon the skin turned pale and lead-colored and thus looked wrinkled, as if it had been held in hot water for a long time; the blood vessels disappeared completely under the wrinkles, becoming wholly invisible, whereupon in many cases the affected limb was completely benumbed, so that it was utterly devoid of sensation. One could prick or strike it at will, the poor patients felt no pain whatsoever, nor would a single drop of blood flow from the member thus afflicted and wounded by the poison [...]

These benumbed, shriveled limbs, devoid of sensation and blood and yet as it were still living, were finally stricken by a terrible and intolerable pain that often deprived the unfortunate patients of rest for many a day and night, causing them to cry out incessantly [...]

[...] until ultimately cold gangrene set in and the diseased part died, whereupon the afflicted member dried up completely and turned horribly black until it would finally be separated from the rest of the body, sloughing off by itself.[6]

If patients' limbs did not slough off, they were often amputated, which could be done without the use of anesthesia. By his own account, Hans von Gersdorff (1455–1529) carried out 100–200 amputations at the Antoniterhof in Strasbourg.[7] The parts most commonly amputated were feet, which were severed above the ankle.[8] They appear in contemporary Antonite woodcuts, hung up as votive offerings. Similar depictions are to be found very often in the works of Bosch, but in a context peculiar to this artist: the victims carry the separated parts around with them (figs 1, 11, 12 and 13).

Pharmacologically, the ergot alkaloids have a wide variety of effects on the peripheral and central nervous system in humans. When administered in very high doses, the alkaloids produce marked arterial vasoconstriction.[9] In the affected extremities, this leads to impaired circulation or even complete hemostasis, which is followed by necrosis and subsequent mummification of tissue.

6 Carl Niklaus Lang, Beschreybung deß bis dahin bey uns niemahl erhörten / und zu Zeiten sehr schädlichen Genuß der Korn-Zapffen in dem Brot / und deß darauff folgenden unversehenen Kalten Brandts, Lucerne 1717. In this work, the symptoms are described in great detail. Quoted in Bauer, cf. note 4, pp. 13–15.

7 Hans von Gersdorff, Feldtbuch der Wundtarzney, Darmstadt: Wissenschaftliche Buchgesellschaft, 1967 (facsimile of the original edition published in Strasbourg in 1517).

8 See Bauer, cf. note 4, p. 62, and Gersdorff, cf. note 7, fol. 70a^r, which includes a woodcut illustration *(Serratura)* of a surgeon amputating a patient's lower leg with a saw. A quatrain printed at the top of the picture reads: "Arm / bein abschniden hat sein kunst / Vertriben sanct Anthonien brunst. Gehoert auch nit eim yeden zu / Er schick sich dann wie ich thu." (Cutting off arms and legs is a skill that banishes St. Anthony's fire; it is not mastered by everyone, let the sufferer place his fate in my hands.)

9 Botond Berde/Heinz Otto Schild (Eds), Ergot Alkaloids and Related Compounds, Berlin: Springer, 1978 (Handbook of Experimental Pharmacology, Vol. 49).

Abb. 1: Hieronymus Bosch, Opfer des Ergotismus gangraenosus, Ausschnitt aus der Federzeichnung *Bettler und Krüppel*, Königliche Bibliothek, Brüssel.

Fig. 1: Hieronymus Bosch, A victim of gangrenous ergotism, detail from the pen drawing *Beggars and Cripples*, Bibliothèque Royale, Brussels.

einem ihm eigenen Kontext: Die Betroffenen führen die abgetrennten Glieder mit sich herum (Abb. 1, 11, 12 und 13).

Pharmakologisch gesehen, rufen die Mutterkornalkaloide eine Myriade von Wirkungen im peripheren und zentralen Nervensystem des Menschen hervor. In sehr hoher Dosierung verabreicht, verursachen sie eine starke Vasokonstriktion der arteriellen Blutgefässe.[9] Diese führt in den befallenen Extremitäten zu einer Mangeldurchblutung bis hin zu einem völligen Blutstillstand, gefolgt von einer Nekrotisierung und anschliessenden Mumifizierung des Gewebes. Letztendlich ergibt sich eine Separation der Glieder vom übrigen Körper ohne Blutverlust.[10] Das Absterben einzelner Körperteile erfolgt in ganz verschiedenem Ausmass. Nur selten, wenn Fäulnisbakterien eindringen, kommt es zu einem feuchten Gangrän (Abb. 2). Nach dem Verlust der erkrankten Extremität tritt häufig eine vollkommene Heilung ein, und der Kranke kann als Krüppel weiterleben, was auf einer Federzeichnung von Hieronymus Bosch vortrefflich dargestellt ist (Abb. 1).

9   Botond Berde/Heinz Otto Schild (Hg.), Ergot Alkaloids and Related Compounds, Berlin: Springer, 1978 (Handbook of Experimental Pharmacology, Bd. 49).
10   Siehe dazu Guggisberg, wie Anm. 5, S. 45–48.

Ultimately, the limbs are separated, without loss of blood, from the rest of the body.[10] The extent to which individual parts underwent necrosis varied widely. Only in rare cases did moist gangrene develop, as a result of infection with putrefactive bacteria (as in fig. 2). After the loss of the diseased extremity, patients frequently made a complete recovery and survived as cripples, as shown magnificently in a drawing by Hieronymus Bosch (fig. 1).

In the medieval literature, various other names are used to refer to the disease, e.g., *kalter Brand, ignis sacer, mal des ardents* and *necrosis ustilaginea.*

Convulsive ergotism

The second clinical form in which St. Anthony's fire occurred, i.e., convulsive ergotism, was first described in 1590 by Balduinus Ronsseus.[11] In 1782, a highly detailed historical account of the disease was published by Johann Taube.[12] (The title of his work refers to the limb paresthesias, described as formication or tingling, which were the most frequent symptom of the disease.) The following summary is given by H. Guggisberg:

> In the severe forms of ergotism, the most striking disturbance is the seizure. This usually begins unheralded. [...] It regularly proceeds from the extremities [...]. The convulsions are tonic in nature, so that parts of the body are held motionless in an abnormal posture. Contracture[13] of the hand is characteristic. The flexors are mainly affected. [...] The muscles are extremely tense [...]. It is generally not possible for the extremities to be extended, even forcibly. The fit is associated with severe pain. [...] Not infrequently, the convulsions of ergotism, which resemble those of tetany, are accompanied by epileptoid seizures, leading to loss of consciousness.[14]

Given the lack of an adequate animal model, it is very difficult, even today, to explain the symptoms of convulsive ergotism. As in the case of consumption of ergot-tainted bread, ergot alkaloid overdosage may give rise to psychotic symptoms, e.g., hallucinations. However, such symptoms tend to be observed in individuals who already have a certain predisposition, i.e., in those with a history of psychotic disorders or with impaired mental function of organic or degenerative origin.[15]

---

10 See Guggisberg, cf. note 5, pp. 45–48.
11 Balduinus Ronsseus, Miscellanea seu Epistolae Medicinales, Leiden 1590. Epistola LXIX, pp. 237–242: De novo quodam et inaudito morbi genere, primum in Germania viso, et de alio item mirando symptomate. See Guggisberg, cf. note. 5, pp. 64f.
12 Johann Taube, Die Geschichte der Kriebelkrankheit besonders derjenigen, welche in den Jahren 1770 und 1771 in den Zellischen Gegenden gewütet hat, Göttingen 1782.
13 Contracture: abnormal joint posture due to persistent muscle shortening.
14 See Guggisberg, cf. note 5, pp. 40–45.
15 Rudolph Markstein, Novartis Pharma AG, Basel, personal communication.

In der mittelalterlichen Literatur erscheint die Krankheit unter verschiedenen Bezeichnungen wie kalter Brand, Antoniusfeuer, *ignis sacer,* heiliges Feuer, *mal des ardents* oder *necrosis ustilaginea.*

Ergotismus convulsivus

Die erste sichere Beschreibung von Ergotismus convulsivus, der zweiten Manifestationsform des Antoniusfeuers, findet sich 1590 bei Balduinus Ronsseus.[11] 1782 erschien Johann Taubes sehr ausführliche *Geschichte der Kriebelkrankheit.*[12] Eine zusammenfassende Darstellung der Krankheit, deren am häufigsten vorkommendes Symptom Parästhesien der Glieder sind, die als Ameisenlaufen und Kribbeln beschrieben werden, liefert Hans Guggisberg:

> Bei den schweren Formen der Mutterkornvergiftung ist die auffallendste Störung der Krampfanfall. Er beginnt meist ohne Vorboten. [...] Er beginnt regelmässig in den Extremitäten [...]. Die Krämpfe sind tonischer Natur, so dass die Körperteile bewegungslos in einer abnormen Stellung festgehalten werden. Charakteristisch sind die Kontrakturstellungen[13] der Hand. Betroffen sind vorwiegend die Beugemuskeln. [...] Die Muskeln sind bretthart gespannt [...]. Eine Streckung der Extremitäten ist auch mit Gewalt meist unmöglich. Der Anfall ist mit ausgesprochenen Schmerzen verbunden. [...] Nicht selten gesellen sich zu den Mutterkornkrämpfen, die mehr denen der Tetanie gleichen, epileptoide Anfälle, mit Verlust des Bewusstseins.[14]

Da für Ergotismus convulsivus bis heute ein adäquates Tiermodell fehlt, ist es sehr schwierig, die Symptome zu erklären. Bei Überdosen von Ergotalkaloiden können, wie im Falle des Verzehrs von mit Mutterkorn verseuchtem Brot, psychotische Symptome, zum Beispiel Halluzinationen, auftreten. Allerdings werden solche Symptome eher bei Personen beobachtet, bei denen eine gewisse Prädisposition bereits vorhanden ist, das heisst, die schon früher unter psychotischen Störungen litten oder bei denen organisch oder degenerativ bedingte Hirnleistungsstörungen vorliegen.[15]

11 Balduinus Ronsseus, Miscellanea seu Epistolae Medicinales, Leiden 1590. Epistola LXIX, S. 237–242: De novo quodam et inaudito morbi genere, primum in Germania viso, et de alio item mirando symptomate. Siehe Guggisberg, wie Anm. 5, S. 64f.

12 Johann Taube, Die Geschichte der Kriebelkrankheit besonders derjenigen, welche in den Jahren 1770 und 1771 in den Zellischen Gegenden gewütet hat, Göttingen 1782.

13 Kontraktur: unwillkürliche Dauerverkürzung bestimmter Muskeln bzw. Muskelgruppen als rückbildungs- oder nichtrückbildungsfähiges Geschehen mit dem Effekt einer anhaltenden, abnormen Gelenkzwangsstellung (Roche Lexikon, Medizin, München: Urbahn & Schwarzenberg, ²1987, S. 979, s.v.).

14 Siehe dazu Guggisberg, wie Anm. 5, S. 40–45.

15 Rudolph Markstein, Novartis Pharma AG, Basel, persönliche Mitteilung.

In this context, there is a need to correct the misconception that ergot-induced psychoses are associated with LSD. This substance, first prepared by Albert Hofmann in 1938 and still considered to be the most potent hallucinogen, was synthesized from lysergic acid, which is a constituent of the ergot alkaloids.[16] As LSD is not present in the natural ergot alkaloids of *Claviceps purpurea,* it is not implicated in the hallucinations suffered by victims of ergotism.

The rural poor were much more severely affected by epidemics of ergotism than the nobility since the latter's diet consisted of wheat and meat, while the staple diet of the poor consisted of dark grain products. The mortality associated with convulsive ergotism is believed to have been very high. It is also known from various sources that convulsive ergotism was hardly ever accompanied by the symptoms of the gangrenous form. In the Middle Ages, superstitious notions about the disease abounded: it was construed as a sign of divine wrath provoked by breaches of God's peace. The maimed victims were regarded as cautionary examples. People suffering from convulsive ergotism were believed by their contemporaries to be possessed by the devil or demons. As medieval victims were utterly helpless in the face of the disease, they turned for help to their local patron saint.[17]

St. Anthony and the Antonites[18]

One patron saint who would ultimately eclipse all others was St. Anthony[19], who was born in Egypt around 251 and, as one of the Desert Fathers, chose to lead the life of a hermit. However, the path of solitude brought him closer not only to God but also to evil, which openly assailed him, providing unwelcome company in his seclusion. Anthony had to take up the struggle against evil so that the path into the desert would lead, not to his downfall, but to salvation. The monks learned that the way to God leads them first into a battle with the forces of darkness. The evil powers or forces that they discern in their wishes, urges, motives and emotions, they call demons. In the following discussions of struggles with demons, the issue is not whether or not demons exist. The demons symbolize the bad thoughts, the vices, which in medieval times were also known as possession. The doctrine of the eight principal vices is a chapter in monastic psychology.[20] It was developed by Evagrius Ponticus (346–399/400), who distinguished the following vices: gluttony, lust, avarice,

16   Albert Hofmann, LSD – mein Sorgenkind, Stuttgart: Klett-Cotta, 1979/2001.
17   See Bauer, cf. note 4, pp. 57–60.
18   Adalbert Mischlewski, Wer waren die Antoniter?, Verein für Geschichte und Altertumskunde e.V., Frankfurt/Höchst: offprint, 1991.
19   Anselm Grün, Der Umgang mit dem Bösen. Der Dämonenkampf im alten Mönchstum, Münsterschwarzach: Vier Türme Verlag, 1979.
20   See Grün, cf. note 19, p. 31.

In diesem Zusammenhang soll eine fehlerhafte Vorstellung korrigiert werden, welche das LSD mit den Ergotpsychosen in Zusammenhang bringt. LSD, das im Jahre 1938 von Albert Hofmann zum ersten Mal hergestellt wurde und immer noch als das potenteste Halluzinogen gilt, wurde aus einer Teilstruktur der Ergotalkaloide, nämlich aus der Lysergsäure, synthetisiert.[16] LSD kommt nicht in den natürlichen Ergotalkaloiden von *Claviceps purpurea* vor, hat also nichts mit den oben erwähnten Halluzinationen der Ergotismusopfer zu tun.

Die arme Landbevölkerung litt viel mehr unter den Ergotepidemien als die Adligen, weil Letztere sich von Weizen und Fleisch ernährten. Die Hauptnahrung der ärmeren Leute bestand dagegen vornehmlich aus dunklen Getreideprodukten. Die Mortalität bei Ergotismus convulsivus soll sehr gross gewesen sein. Aus verschiedenen Quellen wissen wir auch, dass Ergotismus convulsivus nicht oder nur selten von Ergotismus-gangraenosus-Symptomen begleitet wurde. Im Mittelalter herrschte eine abergläubische Vorstellung von dieser Krankheit, sie galt als ein Zeichen des göttlichen Zorns über das Missachten des Gottesfriedens. Die Verstümmelten wurden als warnendes Beispiel angesehen. Personen, die an Ergotismus convulsivus litten, galten als vom Teufel oder von Dämonen besessen. Da der mittelalterliche Mensch der Krankheit völlig hilflos gegenüberstand, wandte er sich an die Schutzheiligen seiner Gegend.[17]

Der hl. Antonius und die Antoniter[18]

Ein Schutzheiliger, der bald alle überstrahlen sollte, war der hl. Antonius[19], der etwa 251 in Ägypten geboren wurde und als einer der Wüstenväter ein Eremitendasein wählte. Doch der Weg in die Einsamkeit führte ihn nicht nur in die Nähe Gottes, sondern genauso in die Nähe des Bösen. Dieses tritt offen an ihn heran, und seine Einsamkeit entpuppt sich als unangenehme Zweisamkeit mit dem Bösen. Antonius muss den Kampf mit dem Bösen aufnehmen, damit sein Weg in die Wüste ihm nicht zum Verhängnis wird, sondern ihn zu Gott führt. Die Mönche haben erfahren, dass der Weg zu Gott sie zunächst in den Kampf mit dunklen Mächten führt. Die bösen Kräfte oder Mächte, die sie in ihren Wünschen, Trieben, Motivationen und Emotionen am Werk sehen, nennen sie Dämonen. Wenn im Folgenden vom Dämonenkampf die Rede ist, so geht es nicht um die Frage, ob es Dämonen gibt oder nicht. Die Dämonen sind ein Symbol für die schlechten Gedanken, für die Laster, die im Mittelalter auch Besessenheit hiessen. Die Achtlasterlehre ist ein Kapitel monastischer Psycho-

---

16 Albert Hofmann, LSD – mein Sorgenkind, Stuttgart: Klett-Cotta, 1979/2001.
17 Siehe dazu Bauer, wie Anm. 4, S. 57–60.
18 Adalbert Mischlewski, Wer waren die Antoniter?, Sonderdruck des Vereins für Geschichte und Altertumskunde e.V., Frankfurt/Höchst 1991.
19 Anselm Grün, Der Umgang mit dem Bösen. Der Dämonenkampf im alten Mönchstum. Münsterschwarzach: Vier Türme Verlag, 1979.

melancholy, anger, accidie (the "noonday demon" of sloth, producing mental torpor and sapping the will to act), vainglory and pride. Anthony, who led a life of asceticism and prayer, emerged victorious from his battle with the demons or vices, as was strikingly depicted by the above-mentioned artists in the *Temptation* paintings that will be discussed below.

When an appalling epidemic of ergotism struck France in 1074, people recalled the relics of St. Anthony, which lay in the church of La-Motte-aux-Bois, a little village in the province of Dauphiné, halfway between Valence and Grenoble. Then a miracle occurred. Two noblemen, Gaston de la Valloire and his son Gérin, who was afflicted with the disease, had prayed to St. Anthony at La Motte-aux-Bois, and Gérin immediately recovered. The word quickly spread among pilgrims, who soon flocked to the hamlet, which was later renamed Saint-Antoine. The mere invocation of St. Anthony's name was said to have relieved the pilgrims' pain. Over the centuries, countless miraculous cures were recorded.[21] At the pilgrimage centre, a hospital was established to care for the many sufferers. The road leading to the site is still called *chemin des buttes* (cripples' way). Along this route passed many pilgrims, suffering intolerable pains and visions, and reposing all their hopes in St. Anthony. The Order of Hospitallers initially arose from a brotherhood, and in 1247 Boniface VIII ordained that the Antonites should live as canons-regular under the rule of St. Augustine.

This brief account explains the legendary veneration accorded to St. Anthony, as well as giving the historical background to the establishment of the Antonite Order, which remained associated with the *ignis sacer* – soon to be known only by the name of St. Anthony's fire.[22]

The rapid growth in the number of hospitals maintained by the Order (the total had risen to no fewer than 364 by around 1500) is attributable to several factors: firstly, territorial rulers had an interest in hospitals maintained by independent bodies, and secondly the ergot-free diet provided in the monastery and the warding-off of disease by invocation of a saint represented a therapeutic approach that enabled the Antonites to achieve a cure; this approach is to be reconstructed below.

The Antonite Order's holistic approach to treatment
The Antonites had undertaken only to admit people suffering from St. Anthony's fire. They thus saw themselves as the patrons of a specialist hospital, caring for a homogeneous patient population. Sufferers seeking admission had

21 Elisabeth Clémentz, Le Culte de Saint-Antoine en Alsace, in: Peer Friess (Ed.), Auf den Spuren des heiligen Antonius. Festschrift für Adalbert Mischlewski zum 75. Geburtstag, Memmingen: in Kommission Verlag Memminger Zeitung, 1994, pp. 222–233, here p. 222.
22 See Bauer, cf. note 4, pp. 61–70.

logie.[20] Entfaltet wurde sie von Evagrius (346–399/400) der die folgenden Laster unterscheidet: Völlerei, Unzucht, Habsucht, Traurigkeit, Zorn, Acedia (Mittagsdämon, er erstickt den Verstand, er raubt der Seele die Spannkraft, man hat zu nichts mehr Lust), Ruhmsucht und Stolz. Antonius, dessen Leben aus Entsagung und Gebet bestand, geht aus dem Kampf mit den Dämonen bzw. Lastern als Sieger hervor, was auf den zu besprechenden Versuchungsgemälden in augenfälliger Weise von den eingangs erwähnten Malern dargestellt wurde.

Als in Frankreich 1074 eine schreckliche Ergotismusepidemie ausbrach, erinnerte man sich der Reliquien des hl. Antonius, die in der Kirche von La-Motte-aux-Bois ruhten, einem kleinen Dorf in der Dauphiné, auf halbem Weg zwischen Valence und Grenoble gelegen. Dann geschah ein Wunder. Der Edelmann Gaston de la Valloire und sein Sohn Gérin, der an der Krankheit litt, beteten in La Motte-aux-Bois zu Antonius, und Gérin wurde sogleich gesund. Schnell sprach es sich im Land herum, und ganze Pilgerzüge strömten in den kleinen Weiler, der später den Namen Saint-Antoine annahm. Allein die Anrufung des hl. Antonius soll die Schmerzen der herbeieilenden Pilger gelindert haben. Über die Jahrhunderte wurde eine Unzahl von Wunderheilungen registriert.[21] Am Wallfahrtsort entstand ein Krankenhaus, um die zahlreichen Kranken zu versorgen. Die Strasse, die in den Ort führt, heisst immer noch *chemin des buttes* (Krüppelweg). Ihr entlang zogen die kranken Pilger, die von unerträglichen Schmerzen und Visionen geplagt wurden, zu dem Heiligen, dem alle ihre Hoffnung galt. Der Orden der Antoniter ging aus einer Bruderschaft hervor, bevor ihn Bonifatius VIII. 1247 als Gemeinschaft regulierter Augustiner-Chorherren bestätigte.

Das ist in kurzen Zügen die Erklärung für die legendäre Verehrung, die dem hl. Antonius zuteil wurde, und auch schon ein Teil der Gründungsgeschichte des Antoniterordens, der mit dem *ignis sacer* oder Höllenfeuer, das bald nur noch Antoniusfeuer heissen sollte, verbunden blieb.[22]

Die Zahl der Krankenhäuser unter Leitung des Ordens stieg rapide an (um 1500 betrug die Gesamtzahl seiner Häuser nicht weniger als 364), wofür sich mehrere Gründe anführen lassen: Erstens waren die Territorialherren an selbständigen Krankenhausträgern interessiert, zweitens bot die mutterkornfreie Ernährung im Kloster und die dort praktizierte Krankheitsabwehr durch Anrufung eines Heiligen einen Therapieansatz, mit dem die Antoniter Heilung erzielten. Dieser Ansatz soll im Folgenden rekonstruiert werden.

---

20 Siehe dazu Grün, wie Anm. 19, S. 31.
21 Elisabeth Clémentz, Le Culte de Saint-Antoine en Alsace, in: Peer Friess (Hg.), Auf den Spuren des heiligen Antonius. Festschrift für Adalbert Mischlewski zum 75. Geburtstag, Memmingen: in Kommission Verlag Memminger Zeitung, 1994, S. 222–233, hier S. 222.
22 Siehe dazu Bauer, wie Anm. 4, S. 61–70.

to undergo an initial examination, in which, at the Memmingen hospital for example, the surgeons and all the inmates participated.[23] According to Ernest Wickersheimer, the admission of lepers, syphilitics or plague victims can be ruled out or can only have occurred as a result of an unusual misdiagnosis.[24]

Each hospital had at its disposal the *singularia remedia* to which the Antonites owed their reputation throughout Europe, a reputation that attracted sufferers from the ends of the Earth. The *singularia remedia* were St. Anthony's wine and St. Anthony's balsam. The drink, which acquired its religious significance by having the saint's relics dipped in it, probably – like conventional medicinal wine – also contained herbs, as depicted in various paintings (fig. 4), with vasodilatory and analgesic properties.[25] The recipe for St. Anthony's balsam, long believed to have been lost, was recovered thanks to a chance discovery by Elisabeth Clémentz.[26] The 14 medicinal herbs contained in the balsam have anti-inflammatory and wound-healing effects. These plants, all of which are found in the Isenheim region, cure skin diseases and, together with the medicinal wine, have a vasodilatory action, combating the effects of ergot. Unfortunately, the only herb found both in the balsam recipe and in the Isenheim Altarpiece (*St. Anthony Visiting St. Paul*, fig. 4) is plantain.

In addition to the balsam and St. Anthony's wine, the patients were given ergot-free bread[27] and pork. Lard was also an excellent excipient in the preparation of salves, on account of its ability to penetrate the skin.[28] As well as the dietary elements, however, the Antonites at Isenheim prescribed a measure of a different kind to promote healing: contemplation of the Isenheim Altarpiece.[29] On admission, the patients were required to stand in front of the altar-

23   Adalbert Mischlewski, Die Frau im Alltag des Spitals, aufgezeigt am Beispiel des Antoniterordens, in: Frau und spätmittelalterlicher Alltag. International Conference, Krems/Donau, 2–10 October 1981, Vienna: Verlag der Österreichischen Akademie der Wissenschaften, 1986 (Veröffentlichungen des Instituts für mittelalterliche Realienkunde Österreichs, Bd. 9, Österreichische Akademie der Wissenschaften. Philosophisch-historische Klasse. Sitzungsberichte, Bd. 473), pp. 587–615, here p. 610.

24   Ernest Wickersheimer, "Ignis sacer". Bedeutungswandel einer Krankheitsbezeichnung, in: Ciba-Symposium, 8, Basel 1960, pp. 160–169.

25   Adalbert Mischlewski, Das Antoniusfeuer in Mittelalter und früher Neuzeit in Westeuropa, in: Maladies et Société, XIIᵉ–XVIIIᵉ siècles. Actes du Colloque de Bielefeld, novembre 1986, Paris: Ed. du CNRS, 1989, pp. 249–268, here pp. 261f.

26   Elisabeth Clémentz, Vom Balsam der Antoniter, in: Antoniter-Forum, Vol. 2, 1994, pp. 13–19.

27   The fact that the Antonites provided only wheat bread is mentioned in various sources. Whether they knew what caused ergotism, remains unclear; however, it seems unlikely, as people were wholly unaware of the possibility of toxic effects arising from contaminated rye (see Bachoffner, cf. note 28).

28   Pierre Bachoffner, Bemerkungen zur Therapie des Antoniusfeuers, in: Antoniter-Forum, Vol. 4, 1996, pp. 82–89, here p. 85.

29   Pantxika Béguerie/Georges Bischoff, Grünewald, le maître d'Issenheim, Tournai: Casterman, 1996, p. 77.

Der Antoniterorden und sein ganzheitlicher Therapieansatz

Die Antoniter hatten sich zur Aufgabe gestellt, nur die am Antoniusfeuer Leidenden aufzunehmen. Somit verstanden sie sich als Träger eines Spezialkrankenhauses, das eine homogene Krankenpopulation betreute. Der um Aufnahme bittende Kranke wurde einer Eingangsuntersuchung unterzogen, an der zum Beispiel im Memminger Spital die Wundärzte und alle Krankeninsassen teilnahmen.[23] Nach Ernest Wickersheimer kann die Aufnahme von Leprosen, Syphilitikern oder Pestkranken ausgeschlossen werden, oder sie kann nur infolge eines ungewöhnlichen Diagnoseirrtums vorgekommen sein.[24]

Jedem Krankenhaus standen die *singularia remedia* zur Verfügung, die den Ruf der Antoniter über ganz Europa bekannt gemacht hatten und die Erkrankten *a totis mundi finibus* herbeieilen liessen. Die *singularia remedia* waren der Antoniuswein und der Antoniusbalsam. Durch Eintauchen der Antoniusreliquien bekam das Getränk seine religiöse Bedeutung und war wahrscheinlich wie auch der gewöhnliche Krankenwein mit Heilpflanzen versetzt, die auf verschiedenen Gemälden (vgl. Abb. 4) abgebildet sind und denen gefässerweiternde und schmerzstillende Eigenschaften zukommen.[25] Durch Zufall fand Elisabeth Clémentz das lange verschollen geglaubte Rezept für den Antoniusbalsam.[26] Die in dem Balsam enthaltenen 14 Heilkräuter erweisen sich als entzündungshemmend und wundheilend. Alle Pflanzen kommen in der Gegend um Isenheim vor, sie heilen Hautleiden und wirken zusammen mit dem Krankenwein gefässerweiternd, womit die Ergotwirkung antagonisiert wird. Leider ist die Übereinstimmung der Kräuter aus dem Balsamrezept mit denjenigen auf dem Isenheimer Altargemälde (*Der Besuch des hl. Antonius bei dem Eremiten Paulus,* Abb. 4) nur für den Wegerich gegeben.

Neben dem Balsam und Antoniuswein wurde mutterkornfreies Brot[27] und Schweinefleisch verabreicht. Das Schweineschmalz war auch ein hervorra-

---

23   Adalbert Mischlewski, Die Frau im Alltag des Spitals, aufgezeigt am Beispiel des Antoniterordens, in: Frau und spätmittelalterlicher Alltag. Internationaler Kongress Krems an der Donau, 2.–10. Oktober 1981, Wien: Verlag der Österreichischen Akademie der Wissenschaften, 1986 (Veröffentlichungen des Instituts für mittelalterliche Realienkunde Österreichs, Bd. 9, Österreichische Akademie der Wissenschaften. Philosophisch-historische Klasse. Sitzungsberichte, Bd. 473), S. 587–615, hier S. 610.

24   Ernest Wickersheimer, «Ignis sacer». Bedeutungswandel einer Krankheitsbezeichnung, in: Ciba-Symposium, 8, Basel 1960, S. 160–169.

25   Adalbert Mischlewski, Das Antoniusfeuer in Mittelalter und früher Neuzeit in Westeuropa, in: Maladies et Société, XIIᵉ–XVIIIᵉ siècles. Actes du Colloque de Bielefeld, novembre 1986, Paris: Ed. du CNRS, 1989, S. 249–268, hier S. 261f.

26   Elisabeth Clémentz, Vom Balsam der Antoniter, in: Antoniter-Forum, Heft 2, 1994, S. 13–21.

27   In verschiedenen Quellen findet sich der Hinweis, dass die Antoniter nur Weizenbrot verabreichten. Ob sie um die Ursache des Ergotismus wussten, bleibt unklar, ist aber eher unwahrscheinlich, da man die Möglichkeit der toxischen Wirkung von kontaminiertem Roggen total ignorierte (siehe dazu auch Bachoffner, wie Anm. 28).

piece, which was believed to exert a healing effect on the beholder. The patients were to recognize their own suffering in the suffering of Christ and to be comforted and strengthened as a result. According to one medieval conception, St. Anthony's fire – despite all the pain involved – was a sign of God's grace, manifested in the disease and the possibility of a cure. Victims of ergotism saw divine punishment in their disease, saw symbolic representations of the *ignis sacer* and persecution by demons in the paintings (figs 2 and 6), and also saw how the demons – and thus the vices – were vanquished. The panels of the altarpiece played a major role in the patients' recovery by promoting inner reflection. In certain hospitals, the infirmary directly adjoined the chapel, making it easier for the inmates to contemplate the altarpiece paintings. In the Antoniterkirche in Berne, the patients (accommodated in the nave) looked directly from their beds through the opening of the triumphal arch onto the altarpiece[30], where on the left wing of the view displayed on holy days[31] the miraculous powers of St. Anthony healing the sick were shown (fig. 7). In another medieval hospital, which has survived intact to this day, namely the Hôtel-Dieu at Beaune, the infirmary and chapel were housed in a single large room, dominated by Rogier van der Weyden's altarpiece *The Last Judgment*.

Inmates of the Antonite hospitals encountered fellow sufferers who had endured similar experiences of pain and were already on the road to recovery. Finally, they received regular medical attention from surgeons.

This brief account provides an understanding of the Antonites' holistic approach to treatment. Seeing man as a unit comprising both body and soul, they did not separate care of the body (somatic, herbalist, surgical) from care of the soul (psychological, spiritual, Christian).

Matthias Grünewald, Isenheim Altarpiece

It is assumed that the Preceptor of the Isenheim monastery, Guido Guersi, commissioned a particularly awe-inspiring work by Grünewald.[32] The following discussion of the two altar paintings *Temptation of St. Anthony* (fig. 2) and *St. Anthony Visiting St. Paul the Hermit* (fig. 3) considers how they relate to the patrons and to St. Anthony's fire, as well as their therapeutic relevance.

St. Anthony, thrown to the ground, is being grievously tormented by demons, using their teeth, horns and claws. The demons represent human

---

30 Paul Hofer/Luc Mojon, Die Kunstdenkmäler des Kantons Bern, Vol. V: Die Kirchen der Stadt Bern, Basel: Birkhäuser Verlag, 1969, pp. 11f.

31 Hugo Wagner, Sammlungskataloge des Berner Kunstmuseums, Vol. II: Gemälde des 15. und 16. Jahrhunderts ohne Italien, Bern: Kunstmuseum Bern, 1977, pp. 160, 168.

32 See Béguerie/Bischoff, cf. note 29. It is not known precisely how the altarpiece originated. The details of the commission received by Grünewald, and the original construction in the Isenheim abbey, are unknown.

gendes Excipiens in der Salbenbereitung wegen seiner hohen Penetrationseigenschaft durch die Haut.[28] Neben Brot, Schweinefleisch, Kräuterwein und Balsam gehörte noch etwas anderes zur Heilungsförderung, welche die Isenheimer Antoniter verordneten: der Gang vor den Isenheimer Altar.[29] Die Kranken mussten beim Eintritt vor dem Altar stehen. Der Betrachtung des Altars wurde eine heilende Kraft zugeschrieben. Im Leiden Jesu sollten die Kranken ihr eigenes Leid erkennen und darin Trost und Stärkung finden. Nach mittelalterlicher Auffassung war das Antoniusfeuer trotz aller Schmerzen ein Gnadenerweis Gottes, der sich in der Krankheit und in ihrer möglichen Heilung offenbarte. Die Ergotismusopfer erkannten in ihrer Krankheit die göttliche Strafe, erkannten in den Gemälden symbolisch dargestellt den *ignis sacer* und die Heimsuchung durch die Dämonen (Abb. 2 und 6) sowie deren Überwindung und damit den Sieg über die Laster. In der Heilung der Kranken spielten die Tafeln eine grosse Rolle, indem durch Betrachten der Bilder der Kranke zu sich selbst finden sollte. In einigen Krankenhäusern war der Krankensaal direkt an die Kirche angeschlossen; damit war das Sichversenken in die Altarbilder erleichtert. In der Antoniterkirche in Bern sahen die Kranken, die im Kirchenschiff untergebracht waren, direkt vom Bett aus durch die grosse Öffnung des Triumphbogens hindurch auf den Altar[30], wo auf dem linken Flügel der Sonntagsseite[31] die wundertätige Kraft des Antonius, der Kranke heilt (Abb. 7), dargestellt war. In einem anderen bis heute vollkommen erhalten gebliebenen Hospital des Mittelalters, nämlich dem Hôtel-Dieu in Beaune, bildeten der Krankensaal und die Kirche einen einzigen grossen Raum, der von Rogier van der Weydens Altargemälde *Das Jüngste Gericht* beherrscht wurde.

Bei den Antonitern trafen die Spitalinsassen auf Leidensgenossen, die gleiche schmerzliche Erfahrungen durchgestanden hatten und schon wieder auf

28 Pierre Bachoffner, Bemerkungen zur Therapie des Antoniusfeuers, in: Antoniter-Forum, Heft 4, 1996, S. 82–89, hier S. 85.
29 Pantxika Béguerie/Georges Bischoff, Grünewald, le maître d'Issenheim, Tournai: Casterman, 1996, S. 77.
30 Paul Hofer/Luc Mojon, Die Kunstdenkmäler des Kantons Bern, Bd. V: Die Kirchen der Stadt Bern, Basel: Birkhäuser Verlag, 1969, S. 11f.
31 Hugo Wagner, Sammlungskataloge des Berner Kunstmuseums, Bd. II: Gemälde des 15. und 16. Jahrhunderts ohne Italien, Bern: Kunstmuseum Bern, 1977, S. 160, 168.

dem Weg der Besserung waren. Schliesslich kommt dazu noch die regelmässige medizinische Versorgung durch die Wundärzte.

Soweit lässt sich kurz zusammengefasst das ganzheitliche Therapiekonzept der Antoniter verstehen. Sie begriffen den Menschen als Einheit von Leib und Seele. Darum trennten sie nicht die Heilung des Leibes (somatisch, kräutertherapeutisch, chirurgisch) von der Heilung der Seele (psychisch, geistlich, christlich).

Matthias Grünewald, Isenheimer Altar

Wir nehmen an, dass der Präzeptor des Isenheimer Klosters, Guido Guersi, bei Grünewald ein Werk mit besonders starker Ausstrahlung bestellt hat.[32] Im Folgenden werden die Altargemälde *Die Versuchung des hl. Antonius* (Abb. 2) und *Der Besuch des hl. Antonius bei dem Eremiten Paulus* (Abb. 3) hinsichtlich ihrer Bezüge zu den Auftraggebern, zum Antoniusfeuer und zum bildtherapeutischen Ansatz untersucht.

Das Gemälde der *Versuchung* zeigt, wie die Dämonen den hl. Antonius zu Boden geworfen haben und dabei sind, ihn mit Zähnen, Hörnern und Krallen auf fürchterliche Weise zu peinigen. Sie sind die Repräsentanten der menschlichen Laster, die sich in ihren Gesichtern widerspiegeln. Interessanterweise sind es acht Dämonen, die Antonius direkt bedrohen oder an ihn Hand anlegen, was der Achtlasterlehre entspricht.

Matthias Grünewald stellt den Menschen in seiner ganzen Hilflosigkeit dar. Er will damit illustrieren, was geschieht, wenn sich der Mensch dem Bösen, den Leidenschaften hingibt. In der Not ruft der Heilige zu Gott. Dieser Hilferuf – «Ubi eras Ihesu bone ubi eras quare non affuisti ut sanares vulnera mea» (Wo warst du, guter Jesus? Wo warst du? Warum bist du nicht da gewesen, um meine Wunden zu heilen?) – ist auf einem Zettel zu lesen, der zu Boden gefallen ist. Beinahe wörtlich ist dieser Ausruf der Antoniusvita aus den *Legenda Aurea* entnommen, in der sich auch die Antwort Jesu findet: «Antoni, hic eram, sed exspectabam videre certamen tuum: Nunc autem, quia viriliter dimicasti, in toto orbe te faciam nominare» (Antonius, ich war hier. Aber ich wartete ab, um deinen Kampf zu sehen. Da du so tapfer gekämpft hast, werde ich dich in aller Welt berühmt machen).[33]

---

32 Siehe dazu Béguerie/Bischoff, wie Anm. 29. Über die genaue Entstehung des Flügelaltars gibt es keine sicheren Erkenntnisse; unbekannt sind der Vertrag zwischen Auftraggeber und Grünewald sowie der ursprüngliche Aufbau in der Isenheimer Klosterkirche.

33 Jacobus de Voragine (1230–1298), Legenda Aurea, Lateinisch/Deutsch, Stuttgart: Reclam Verlag, 1988, S. 113. «Ubi eras, bone Iesu! Ubi eras! Quare non a principio fuisti hic, ut me adiuvares et vulnera mea sanares!» ist der Wortlaut von Antonius' Hilferuf in den Legenda Aurea.

vices, as reflected in their faces. Interestingly, St. Anthony is being directly threatened or assailed by eight demons, corresponding to the doctrine of the eight principal vices.

Matthias Grünewald portrays man in all his helplessness, seeking to illustrate what happens when man surrenders himself to evil and the passions. In his distress, the saint calls out to God. His appeal – "Ubi eras Ihesu bone ubi eras quare non affuisti ut sanares vulnera mea" (Where wert thou a while ago, O good Jesus? Why didst thou not come to me then, to heal my wounds?) – is inscribed on a piece of paper that has been dropped. This exclamation is taken almost verbatim from the Life of St. Anthony in the *Legenda Aurea*, where the answer given by Jesus can also be found: "Antoni, hic eram, sed exspectabam videre certamen tuum: Nunc autem, quia viriliter dimicasti, in toto orbe te faciam nominare" (Anthony, I was here, but I wanted to see thee fight, and now that thou hast fought the good fight, I shall spread thy glory throughout the whole world).[33]

Sitting in the bottom left of the picture is a human figure with flipper-like feet, the torso bloated and the whole body covered in boils, clutching the saint's prayer book. This figure has fired the interpretative imagination of art historians and medical experts. Ultimately, it was agreed that this is a demon showing the symptoms of St. Anthony's fire.[34] The bluish green appendages symbolize coldness and tissue death, while the boils represent infection with putrefactive bacteria, as seen in gangrenous ergotism (moist gangrene). The swelling is the result of severe ascites (accumulation of fluid in the abdominal cavity), which was observed in some cases of ergot poisoning. The background of *Temptation* paintings very often shows a conflagration or a burning building, alluding to the inner fire in the limbs. The tormenting demons recall Hell on Earth.

In contrast to this right wing, which would perhaps be more aptly called the "Tormenting of St. Anthony", the left wing of the altarpiece presented the patients with an image of St. Anthony visiting St. Paul the Hermit (fig. 3). This painting of the saints in conversation radiates inner peace, calm and harmony; it represents Heaven on Earth.

According to St. Jerome, the 95-year-old St. Anthony visited the 115-year-old anchorite Paul in the Theban desert. However, the site of the meeting is represented by Grünewald not as a desert, but as a forest valley in the Upper Rhine floodplains near Colmar, where the trees are covered with mosses and hanging lichens. Tradition has it that St. Paul wore a tunic woven out of palm leaves and led a life of strict asceticism. Another part of the legend is that a raven brought him half a loaf of bread each day. On this occasion, as shown in

---

33 Jacobus de Voragine (1230–1298), Legenda Aurea (The Golden Legend or Lives of the Saints), quoted in translation in Gibson, cf. note 4, p. 149.
34 See Bauer, cf. note 4, p. 76.

Abb. 3: Matthias Grünewald, *Der Besuch des hl. Antonius bei dem Eremiten Paulus,* linker Flügel der dritten Schauseite des Isenheimer Altars, Museum Unterlinden, Colmar.

Fig. 3: Matthias Grünewald, *St. Anthony Visiting St. Paul the Hermit in the Desert,* left wing of the third view of the Isenheim Altarpiece, Unterlinden Museum, Colmar.

Am linken unteren Bildrand sitzt eine flossenfüssige menschliche Gestalt mit einem aufgetriebenen Leib, der ganz mit Eiterbeulen bedeckt ist. Sie hat dem Heiligen das Gebetbuch entrissen. An dieser Gestalt hat sich die Interpretationsphantasie von Kunsthistorikern und Medizinern entzündet. Man einigte sich schliesslich darauf, dass es sich um einen Dämon mit den Symptomen des Antoniusfeuers handelt.[34] Die blaugrünen Flossenfüsse symbolisieren die Kälte und das Abgestorbene, die Geschwüre zeigen den von Fäulnisbakterien unterwanderten Ergotismus gangraenosus (feuchter Brand, Fäulnisbrand). Der aufgetriebene Leib ist die Folge eines schweren Ascites (Bauchwassersucht), die bei einigen Fällen von Mutterkornvergiftung beobachtet wurde. Sehr häufig wütet auf Versuchsbildern im Hintergrund eine Feuersbrunst, oder ein Haus steht in Flammen, womit auf den inneren Brand in den Gliedern Bezug genommen wird. Die Peinigung durch die Dämonen erinnert an die Hölle mitten im Leben.

Der Gegensatz zwischen dem Gemälde des rechten Flügels, das vielleicht richtiger die Peinigung des hl. Antonius heissen müsste, und demjenigen des linken Altarflügels könnte kaum grösser sein: Das Gesprächsbild *Besuch des hl. Antonius bei dem Eremiten Paulus* (Abb. 3) strahlt inneren Frieden, Gelassenheit und Harmonie aus; es ist der Himmel mitten im Leben.

Nach der Erzählung des hl. Hieronymus besuchte der hl. Antonius 95-jährig den 115-jährigen Einsiedler Paulus in der thebaischen Wüste. Den Ort, an dem die Begegnung stattfand, stellt Matthias Grünewald nicht als Wüste dar, sondern als ein Waldtal in den Rheinauen bei Colmar am Oberrhein, wo die Bäume mit Moosen und langen Flechten behangen sind. Nach der Überlieferung trug der hl. Paulus ein aus Palmenstroh geflochtenes Gewand und führte mit Ausdauer und Askese einen strengen Lebenswandel. Die Legende berichtet weiter, dass ein Rabe ihm täglich ein Brot als Speise gebracht habe. Auf Grünewalds Gemälde bringt der Rabe ein Doppelbrot. Zur theologischen und symbolischen Bedeutung der Palme lassen sich zwei Anmer-

---

34 Siehe Bauer, wie Anm. 4, S. 76.

Abb. 4: Untere Hälfte des Gemäldes von Abb. 3: Heilpflanzen, die von den Antonitern benutzt wurden, und Wappen des Guido Guersi, Präzeptor in Isenheim.

Fig. 4: Lower half of the painting shown in fig. 3: medicinal herbs used by the Antonites and the coat of arms of Guido Guersi, Preceptor of the monastery at Isenheim.

kungen machen.[35] Nach Psalm 92,12 wird «der Gerechte […] grünen wie ein Palmbaum», was sich in erster Linie auf den Sieg und die Auferstehung jenseits aller irdischen Anfechtungen und Leiden (Christenverfolgung) bezieht. In Vers 14 des gleichen Psalms heisst es: «Noch im Greisenalter sprossen sie, sind saftvoll und grün»; das hat man im Mittelalter mit den göttlichen Tugenden in Verbindung gebracht und dabei auf Jeremia 17,8 verwiesen, wo es von den Gottesfürchtigen heisst: «Der ist wie ein Baum, am Wasser gepflanzt und am Bach gewurzelt. Denn obgleich eine Hitze kommt, fürchtet er sich doch nicht, sondern seine Blätter bleiben grün, und sorgt nicht, wenn ein dürres Jahr kommt, sondern er bringt ohne Aufhören Früchte.» Auf Grünewalds Gemälde ist der Flusslauf gleich hinter der Palme zu sehen. Palme und Rabe mit Brot wurden Symbole des Paulanerordens. Unterhalb von Antonius ist das Stifterwappen des Guido Guersi, der von 1490 bis 1516 Präzeptor in Isenheim war, an einen Stein gelehnt (Abb. 4). Guido Guersi führte in Isenheim den Bau und die Ausstattungen des Klosters weiter und gab wahrscheinlich bei Grünewald die Reihe der gemalten Flügel in Auftrag, die zu den Schnitzereien des Nikolaus Hagenauer hinzukamen.

---

35 Armin-Ernst Buchrucker, Der Besuch des heiligen Antonius bei dem Eremiten Paulus. Anmerkungen zur theologischen und symbolischen Deutung des Isenheimer Altars (Teil III), in: Das Münster, 42, München 1989, S. 127–130.

the painting, the raven brought a whole loaf. Two points may be made concerning the theological and symbolic significance of the palm tree.[35] According to Psalm 92:12, "The righteous shall flourish like the palm tree", which refers primarily to victory and resurrection beyond all earthly trials and tribulations (persecution of the Christians). Verse 14 of the same psalm proclaims: "They shall still bring forth fruit in old age; they shall be fat and flourishing"; in medieval times, people associated this with godliness, citing Jeremiah 17:8, where it is said of the God-fearing that "he shall be as a tree planted by the waters, and that spreadeth out her roots by the river, and shall not see when heat cometh, but her leaf shall be green; and shall not be careful in the year of drought, neither shall cease from yielding fruit". The watercourse can be seen just behind the palm tree. The palm tree and the raven with bread subsequently became symbols of the Pauline Order. Propped against a stone below St. Anthony is the coat of arms of Guido Guersi, who was the Preceptor at Isenheim from 1490 to 1516 (fig. 4). Guido Guersi, who carried on the building and decoration work at the Isenheim monastery, probably commissioned from Grünewald the set of painted altarpiece wings that complement the shrine carved by Nikolaus Hagenauer.

Growing in front of the stone that bears the coat of arms are two readily identifiable plants: greater plantain *(Plantago major)*, which is still occasionally used today in the treatment of wounds, and vervain *(Verbena officinalis)*, which stimulates the circulation. Some of the other plants employed at Isenheim can be seen on the right, below the stone-curbed basin next to St. Paul: ribwort *(Plantago lanceolata)*, creeping buttercup *(Ranunculus repens)*, spelt *(Triticum spelta)*, white dead-nettle *(Lamium album)*, heath speedwell *(Veronica officinalis)*, white clover *(Trifolium repens)*, opium poppy *(Papaver somniferum)*, cross-leaved gentian *(Gentiana cruciata)*, water betony *(Scrophularia aquatica)*, couch grass *(Triticum repens)*, white swallow wort *(Vincetoxicum officinale)* and, one of the lichens mentioned above, old man's beard *(Usnea barbata)*.[36] All of the plants depicted here in botanical detail are mentioned in medieval herbals as remedies for St. Anthony's fire. Although they are all found in the Colmar region, they do not all grow in the same type of habitat, as some are wetland plants while others favor dry pastures. Some of the remedies were for internal use, as they have anti-inflammatory, antispasmodic and analgesic effects.[37]

35   Armin-Ernst Buchrucker, Der Besuch des heiligen Antonius bei dem Eremiten Paulus. Anmerkungen zur theologischen und symbolischen Deutung des Isenheimer Altars (Teil III), in: Das Münster, 42, Munich 1989, pp. 127–130.
36   Wolfgang Kühn, Grünewalds Isenheimer Altar als Darstellung mittelalterlicher Heilkräuter, in: Annuaire de la Société historique et littéraire de Colmar, 1951–1952, pp. 20–27.
37   Gottfried und Marianne Hahn, Arznei- und Kulturpflanzen in Vergangenheit und Gegenwart, Wien: Madaus Gesellschaft m.b.H. Wien, 1988, pp. 8f.

Vor dem Stein mit dem Wappen wachsen zwei leicht identifizierbare Pflanzen: Breitwegerich *(Plantago major)*, der in der Wundbehandlung auch heute noch hier und da verwendet wird, und Eisenkraut *(Verbena officinalis)*, das die Durchblutung steigert. Die anderen Pflanzen, welche in Isenheim eingesetzt wurden, sind zum Teil rechts unter dem steingefassten Wasserbecken bei Paulus zu erkennen als Spitzwegerich *(Plantago lanceolata)*, kriechender Hahnenfuss *(Ranunculus repens)*, Spelz oder Dinkel *(Triticum spelta)*, Weisse Taubnessel oder Weisser Bienensaug *(Lamium album)*, Gamander-Ehrenpreis *(Veronica officinalis)*, Weissklee *(Trifolium repens)*, Mohn *(Papaver somniferum)*, Kreuzenzian *(Gentiana cruciata)*, Wasserbraunwurz *(Scrofularia aquatica)*, Gemeine Quecke *(Triticum repens)*, Weisse Schwalbenwurz *(Vincetoxicum officinalis)* und Bartflechte *(Usnea barbata)*.[36] Diese botanisch sehr genau gemalten Heilkräuter werden alle in den Kräuterbüchern des Mittelalters zur Bekämpfung des Antoniusfeuers erwähnt. Sie wachsen wild in der Gegend von Colmar, aber nicht alle am gleichen Ort, da die einen Sumpfpflanzen sind und die anderen Trockenweiden bevorzugen. Einige der Pflanzen dienten der inneren Therapie, weil ihnen entzündungshemmende, krampflösende und schmerzlindernde Wirkungen zukommen.[37]

Niklaus Manuel, Altar der Antoniterkirche in Bern

Von den Baulichkeiten der Antoniter in Bern sind Teile erhalten geblieben, die an der heutigen Postgasse liegen. Die Blütezeit des Ordens lag im 14. Jahrhundert. Die Urkunden berichten, dass Altartafeln, die dem Hochaltar zugewiesen werden können, 1518 vom Komtur der Ordensniederlassung beim Maler Niklaus Manuel aus Bern in Auftrag gegeben wurden.[38] Grünewalds Altar aus Isenheim hatte eine weit reichende und nachhaltige Ausstrahlung, die auch Niklaus Manuel beeinflusst hat. Daher ist es sehr wahrscheinlich, dass die Berner Antoniter Manuel aufforderten, sich vor Ausführung des Auftrags das berühmte Werk in Isenheim anzusehen.

Der Berner Altar zeigt im geschlossenen Zustand links die Versuchung des hl. Antonius durch eine Frau (Abb. 5). Vor einem Fels am Boden sitzend, hält Antonius in der Linken ein Kruzifix und hebt beschwörend drei Finger seiner Rechten gegen die junge Verführerin. Sie trägt ein weit ausgeschnittenes Schleppenkleid, das die Teufelskralle, die unter dem Kleid (ganz am unteren rechten Bildrand) hervorlugt, nicht verbergen kann.

36 Wolfgang Kühn, Grünewalds Isenheimer Altar als Darstellung mittelalterlicher Heilkräuter, in: Annuaire de la Société historique et littéraire de Colmar, 1951–1952, S. 20–27.
37 Gottfried und Marianne Hahn, Arznei- und Kulturpflanzen in Vergangenheit und Gegenwart, Wien: Madaus Gesellschaft m.b.H. Wien, 1988, S. 8f.
38 Siehe Hofer/Mojon, wie Anm. 30, S. 18. Die Tafeln zum ehemaligen Hochaltar der Antoniterkirche wurden urkundlich belegt 1518 in Auftrag gegeben und tragen das Monogramm Manuels von 1520. Der Isenheimer Altar ist ca. 1510–1516 entstanden.

Abb. 5: Niklaus Manuel, *Die Versuchung des hl. Antonius durch die Frau*, Hochaltar der ehemaligen Antoniterkirche in Bern, linker Flügel, Aussenseite, Kunstmuseum Bern.

Fig. 5: Niklaus Manuel, *The Temptation of St. Anthony by a Woman*, High Altar of the former Antoniterkirche in Berne, left wing, outer panel, Museum of Fine Arts Berne.

Niklaus Manuel, High Altar of the Antoniterkirche in Berne

Remains of original buildings from the Antonite Order in Berne survive in what is now Postgasse. This Order flourished in the fourteenth century. Documentary records mention altar panels which can be identified as those of the High Altar, commissioned in 1518 from the painter Niklaus Manuel of Berne by the Commander of the local Order.[38] Since Grünewald's Isenheim Altarpiece had a wide-ranging and lasting influence (also evident in

38 See Hofer/Mojon, cf. note 30, p. 18. There is documentary evidence that the panels for the High Altar of the former Antoniterkirche were commissioned in 1518; they bear Manuel's monogram from 1520. The Isenheim Altarpiece dates from circa 1510–1516.

Abb. 6: Niklaus Manuel, *Der hl. Antonius von Dämonen gepeinigt*, Hochaltar der ehemaligen Antoniterkirche in Bern, rechter Flügel, Aussenseite, Kunstmuseum Bern.

Fig. 6: Niklaus Manuel, *St. Anthony Tormented by Demons*, High Altar of the former Antoniterkirche in Berne, right wing, outer panel, Museum of Fine Arts Berne.

Der rechte Flügel zeigt die stark von Grünewald beeinflusste Peinigungsszene, wobei interessanterweise nur fünf Dämonen und nicht acht wie auf dem Isenheimer Vorbild den Heiligen überfallen. Diese Ausgeburten spätgotischer Phantasie graben ihre Krallen in Kopf und Leib des Heiligen, speien ihn an, zerren ihn zu Boden und schwingen Dreschflegel und Ruten (Abb. 6).

Im offenen Zustand zeigt der rechte Flügel die Eremiten Antonius und Paulus in der Wüste und der linke Flügel (Abb. 7) den hl. Antonius, der einen Lahmen und einen Besessenen heilt.[39] Diese Darstellung verdient besondere Beachtung in unserem Zusammenhang.

Der Heilige in schwarzer Kutte legt die linke Hand auf das kahle Haupt eines vor ihm knienden barfüssigen Pilgers und hält die Rechte segnend über ihn.

39   Siehe Wagner, wie Anm. 31, S. 157.

194

Abb. 7: Niklaus Manuel, *Der hl. Antonius heilt einen Lahmen und einen Besessenen*, Hochaltar der ehemaligen Antoniterkirche in Bern, linker Flügel, Feiertagsseite, Kunstmuseum Bern.

Fig. 7: Niklaus Manuel, *St. Anthony Healing the Crippled and the Possessed*, High Altar of the former Antoniterkirche in Berne, inner left wing, Museum of Fine Arts Berne.

Manuel's subjects), it is very likely that Manuel was requested by the Bernese Antonites to view the famous work in Isenheim before he carried out his commission.

When closed, the left wing of the Berne High Altar shows St. Anthony being tempted by a woman (fig. 5). Sitting on the ground in front of a rock, he holds a crucifix in his left hand and raises three fingers of his right hand to ward off the young temptress. She is clad in a low-cut dress with a long train, which fails to conceal the devil's claw protruding beneath it (on the right at the bottom of the picture).

The right wing depicts a scene (strongly influenced by Grünewald) in which St. Anthony is tormented by demons – interestingly only five, rather than the eight shown in the Isenheim model. These demons – grotesque products of the late Gothic imagination – attack the saint, digging their claws into

Abb. 8: Zwei Kassetten (Nr. 107 und 108) aus dem romanischen Deckengemälde der mittelalterlichen Kirche St. Martin in Zillis (Kanton Graubünden), ca. 1160.

Fig. 8: Two wooden panels (nos. 107 and 108) from the Romanesque painted ceiling of St. Martin's church at Zillis (canton of Graubünden), circa 1160.

Der gelähmte Pilger, der sich mühsam auf einen Stock stützt, zeigt keine sichtbaren Symptome von Ergotismus. Die segnende Hand des Antonius bewirkt, dass rechts aus dem aufgerissenen Mund eines Besessenen ein Teufel oder Dämon entweicht. Zwischen den Buchenstämmen am oberen Bildrand ist ein weiterer Dämon auf der Flucht zu sehen. Barfüssig und mit nacktem Oberkörper wird der Tobende, der wahrscheinlich an Ergotismus convulsivus leidet, von zwei Männern an den Armen festgehalten. Mit einem wilden Ausfallschritt sucht er sich zu befreien; der ihn am linken Arm festhaltende Mann zeigt die gleiche Körperdrehung und verstärkt damit das Kräftespiel. Der Goldgrund deutet darauf hin, dass der Flügel zur Festtagsseite gehörte. Ikonografisch ist Manuels Darstellung eine Rarität, weil sie eine Wunderheilung darstellt, die in der Antoniusvita der *Legenda Aurea* nicht erwähnt wird.

Diese Dämonenaustreibung lässt an die biblische Geschichte von Jesus denken, der am See Genezareth einen Besessenen von einem bösen oder unreinen Dämon befreit. Eine Darstellung dieser Szene findet sich unter den romanischen Deckengemälden der mittelalterlichen Kirche von Zillis (Kanton

his head and body, spitting at him, dragging him to the ground and wielding flails and rods (fig. 6).

On the inside of the altarpiece, the right wing shows the hermits Anthony and Paul meeting in the desert, while the left wing (fig. 7) shows St. Anthony healing a cripple and a man possessed by demons.[39] This painting merits particularly close attention.

The black-robed saint lays his left hand on the bald pate of a barefoot pilgrim kneeling in front of him and blesses him with his right hand. The lame pilgrim, who uses a stick to prop himself up, shows no apparent symptoms of ergotism. On the right, as a result of St. Anthony's benediction, a devil or demon is cast out through the gaping mouth of the possessed man. At the top of the picture, between the beech trunks, another demon can be seen taking flight. The frenzied figure is restrained by two men holding his arms. Barefoot and bare chested, struggling frantically to free himself, this man is probably afflicted with convulsive ergotism. The body of the man holding the left arm is in a similar posture, accentuating the play of forces. The golden background indicates that this wing was part of the side displayed on holy days. Manuel's painting is an iconographic rarity since it portrays a miraculous cure not mentioned in the Life of St. Anthony as recounted in the Golden Legend.

The incident is reminiscent of the Biblical account of Jesus driving out impure spirits from a demoniac by the Sea of Galilee. This scene is portrayed in the Romanesque painted ceiling of the medieval church at Zillis (canton of Graubünden, on the San Bernadino Pass, fig. 8).[40] Jesus commands the unclean spirits to leave the man. Recognizing in Jesus the power of God, the demons are expelled and plunge into the nearby lake with a herd of Gadarene swine. In panel 107 of what is surely the best-known Romanesque cycle of images (dating from circa 1160 and comprising 153 separate paintings), Jesus heals the Gadarene demoniac, with several small brown demons shown flying out of the man's open mouth. In panel 108, six pigs can be seen rushing headlong into the lake, together with identical brown demons. In this miracle, the pigs were seen as the vehicle for the reception and transmission of demonic possession. The same idea may also underlie a painting of the temptation of St. Anthony produced by the Zürcher Meister (also known as Meister mit dem Veilchen) circa 1510.

39   See Wagner, cf. note 31, p. 157.
40   Ernst Murbach, St. Martin in Zillis, Bern: Gesellschaft für Schweizerische Kunstgeschichte, 16th, enlarged edition, 1984 (Schweizerische Kunstführer, no. 20), pp. 2, 6, 7. Ernst Murbach, Zillis: die romanische Bilderdecke der Kirche St. Martin, Zürich/Freiburg i.Br.: Atlantis Verlag, 1967, pp. 107f.

Graubünden, an der San-Bernardino-Passstrasse gelegen, Abb. 8).[40] Jesus befiehlt dem unreinen Geist, den Mann zu verlassen. Die Dämonen erkennen in Jesus die Kraft Gottes, verlassen den Mann und stürzen sich mit den in der Nähe weidenden Schweinen in den nahen See. Auf Tafel 107 dieses wohl bekanntesten romanischen Bilderzyklus, der um 1160 entstand und 153 Einzelbilder umfasst, heilt Jesus den Besessenen von Gerasa, so dass mehrere kleine, braune Teufel aus dem offenen Mund des Mannes entfliehen. Auf der Nachbartafel 108 stürzen sich sechs Schweine zum Teil kopfüber zusammen mit gleichen braunen Teufeln in den See. So werden die Schweine zu Vehikeln für die Aufnahme und Weiterleitung der Besessenheit. Diese Idee könnte auch dem Gemälde einer Antoniusversuchung zugrunde liegen, die der Zürcher Meister oder Meister mit dem Veilchen um 1510 angefertigt hat.

Meister mit dem Veilchen, Versuchung des hl. Antonius

Auf dem Gemälde *Die Versuchung des hl. Antonius* (Abb. 9) tritt von rechts ein Teufel in Gestalt eines grässlichen Dämons an den hl. Antonius heran. Mit drei erhobenen Fingern zeigt er seine Verlockungen an, eine Pervertierung der göttlichen Trinität.[41]

Die Versuchung wird nicht dargestellt, sie ist bereits überstanden. Der vor Antonius kniende Jüngling hält seine zu einer Flamme stilisierte Rechte als Zeichen des Antoniusfeuers in die Höhe. Die linke Hand legt er auf ein Schwein, vielleicht um anzudeuten, dass die teuflische Krankheit in die Schweine fahren sollte, damit er geheilt werde.

Die Schweine sind gleichzeitig ein Attribut des Heiligen und beziehen sich auf das Privileg des Ordens zur Schweinehaltung. Am unteren Bildrand befindet sich die Signatur des Meisters: ein Veilchen (daher der Name).

Ergotismus in der Kunst von Hieronymus Bosch

Einer der grössten Meister in der Darstellung des Ergotismus war zweifelsohne Hieronymus Bosch. Unter allen Künstlern der Zeit um 1500 ist er aber auch am schwierigsten einzuordnen. Er hat keine Kunsttheorie entworfen und seine Bilder nicht kommentiert. Historische Dokumente zum Leben Boschs fehlen oder enthalten nichts, was zum Verständnis seiner Kunst beitragen könnte.[42]

40   Ernst Murbach, St. Martin in Zillis, Bern: Gesellschaft für Schweizerische Kunstgeschichte, 16., erweiterte Auflage, 1984 (Schweizerische Kunstführer, Nr. 20), S. 2, 6, 7. Ernst Murbach, Zillis. Die romanische Bilderdecke der Kirche St. Martin, Zürich/Freiburg i.Br.: Atlantis Verlag, 1967, S. 107f.
41   Hans Hellmut Hofstätter, Die Fürstlich Fürstenbergischen Sammlungen in Donaueschingen, München/Zürich: Schnell & Steiner, 1980 (Grosser Kunstführer, Bd. 81), S. 40f. Claus Grimm/Bernd Konrad, Die Fürstenbergsammlungen in Donaueschingen. Altdeutsche und schweizerische Malerei des 15. und 16. Jahrhunderts, München: Prestel, 1990, S. 142.
42   Hans Holländer, Hieronymus Bosch. Weltbilder und Traumwerk, Köln: DuMont, 3. Auflage 1988.

Abb. 9: Meister mit dem Veilchen (Zürcher Meister),
Die Versuchung des hl. Antonius, Fürstlich
Fürstenbergische Sammlungen, Donaueschingen.

Fig. 9: Meister mit dem Veilchen (Zürcher Meister),
The Temptation of St. Anthony, Fürstlich Fürsten-
berg Collection of Paintings, Donaueschingen.

Meister mit dem Veilchen, Temptation of St. Anthony

On the right of the painting (fig. 9), a devil in the form of a hideous demon
approaches St. Anthony, holding up three fingers to signal his snares, in a per-
version of the Holy Trinity.[41]

Rather than being shown, the temptation has already been overcome. The
youth kneeling beside St. Anthony holds up his right hand, represented as a

---

41   Hans Hellmut Hofstätter, Die Fürstlich Fürstenbergischen Sammlungen in Donaueschin-
     gen, München/Zürich: Schnell & Steiner, 1980 (Grosser Kunstführer, Vol. 81), pp. 40f. Claus
     Grimm/Bernd Konrad, Die Fürstenbergsammlungen in Donaueschingen: altdeutsche und
     schweizerische Malerei des 15. und 16. Jahrhunderts, München: Prestel, 1990, p. 142.

flame to betoken St. Anthony's fire. He rests his left hand on a pig, perhaps as an indication that the devilish disease should pass into the pigs so that he can be healed.

At the same time, the pigs are an attribute of St. Anthony – a reference to the Order's privilege of keeping pigs. At the bottom of the picture, the artist's signature is seen in the form of a violet (hence his sobriquet).

Ergotism in the work of Hieronymus Bosch

In the artistic representation of ergotism, one of the greatest masters, without any doubt, was Hieronymus Bosch. However, of all the artists of his period (around 1500), he is also one of the most difficult to pin down. He left behind no artistic theory or comments on his work. Historical documents relating to Bosch's life are either non-existent or fail to promote an understanding of his art.[42] Bosch's creative world is not accessible via the artist's biography. Unfortunately, we are also unaware of his philosophical starting point. The only remaining option is to seek to understand Bosch's enigmatic art through the paintings themselves. Here, an effort is made to support the hypothesis that this artist also received his commissions from the Antonites, and that his art thus served their purposes.

In the historical context of the late Middle Ages, Bosch drew his inspiration from contemporary language and folklore, and from Christian doctrine.

In Bosch's work, are any parallels to be found with what has been described above? No other painter treated the subject of the temptation of St. Anthony as often as Hieronymus Bosch. In the surviving panels on this subject, ergotism-stricken demons are a recurrent feature, as well as references to St. Anthony's life. A demon bearing striking similarities to that portrayed in Grünewald's *Temptation* (fig. 2) can be seen in the central panel of Bosch's *Last Judgment* (fig. 10).

---

42 Hans Holländer, Hieronymus Bosch: Weltbilder und Traumwerk, Cologne: DuMont, ³1988.

Wer von der Vita des Künstlers her Zugang zu seiner Bilderwelt sucht, wird abgewiesen. Leider kennen wir auch seine gedankliche Ausgangsposition nicht. So bleibt uns nichts anderes übrig, als uns um ein Verständnis von Boschs enigmatischer Kunst allein aufgrund seiner Bilder zu bemühen. Hier soll die Hypothese vertreten werden, dass auch er seine Aufträge von den Antonitern erhielt und somit seine Kunst in deren Dienste stellte.

Im historischen Kontext des zu Ende gehenden Mittelalters sind Boschs Quellen die Sprache und volkstümlichen Bräuche seiner Zeit sowie die christliche Lehre.

Versuchen wir Parallelen zum vorher Beschriebenen bei Bosch zu finden. Kein Maler hat die Versuchung des hl. Antonius so oft thematisiert wie Hieronymus Bosch. Auf den erhaltenen Versuchungstafeln lassen sich an Ergotismus erkrankte Dämonen öfters erkennen, ebenso finden sich zahlreiche Anspielungen auf die Antoniusvita. Ein Dämon, der demjenigen von Grünewalds Versuchungsbild (Abb. 2) auffallend ähnlich ist, finden wir bei Bosch auf der Mitteltafel des *Jüngsten Gerichts* (Abb. 10).

Bei näherer Betrachtung können wir die Attribute dieser dämonischen Gestalt erkennen, die gemächlich einen nackten, aufgespiessten Menschen vor der Gluthitze einer Feuerstelle dreht und mit einer Schöpfkelle begiesst: Kopf und Füsse dieses Höllenbewohners sind blauschwarz verfärbt, der Leib ist aufgetrieben und mit Blasen oder Pusteln übersät. Die Arme und Beine zeigen einen starken Muskelschwund. Es handelt sich um eine schwere Form von Ergotismus gangraenosus. Wie bei der Figur auf Grünewalds Gemälde (Abb. 2) sind Kopf und Schulter mit einem schwarzen Umhang in Form einer Gugel bedeckt. In den Statuten des Antonitermutterklosters in Saint-Antoine findet sich eine Vorschrift, wonach Spitalinsassen mit einer solchen Gugel bekleidet sein müssen.[43] Ein zweiter, weiblicher Dämon mit den vertrauten Froschfüssen hat sein Opfer in Scheiben zerlegt, um es in einer Pfanne zu rösten.

Es stellt sich die Frage: Warum hat Bosch die von Ergotismus befallenen Dämonen in die Hölle inmitten zahlreicher anderer Marterungsszenen verlegt? Es sei daran erinnert, dass die Krankheit von brennenden Schmerzen begleitet wurde, Höllenfeuer hiess und mit den Symptomen des Ergotismus convulsivus die Zeitgenossen an Besessenheit gemahnte. Bosch hat in seiner unheimlichen Imagination nicht nur die Symptome dargestellt, sondern auch den nicht darstellbaren brennenden Schmerz durch die Röstszenen symbolisch untermalt.

Warum aber sind die Teufel oder Dämonen an Ergotismus erkrankt? Dafür konnte keine kunsthistorische Erklärung gefunden werden. Hier wird die Hypothese aufgestellt, dass die Dämonen, die aus den Besessenen ausgefahren

---

43   Siehe dazu Bauer, wie Anm. 4, S. 78.

On closer inspection, we can recognize the attributes of this demonic figure, which is slowly turning its naked human victim on a spit in front of a fire, basting him with a ladle. The demon's head and feet are of a bluish black color, and its body is bloated and covered in blisters or pustules. The arms and legs exhibit pronounced muscular atrophy. This is a severe form of gangrenous ergotism. As in the painting by Grünewald (fig. 2), the figure's head and shoulders are covered by a black hood in the form of a cowl. The statutes of the Antonite Order's mother house at Saint-Antoine include a rule which states that hospital inmates are required to wear a cowl of this kind.[43] A second demon, with the familiar webbed feet, is frying its sliced victim in a pan.

The question arises, why did Bosch situate his ergotism-stricken demons in hell in the midst of numerous other scenes of torment? It should be recalled that the disease was accompanied by painful burning sensations, was known as hell's fire and, with the symptoms of convulsive ergotism, was popularly associated with demonic possession. Bosch's powers of imagination led him not only to depict the physical symptoms but also to represent the non-physical burning pains symbolically, through the roasting scenes.

But why are the devils or demons suffering from ergotism? No art-historical explanation has been forthcoming. It is therefore conjectured that the demons cast out of possessed victims brought gangrenous ergotism to hell with them. In Bosch's work – temptation paintings and scenes of hell – we sometimes find ergotism-stricken demons, monsters and devils carrying their lost limbs around with them, like the cripple in the pen drawing mentioned above (fig. 1).

We now consider the question of how familiar Bosch was with ergotism and look at his depiction of a beggar with an alms bowl at the feet of St. Bavo (fig. 11). To arouse sympathy, he has laid out his foot on a piece of white cloth, mummified by ergotism and probably amputated. The contracture of his right hand suggests that he was a victim of both forms of ergotism. The beggars' custom of displaying separated body parts can also be found in a different context in Bosch's *Temptation of St. Anthony* (fig. 12). Here, the man in the black top hat and red cape is not a beggar, but a devil. Growing out of his right leg, from which his foot has been amputated, is a devil's claw. The separated foot is displayed on a white cloth in front of him. In this scene, Bosch has gone so far as to provide a devil's crippled leg with a claw. Maimed devils of this kind can be found in several of Bosch's paintings of the temptation of St. Anthony.

As well as beggars, the infernal fauna depicted by Bosch includes an anthropomorphic demon carrying on its shoulder a separated left foot hang-

---

43   See Bauer, cf. note 4, p. 78.

Abb. 11: Hieronymus Bosch, Der hl. Bavo, Ausschnitt aus dem rechten Aussenflügel des Triptychons *Jüngstes Gericht*, Akademie der Bildenden Künste, Wien.

Fig. 11: Hieronymus Bosch, St. Bavo, detail from the right outer wing of the *Last Judgment* triptych, Academy of Fine Arts, Vienna.

sind, den Ergotismus gangraenosus in die Hölle mitgenommen haben. Des Weiteren finden wir bei Bosch hier und da in den Versuchungsbildern sowie in den Höllenszenen an Ergotismus erkrankte Dämonen, Monster und Teufel, die ihre abgefallenen Glieder mit sich herumtragen genauso wie der Krüppel auf der erwähnten Federzeichnung (Abb. 1).

Im Folgenden gehen wir der Frage nach, wie vertraut Bosch mit Ergotismus war, und wenden uns der Figur eines Bettlers zu (Abb. 11). Mit einer Almosenschale in der Linken hat er sich zu Füssen des hl. Bavo niedergelassen und seinen durch Ergotismus mumifizierten Fuss (der wahrscheinlich durch Amputation abgetrennt worden war) auf einem weissen Stück Tuch aus-

Abb. 12: Hieronymus Bosch, Der Mann mit dem hohen Hut, Ausschnitt aus der Mitteltafel des Triptychons *Die Versuchung des hl. Antonius*, Museu Nacional de Arte Antiga, Lissabon.

Fig. 12: Hieronymus Bosch, The man in the top hat, detail from the central panel of the triptych *The Temptation of St. Anthony*, Hieronymus Bosch, National Museum of Ancient Art, Lisbon.

ing from a stick (fig. 13). In this part of the painting, the viewer cannot fail to notice Bosch's merciless criticism of the depravity of religious orders. A pig wearing a nun's coif may be seeking to persuade a reluctant lover to sign a marriage contract. The nefarious nature of this enterprise is highlighted by the technique of complete defamiliarization (a pig wearing a nun's coif). The armor-clad monster appears as a confederate, proffering an ink-horn and carrying a sawn-off foot.

We now consider in more detail the question, raised earlier, of the source of Bosch's commissions and examine two further *Temptation* paintings by this artist.

Abb. 13: Hieronymus Bosch, Der Vertrag, Ausschnitt aus dem rechten Flügel der inneren Schauseite des Triptychons *Garten der Lüste*, Museo del Prado, Madrid.

Fig. 13: Hieronymus Bosch, The contract, detail from the inner right wing of the triptych *Garden of Earthly Delights*, Prado Museum, Madrid.

gebreitet, um das Mitleid der Zeitgenossen zu erregen. Die rechte Hand zeigt eine Kontrakturstellung und lässt auf ein Opfer schliessen, das von beiden Formen des Ergotismus befallen war. Die Bettlergepflogenheit, das abgetrennte Körperglied zur Schau zu stellen, finden wir in anderem Zusammenhang auch in Boschs *Versuchung des hl. Antonius* (Abb. 12). Der Mann mit dem hohen schwarzen Hut und dem roten Umhang ist kein Bettler, sondern ein Teufel. Ihm wuchs anstelle des rechten, amputierten Fusses eine Teufelskralle. Der abgetrennte Fuss ist auf einem weissen Tuch vor dem Mann zur Schau gestellt. In dieser Szene ist Bosch so weit gegangen, dass er bei einem Teufel das verkrüppelte Bein mit einer Teufelskralle versieht. Diese Art verstümmelter Teufel ist auf Boschs Gemälden der Antoniusversuchung wiederholt anzutreffen.

Neben Bettlern hat Hieronymus Bosch in seiner Höllenfauna einen anthropomorphen Dämon dargestellt, der einen abgetrennten linken Fuss an einem Stock über der Schulter baumelnd herumträgt (Abb. 13). In diesem Teil des Bildes ist die unerbittliche Kritik Boschs an dem verderbten Ordensstand nicht zu übersehen. Ein Schwein mit einem Nonnenhäubchen versucht einen zögernden Liebhaber möglicherweise zu einem Ehevertrag zu überreden.

Figure 14 shows the central panel of the Lisbon triptych, where Bosch has divided the space into several different groups. In the middle, St. Anthony is surrounded by demonic tempters and temptresses. Peace appears to reign – there is none of the violence of Grünewald's picture (fig. 2). Whereas in that work the saint is subjected to brutal attacks by fearsome demons, the assault in this case is more subtle. It is not directed at St. Anthony himself, but against certain essential attributes (the pig and book).[44]

Let us take a closer look at the saint. Leaning over him is the quintessential temptress, elegantly clad. Legend has it that the Devil approached St. Anthony in the guise of a beautiful queen to lead him astray. The reptilian train betrays her diabolic origin. To one side, the sacrament of the Eucharist is being diabolically profaned. A lutenist with a pig's head is just being handed the chalice. He is accompanied by a conjuror's dog[45] on a leash, indicating that this is a group of conjurors and minstrels. Following behind him is a half-blind cripple with a wooden leg, who has a claw – the sign of the infernal ergotism victims – growing out of his stump. The owl on the lutenist's head betokens the presence of the Devil and is employed in many of Bosch's paintings to symbolize or suggest all manner of diabolic activities. The man in the top hat, who appears to be presiding over the pandemonium, has already been discussed above (fig. 12). Further to the right, a figure can be seen that appears to consist only of a head and legs and is in fact an acrobat. Contortionists of this kind still perform today: squatting down low, with their legs wrapped over their shoulders and walking on their hands, they indeed resemble the figure represented by Bosch.

In the Middle Ages, minstrels were ostracized and, like usurers and harlots, excluded from Holy Communion. According to Charles de Tolnay, these outlaws were devil worshippers.[46] In this scene, they have seized St. Anthony's book and are using it to hold a black mass, celebrated by a priest with a pig's head in the foreground. The pig has also fallen victim to the demons. Having been impaled, its carcass is dragged along by monsters. According to Wilhelm Fränger, the carcass had already been buried and was then dug up again by a vole-like creature.[47] The whole group consists of flayers.

44 See Bauer, cf. note 4, pp. 70–90.
45 An identical small dog is to be found in Bosch's painting *The Conjuror* (Musée Municipal, Saint-Germain-en-Laye, near Paris).
46 Charles de Tolnay, Hieronymus Bosch, Baden-Baden: Holle Verlag, ²1973, pp. 137, 257. This publication contains the truest color reproductions of works by Bosch, as well as an excellent selection of details from the paintings.
47 Wilhelm Fränger, Das Lied des Moses als Zentralmotiv der Lissaboner Versuchung des hl. Antonius von Hieronymus Bosch, in: Castrum peregrini, no. 58, 1963, pp. 5–79, quoted in Bauer, cf. note 4, p. 89.

Durch die Technik der totalen Verfremdung (ein Schwein trägt eine Nonnenhaube) wird die ruchlose Natur des Vorganges uns noch deutlicher vor Augen geführt. Als Helfershelfer ist ein mit Harnisch versehenes Monster angerückt, das ein Tintenfass bereithält und einen abgesägten Fuss mit sich trägt.

Wir wollen auf die zu Anfang aufgeworfene Frage nach Boschs Auftraggebern näher eingehen und zwei weitere Versuchungsgemälde des Künstlers daraufhin untersuchen.

Abbildung 14 zeigt den Mittelteil des Lissabonner Triptychons, bei dem Bosch den Raum mit mehreren Gruppen unterteilt hat. In der Mitte ist der hl. Antonius von dämonischen Versuchern und Versucherinnen umgeben. Es herrscht scheinbar Friede, die brachiale Gewalt von Grünewalds Gemälde (Abb. 2) fehlt. Während dort der Heilige der brutalen Attacke Furcht erregender Dämonen ausgesetzt ist, findet hier der Angriff mit sublimeren Mitteln statt. Er ist nicht gegen den Heiligen selbst gerichtet, sondern gegen Attribute, die für ihn wesentlich sind (Schwein und Buch).[44]

Betrachten wir den Heiligen genauer. Ganz dicht an ihn geschmiegt, erscheint der Inbegriff einer Versucherin in der Kleidung einer vornehmen Hofdame. Der Legende zufolge hat sich der Teufel dem Heiligen in Gestalt einer schönen Hofdame genähert, um ihn von seinem Weg zu Gott abzubringen. Die reptilienartige Schleppe deutet auf ihre teuflische Abkunft hin. Dicht daneben wird das Sakrament der Eucharistie auf eine diabolische Weise profaniert. Ein schweinsköpfiger Lautenspieler ist gerade dabei, den Messkelch zu empfangen. An der Leine führt er ein Gauklerhündchen[45], womit die Gruppe den Gauklern und Spielleuten zuzuordnen ist. Hinter ihm folgt ein halbblinder Krüppel mit einem Stelzfuss, dem eine Kralle, das Zeichen der höllischen Ergotismusbewohner, aus dem Beinstumpf gewachsen ist. Die Eule auf dem Kopf des Lautenisten ist ein Zeichen der Anwesenheit des Teufels und wird von Bosch in vielen seiner Bilder als Symbol jedweden teuflischen Unterfangens oder als Hinweis auf teuflische Umtriebe eingesetzt. Der Mann mit dem hohen Hut, der wie ein Zauberer den Hexensabbat zu dirigieren scheint, ist uns schon vertraut (vgl. Abb. 12). Bei der Gestalt weiter rechts, die nur aus Kopf und Beinen zu bestehen scheint, handelt es sich um einen Jongleur. Solche Akrobaten treten noch heute auf. Sie gehen tief in die Hocke, bis sie mit den Handflächen den Boden berühren. Dann schlingen sie die Beine um die Arme und bewegen sich auf den Handflächen vorwärts. Dabei wirken sie so wie die von Bosch dargestellte Figur.

Im Mittelalter waren die Spielleute ein verfemter Stand, der ebenso wie derjenige der Wucherer und Dirnen vom Abendmahl ausgeschlossen war. Die

44 Siehe dazu Bauer, wie Anm. 4, S. 70–90.
45 Ein identisches Gauklerhündchen hat Bosch in dem Gemälde *Die Gaukler* (Musée Municipal, Saint-Germain-en-Laye) dargestellt.

Abb. 14: Hieronymus Bosch, *Die Versuchung des hl. Antonius,* Mitteltafel des Triptychons, Museu Nacional de Arte Antiga, Lissabon.

Fig. 14: Hieronymus Bosch, *The Temptation of St. Anthony,* central panel of the triptych, National Museum of Ancient Art, Lisbon.

Geächteten schlossen sich nach Charles de Tolnay einem Satanskult an.[46] Sie haben dem Heiligen das Buch entwendet und benutzen es zum Abhalten einer schwarzen Messe, die ein schweinsköpfiger Priester im Vordergrund zelebriert. Den Dämonen ist auch ein Schwein zum Opfer gefallen, sie haben es gepfählt. Sein Kadaver wird von Monstern herbeigeschleppt. Nach Wilhelm Fränger war der Kadaver bereits vergraben und wurde von einer wühlmausartigen Gestalt wieder ans Licht gezerrt.[47] Die ganze Gruppe ist der Abdeckerei zuzuordnen.

Im Bildhintergrund tobt eine gewaltige Feuersbrunst. Das grösste Gebäude steht in hellen Flammen, und aus der Luft herbeigeeilte Teufel sind dabei, den Dachreiter, der eindeutig das Tau-Kreuz der Antoniter trägt, niederzureissen (Abb. 15). Nach Veit Harold Bauer geben weitere Merkmale dieses Gebäude als ein Antoniterkloster zu erkennen, zum Beispiel die architektonische Gliederung in einen kurzen, gedrungenen Chor oder Altarraum und ein daran anschliessendes Schiff, welches das eigentliche Krankenhaus beherbergt.[48] Der Dachreiter befindet sich auf der Nahtstelle von Hospital und Kapelle. Vor dem brennenden Kloster drängt sich eine Menschenmenge, die wir als Spitalinsassen ansehen können. Doch nicht nur die Architektur ist wirklichkeitsgetreu dargestellt, auch die Lage der Gebäude in der Nähe eines Wasserlaufs entspricht realen Verhältnissen. Auf dem Versuchungsbild von Grünewald (Abb. 2) ist im Hintergrund ebenfalls ein von Feuer und Teufeln stark zerstörtes Haus zu sehen; hier lassen die fachmännisch bearbeiteten Balken weniger auf die Hütte eines Eremiten schliessen als vielmehr auf Teile eines Klostergebäudes.

Die zu Anfang vertretene Hypothese, Hieronymus Bosch habe im Auftrag der Antoniter gearbeitet, wird durch die wirklichkeitsgetreue Wiedergabe des Hospitals unterstützt. Vielleicht war ein mächtiger Präzeptor ähnlich wie Guido Guersi der Auftraggeber dieses Triptychons.

Wenden wir uns einer weiteren *Versuchung des hl. Antonius* von Hieronymus Bosch zu (Abb. 16). Um 1517, in seiner späten Schaffensperiode, griff er das Thema zum letzten Mal auf. Wahrscheinlich handelt es sich dabei um das letzte Bild, das er malte. Im Gegensatz zu den früheren Werken herrscht hier eine beschauliche Ruhe. Antonius sitzt gedankenverloren an einem Teich.

---

46   Charles de Tolnay, Hieronymus Bosch, Baden-Baden: Holle Verlag, 2. Auflage 1973, S. 173, 257. Dieses Buch enthält die farblich besten Bildwiedergaben der Kunstwerke Hieronymus Boschs zusammen mit exzellent ausgewählten Bildausschnitten.

47   Wilhelm Fränger, Das Lied des Moses als Zentralmotiv der Lissaboner Versuchung des hl. Antonius von Hieronymus Bosch, in: Castrum peregrini, Heft 58, 1963, S. 5–79, zitiert nach Bauer, wie Anm. 4, S. 89.

48   Bosch hatte genaue Kenntnis der Hospitalarchitektur, was durch seine Federzeichnung *Versuchung des hl. Antonius,* die sich im Kupferstichkabinett Berlin befindet, belegt wird. Siehe dazu Bauer, wie Anm. 4, S. 96.

Abb. 15: Hieronymus Bosch, Brennendes Antoniterspital, des hl. Antonius, Ausschnitt aus der Mitteltafel des Triptychons *Die Versuchung des hl. Antonius*, Museu Nacional de Arte Antiga, Lissabon.

Fig. 15: Hieronymus Bosch, Burning Antonite hospital, detail from the central panel of the triptych *Temptation of St. Anthony*, National Museum of Ancient Art, Lisbon.

In the background, a fierce conflagration is raging. The largest building is ablaze and devils who have descended from the sky are tearing down the ridge turret, which clearly bears the Antonite Order's tau cross (fig. 15). According to Veit Harold Bauer, other features of this building also mark it out as an Antonite monastery, such as the architectural structure, with a short, low-built

Abb. 16: Hieronymus Bosch, *Die Versuchung des hl. Antonius*, Museo del Prado, Madrid.

Fig. 16: Hieronymus Bosch, *The Temptation of St. Anthony*, Prado Museum, Madrid.

choir or chancel adjoining the nave or hospital proper.[48] The ridge turret is located at the point were the hospital and the chapel meet. Thronging in front of the burning monastery is a crowd of what we can assume to be hospital inmates. Not only is the architecture faithfully portrayed, but the situation of the building close to a watercourse is also realistic. In the background of Grünewald's *Temptation* (fig. 2), a building devastated by fire and devils can also be seen: here, the timbering is more reminiscent of part of a monastery than of a hermit's shack.

Evidence for the hypothesis, mentioned above, that Bosch's work was commissioned by the Antonites is provided by the accurate representation of the hospital. Perhaps this triptych was commissioned by a powerful preceptor similar to Guido Guersi.

We now turn to another of Bosch's portrayals of the *Temptation of St. Anthony* (fig. 16). In his late period, Bosch treated this subject for the last time, around 1517. It is probably the painter's final work. In contrast to the earlier works, the mood is one of quiet contemplation. St. Anthony is sitting by a pond, lost in thought. No threats appear to be imminent, but in fact that is far from being the case. A horde of devils are approaching through the monastery gateway in the background. A vanguard, equipped with grappling irons and ladders, is already climbing the hill where St. Anthony is sitting. In the foreground, plantain, clover and dandelion can be seen among many other herbs. The man swimming in the pond is a devil, complete with the notorious claw growing out of his hand. This work also includes a clear indication of an Antonite monastery, in the form of a tau cross on the portal of the bridge.

With its didactic message – a portrayal of man's sinfulness – Bosch's work is very much part of the Middle Ages. The death throes of this era are brilliantly illuminated for one last time in Bosch's art, before it gives way a few years later to the onset of the Reformation, with the posting of Martin Luther's 95 Theses in 1517.

One of the earliest connoisseurs and interpreters of Bosch, Fray José de Sigüenza, insisted that the pictures were not absurdities "but rather, as it were, books of great wisdom and artistic value. If there are any absurdities here, they are ours, not his; and to say it at once, they are a painted satire on the sins and ravings of man."[49]

In addition, I would contend that Bosch also proclaims a message of salvation for sinning humanity, as does the Antonite Order in its holistic approach to treatment. St. Anthony's gaze is particularly radiant in the Lisbon

---

48 Bosch had a detailed knowledge of Antonite hospital architecture, as demonstrated by his drawing *Temptation of St. Anthony in a Landscape,* which is to be found at the Kupferstichkabinett in Berlin. See Bauer, cf. note 4, p. 96.

49 Fray José de Sigüenza, quoted in translation in Gibson, cf. note 4, p. 167.

Das Bedrohliche scheint nicht vorhanden zu sein, doch tatsächlich ist dies keineswegs der Fall. Eine Schar kleiner Teufel kommt durch die Klosterpforte im Hintergrund heran. Eine Vorhut der Teufel, mit Enterhaken und Leitern bewaffnet, ist bereits daran, den Hügel zu erklimmen, auf dem Antonius sich niedergelassen hat. Im Vordergrund sind neben vielen anderen Kräutern Wegerich, Klee und Löwenzahn zu erkennen. Der im Teich schwimmende Mann ist ein Teufel mit der notorischen Kralle, die ihm aus der Hand gewachsen ist. Deutlich ist auch hier der Hinweis auf ein Antoniterkloster angebracht in Form des Tau-Kreuzes auf dem Portal an der Brücke.

In ihrer didaktischen Botschaft – einer Darstellung der Menschheit, die der Sünde anheim fällt – gehört die Malerei Boschs wahrhaft ins Mittelalter. So leuchtet in Boschs Kunst das sterbende Mittelalter noch ein letztes Mal in grosser Brillanz auf, bevor es kurze Zeit später mit dem Anschlagen der Thesen von Martin Luther (1517) und der beginnenden Reformation ein Ende findet.

Einer der ganz frühen Kenner und Interpreten von Hieronymus Bosch, Fray José de Sigüenza, bestand darauf, dass «die Gemälde nicht Absurditäten sind, sondern Bücher voll an Weisheit und künstlerischem Wert. Wenn es hier einige Absurditäten gibt, dann liegen sie bei uns und nicht bei ihm; um es ein für alle Mal zu sagen, sie sind gemalte Satiren über die Sünden und Torheiten der Menschheit.»[49]

Darüber hinaus möchte ich behaupten, dass Bosch auch verkündet, was der sündigen Menschheit zum Heil gereicht, ganz wie es der Antoniterorden in seinem ganzheitlichen Therapieansatz anstrebt. Der Gesichtsausdruck des hl. Antonius auf dem Lissabonner Triptychon erscheint uns von eminenter Ausstrahlungskraft (Abb. 17). Der Heilige wendet sich, von den Versuchern unbeeindruckt, dem Betrachter zu (Abb. 14 und 17). Er hat alle Versuchungen und Anfeindungen durch die Strenge seines Glaubens besiegt. Dieser Glaube wird durch die segnende Gebärde hervorgehoben, mit der er die Versucher in die Flucht schlug oder Dämonen austrieb (vgl. Abb. 5). Im feinsinnigen Lächeln des Heiligen triumphiert der Sieg über die Tortur und das Böse. Es muss für die mittelalterlichen Betrachter der Tafeln, womöglich Ergotismusopfer oder verkrüppelte Klosterinsassen, trostreich gewesen sein, in dieses Gesicht zu schauen. Beim Verlassen der Kirche hatten sie den segnenden Antonius in ihrem Rücken, als Begleitung für den Tag sozusagen, als Schutzpatron gegen die Dämonen, gegen das Antoniusfeuer.

---

49 Fray José de Sigüenza, zitiert nach Gibson, wie Anm. 4, S. 167.

Abb. 17: Hieronymus Bosch, Gesicht des Heiligen, Ausschnitt aus der Mitteltafel des Triptychons *Die Versuchung des hl. Antonius,* Museu Nacional de Arte Antiga, Lissabon.

Fig. 17: Hieronymus Bosch, The saint's countenance, detail from the central panel of the triptych *Temptation of St. Anthony,* National Museum of Ancient Art, Lisbon.

triptych (fig. 17). Here, the saint, unmoved by the tempters, has turned away and is looking towards the viewer (figs 14 and 17). Unswerving in his faith, he has overcome all temptations and hostility. This faith is emphasized by his gesture of blessing, which enabled him to ward off tempters and drive out demons (cf. fig. 5). The saint's gentle smile marks his triumph over torments and evil. Medieval viewers of these panels – possibly ergotism victims or crippled hospital inmates – must have found solace in contemplating this image. As they left the chapel, they were accompanied by the blessing of St. Anthony – a patron saint in the struggle against demons, and against St. Anthony's fire.

Zur Biografie von Albert Hofmann

Albert Hofmann, geboren am 11. Januar 1906 in Baden, Kanton Aargau, seit 1935 verheiratet mit Anita Guanella, vier Kinder.

Nach einer kaufmännischen Lehre bei der Firma Brown, Boveri & Cie (BBC) in Baden studierte er Chemie an der Universität Zürich und promovierte 1929. Anschliessend trat er in die Firma Sandoz AG in Basel ein, in deren pharmazeutisch-chemischen Forschungslaboratorien er bis 1971 tätig war. Zunächst als Mitarbeiter von Professor Arthur Stoll, dann als Gruppenleiter und die letzten 15 Jahre als Leiter der Abteilung Naturstoffe beschäftigte er sich vor allem mit der Isolierung und Synthetisierung der wirksamen Prinzipien von Arzneipflanzen. Dabei entwickelte er einige überaus erfolgreiche Medikamente, darunter Hydergin®, Dihydergot® und Methergin®.

Im Rahmen seiner Arbeit an der Synthese von Mutterkornalkaloiden produzierte er 1938 eine Reihe von Lysergsäurederivaten, darunter Lysergsäurediethylamid (LSD). Da die Substanz in Tierversuchen keine pharmakologisch interessanten Eigenschaften zeigte, wurde sie nicht weiter untersucht. Fünf Jahre später, am 19. April 1943, entdeckte Albert Hofmann dank eines Selbstversuchs die halluzinogenen Eigenschaften von LSD. Dieser Tag und Hofmanns Fahrt mit dem Fahrrad vom Labor nach Hause, begleitet von starken Halluzinationen, gingen in die Geschichte der Drogenkultur ein. Als Vater des LSD wurde Albert Hofmann weltberühmt.

Die Erforschung psychoaktiver Wirkstoffe beschäftigte ihn weiterhin. So isolierte er als Erster Psilocybin und Psilocin aus den mexikanischen Zauberpilzen *Psilocybe mexicana* und die mit LSD verwandten Indolalkaloide aus *Ololiuqui,* einer Trichterwinde.

Albert Hofmann ist Autor zahlreicher Publikationen in Fachzeitschriften und der Monographie *Die Mutterkornalkaloide* (1964). 1979 veröffentlichte er sein Buch *LSD – mein Sorgenkind. Einsichten – Ausblicke* (1986) versammelt Essays zu philosophischen Fragen. Für sein wissenschaftliches Werk wurde ihm mehrfach die Ehrendoktorwürde verliehen (Eidgenössische Technische Hochschule Zürich, Universität Stockholm und Freie Universität Berlin).

Albert Hofmann lebt heute in Burg im Leimental, nicht weit von Basel.

Albert Hofmann: a biographical sketch

Albert Hofmann, who was born in Baden (canton of Aargau) on 11 January 1906, has been married to Anita Guanella since 1935. They have four children.

After completing a commercial apprenticeship with Brown, Boveri & Cie (BBC) in Baden, Hofmann studied chemistry at the University of Zurich, receiving his doctorate in 1929. He then joined Sandoz AG in Basel, where he worked in the pharmaceutical/chemical research laboratories until 1971. First as a coworker with Professor Arthur Stoll, then as a group leader and finally – for the last 15 years of his career – as head of the natural products department, he sought in particular to isolate and synthesize the active principles of medicinal plants. In the course of his research, he produced a number of highly successful pharmaceutical preparations, including Hydergine®, Dihydergot® and Methergine®.

In 1938, while working on the synthesis of ergot alkaloids, he produced a series of lysergic acid derivatives, including lysergic acid diethylamide (LSD). As this substance did not prove to be of particular pharmacological interest in animal studies, testing was discontinued. Five years later, however, in a self-experiment conducted on April 19, 1943, Albert Hofmann discovered the hallucinogenic properties of LSD. His bicycle ride home from the laboratory on that day has passed into drug lore as the first LSD trip. Albert Hofmann subsequently became world-renowned as the father of LSD.

Pursuing his research on psychoactive compounds, he succeeded in isolating psilocybin and psilocin from the Mexican sacred mushroom *Psilocybe mexicana* and subsequently identified the active constituents of *ololiuqui* (a Mexican vine), which are closely related to LSD.

Albert Hofmann is the author of numerous scientific papers, as well as a monograph on the ergot alkaloids (*Die Mutterkornalkaloide,* 1964). In 1979, he published his autobiography *LSD – mein Sorgenkind* (English translation: LSD – My Problem Child, 1980). In 1986, a collection of philosophical essays entitled *Einsichten – Ausblicke* appeared (English translation: Insight – Outlook, 1989). Albert Hofmann has been awarded a number of honorary doctorates in recognition of his scientific achievements (by the Swiss Federal Institute of Technology/ETH Zurich, the Free University of Berlin and the Royal Institute of Technology in Stockholm).

Albert Hofmann now lives in the village of Burg, near Basel.

Die Autoren und Herausgeber

Volker Biesenbender

Volker Biesenbender, geboren 1950 in Duisburg, Nordrhein-Westfalen, ist Geiger und Hochschullehrer für musikalische Improvisation in Winterthur. Er war Schüler Yehudi Menuhins, arbeitet in verschiedenen musikalischen Zusammenhängen und hat mehrere Bücher und zahlreiche Artikel über musikpädagogische und aufführungspraktische Themen geschrieben. Volker Biesenbender ist seit 25 Jahren mit Albert Hofmann befreundet und veröffentlichte 2004 ein vielbeachtetes Interview mit ihm in der *Basler Zeitung*.

Günter Engel

Günter Engel, geboren 1941 in Saarbrücken, schloss sein Chemiestudium mit dem Diplom an der Universität in Saarbrücken ab und fertigte seine Doktorarbeit am Max-Planck-Institut für experimentelle Medizin in Göttingen an. Er erhielt 1972 den Dr. rer. nat. für das Fach Biochemie. In seinem beruflichen Werdegang von mehr als 33 Jahren in der pharmazeutischen Industrie, zuerst bei Sandoz und später bei Novartis, erforschte er die Neurotransmitterrezeptoren und stellte jodierte Radioliganden zu ihrer Charakterisierung her. Mit seinem Labor war er an der Auffindung neuer Therapien beteiligt, vor allem an der Entdeckung des Tropisetrons (Navoban®), eines Mittels gegen Erbrechen und Übelkeit. Er hatte mehrere Führungspositionen in den Bereichen Endokrinologie und Knochenstoffwechsel inne. Zurzeit ist er Projektleiter in der Business Unit Transplantation und Immunologie, wo er hauptsächlich an der erfolgreichen klinischen Prüfung einer oral aktiven Therapie gegen Multiple Sklerose beteiligt ist. Er ist Autor von mehr als fünfzig wissenschaftlichen Publikationen. Günter Engel beschäftigt sich darüber hinaus mit mittelalterlicher Kunst.

Rudolf Giger

Rudolf Giger, geboren 1943 in Mendrisio, schloss 1968 sein Studium der Organischen Chemie an der ETH Zürich mit dem Diplom ab; 1973 beendete er die Doktorarbeit an der ETH Zürich bei Professor D. Arigoni. Nach einem zweijährigen Postdoc-Aufenthalt in der Gruppe von Professor R. E. Ireland am California Institute of Technology (CALTECH) in Pasadena trat er 1975 in die Forschungsabteilung von Sandoz Pharma Basel (später Novartis) ein, wo er als Medizinalchemiker in verschiedenen Gebieten der präklinischen Forschung bis heute tätig ist (Zentralnervensystem, Serotoninprojekt, Endokrinologie, Krebs, Antikörperprojekt, kombinatorische Chemie, Ophthalmologie und Synthese von Leitverbindungen und Chemogenetik). Rudolf Giger

The authors and editors

Volker Biesenbender
Volker Biesenbender, born in Duisburg (North Rhine-Westphalia) in 1950, is a violinist, who teaches musical improvisation at the Zurich School of Music, Drama and Dance (HMT). A former pupil of Sir Yehudi Menuhin, he is active in various musical fields and has written several books and numerous articles concerned with music teaching and performance practices. In 2004, he published a widely acclaimed interview with Albert Hofmann – a friend of 25 years' standing – in the *Basler Zeitung.*

Günter Engel
Günter Engel, born in Saarbrücken in 1941, studied chemistry at the University of Saarbrücken and received his doctorate in biochemistry from the Max-Planck-Institute for Experimental Medicine in Göttingen in 1972. In a career spanning more than 33 years in the pharmaceutical industry, with Sandoz and latterly Novartis, he worked on iodinated radioligands for the characterization of neurotransmitter receptors. His laboratory was also involved in the discovery of new treatments, including in particular the antiemetic compound tropisetron (Navoban®). He held several managerial positions in Endocrinology and Bone Metabolism. He is currently Project Leader in the Business Unit Transplantation and Immunology, where he has been involved in the successful clinical testing of a new oral agent for the treatment of multiple sclerosis. As well as being the author of more than fifty scientific research papers, Günter Engel has developed a keen interest in medieval art.

Rudolf Giger
Rudolf Giger, born in Mendrisio (canton of Ticino) in 1943, graduated in organic chemistry in 1968 at the Swiss Federal Institute of Technology (ETH) in Zurich, where he also obtained his doctorate in 1973 under the supervision of Professor D. Arigoni. In 1975, after two years as a postdoc in the group of Professor R. E. Ireland at the California Institute of Technology (CALTECH) in Pasadena, he joined the Research Department of Sandoz Pharma in Basel (later Novartis). Here he remained to the present day, working as a medicinal chemist in various areas of preclinical research (e.g., Nervous System, Serotonin Task Force, Endocrinology, Cancer, Antibody Project, Combinatorial Chemistry, Ophthalmology and Lead Synthesis and Chemogenetics). Giger designed several drug candidates, e.g., CI 201 678, DCN 203-922, SDZ 205 152, SDZ NVI 085, NDD-094, and tegaserod (Zelmac®/Zelnorm®), which has now been successfully introduced. His main interests are organic synthe-

hat mehrere Entwicklungskandidaten entworfen, darunter CI 201-678, DCN 203-922, SDZ 205-152, NVI 085, NDD094 sowie Tegaserod (Zelmac®/Zelnorm®), das erfolgreich eingeführt wurde. Seine Hauptinteressen sind organische Synthese, Chemie der Naturstoffe, Biotransformationen, chemische Toxizität und kombinatorische Chemie. Von 1994 bis 2001 war er Leiter der Division Medizinische Chemie der Schweizerischen Chemischen Gesellschaft und von 1994 bis 2000 Mitglied des Vorstands der Europäischen Föderation für Medizinische Chemie.

Paul Herrling

Paul Herrling, geboren 1946 in Alexandrien, studierte Zoologie an der Universität Zürich und promovierte 1975. Nach einem Forschungsaufenthalt am neuropsychiatrischen Institut der Universität Kalifornien in Los Angeles (UCLA) trat er 1975 in die Sandoz AG ein und war in verschiedenen Positionen in der Forschung von Sandoz in Basel und Wander in Bern tätig. 1996 wurde er Head of Global Research bei Novartis Pharma und Mitglied des Pharma Executive Committee (PEC). Seit 2002 ist er Head of Corporate Research von Novartis. Paul Herrling ist Vorsitzender des neu gegründeten Novartis Institute for Tropical Diseases in Singapur, das sich für die lange vernachlässigte medizinische Erforschung tropischer Infektionskrankheiten einsetzt, hat die Aufsicht über das Friedrich Miescher Institut in Basel und das Genomics Institute der Novartis Research Foundation in La Jolla, Kalifornien, inne und ist Vorstandsmitglied verschiedener anderer Forschungsinstitute. Darüber hinaus ist er Professor für Biopharmakologie und Arzneistoffwissenschaften (Drug Discovery Science) an der Universität Basel und Full Adjunct Professor am Harold L. Dorris Neurological Research Institute des Scripps Research Institute in La Jolla, Kalifornien. Neben seiner vielseitigen wissenschaftlichen Publikationstätigkeit gehört Paul Herrling verschiedenen leitenden Gremien an, unter anderem dem Board of Trustees des Scripps Research Institute, La Jolla, dem Rat der Eidgenössischen Technischen Hochschule, Zürich, dem Board of Directors der TB Alliance und dem Scientific Advisory Committee der Initiative Drugs for Neglected Diseases (DNDi).

Werner Huber

Werner Huber, geboren 1944 in Birrhard, Kanton Aargau. Chemielaborant, seit 1965 bei Sandoz/Novartis AG in Basel im Pharmazeutischen Forschungsbereich tätig. Hobby: Naturbeobachtung und -fotografie, Schwerpunkt Schmetterlinge. Publikationen bei der Entomologischen Gesellschaft Basel, der Naturforschenden Gesellschaft Baselland, in regionalen Heimatkundebüchern und Wanderführern. Mitautor von *Schmetterlinge und ihre Lebensräume,* Band 3, Pro Natura Schweiz. Fotobeitrag zu *Lob des Schauens* von Albert Hofmann (Neuauflage, Solothurn: Nachtschatten Verlag, 2003).

sis, natural product chemistry, drug metabolism, chemical toxicity and combinatorial chemistry. From 1994 until 2001, he was Chairman of the Division for Medicinal Chemistry of the Swiss Chemical Society, and from 1994 until 2000 a member of the Executive Committee of the European Federation for Medicinal Chemistry.

Paul Herrling

Paul Herrling, born in Alexandria in 1946, studied zoology at the University of Zurich, where he received his doctorate in 1975. Having completed a postdoctoral fellowship at the Neuropsychiatric Institute of the University of California at Los Angeles (UCLA), he joined Sandoz Pharma in 1975 and held various positions in research at both Sandoz in Basel and Wander in Berne. In 1996, he became Head of Global Research at Novartis Pharma and a member of the Pharma Executive Committee (PEC). Since 2002, he has been Head of Corporate Research at Novartis. In addition, Paul Herrling is Chairman of the Board of the newly created Novartis Institute for Tropical Diseases in Singapore, which focuses on drug discovery for neglected infectious diseases. He also oversees the Friedrich Miescher Institute in Basel (Switzerland) and serves on the board of the Genomics Institute of the Novartis Research Foundation in La Jolla (California), as well as on the boards of several other research institutions. Paul Herrling is Professor of Drug Discovery Science at the University of Basel and Full Adjunct Professor at the Harold L. Dorris Neurological Research Institute of The Scripps Research Institute in La Jolla. In addition to various scientific editing activities, he serves on several boards, most notably the Board of Trustees of The Scripps Research Institute, the Board of the Swiss Federal Institute of Technology (ETH) Zurich, the Board of Directors of the TB Alliance, and the Scientific Advisory Committee of the Drugs for Neglected Diseases Initiative (DNDi).

Werner Huber

Werner Huber was born in Birrhard (canton of Aargau) in 1944. He has worked for Sandoz/Novartis AG in Basel as a chemical laboratory technician in pharmaceutical research since 1965. He is a keen amateur observer and photographer of wildlife, and butterflies in particular. He has contributed to publications of the Entomological Society of Basel (EGB) and the Natural Historians Society of Baselland (NG-BL), as well as books on regional cultural heritage and ramblers' guides. He is the co-author of a work on butterflies and their habitats (*Schmetterlinge und ihre Lebensräume*, Vol. 3, Pro Natura Schweiz). He provided the photographs for Albert Hofmann's *Lob des Schauens* (new edition, Solothurn: Nachtschatten Verlag, 2003).

Frank Petersen

Frank Petersen, geboren 1960 in Ludwigsburg, studierte Mikrobiologie an den Universitäten Hohenheim und Tübingen. Nach Abschluss seiner Dissertation am Institut für Mikrobiologie/Antibiotika bei Hans Zähner trat er 1991 der Naturstoffforschung von Ciba bei. Als Leiter der Mikrobiologie der Naturstoffgruppe führte er neue Verfahren ein in den Bereichen des chemischen Screenings, der mikrobiellen Physiologie und der EDV-unterstützten Produktionsoptimierung von Sekundärmetaboliten. 1996 bis 1998 war er Mitglied des Entwicklungsteams von Epothilon B, einem neuartigen Tubulindepolymerisationsinhibitor. Nach seiner Ernennung zum Programmleiter im Jahre 1999 und zum Leiter der Naturstoffforschung von Novartis 2001 lancierte er die Zusammenarbeit mit verschiedenen Institutionen in Afrika und Asien im Bereich der mikrobiellen Forschung. 2004 wurde er Berater der National Institutes of Health, USA, in Fragen der Naturstoffforschung. 2005 erhielt Frank Petersen eine Gastprofessur am Shanghai Institute of Materia Medica/Chinese Academy of Sciences.

Rolf Verres

Rolf Verres, geboren 1948 in Coesfeld, Nordrhein-Westfalen, hat Medizin und Psychologie in Münster, Heidelberg und Stanford/USA studiert. Er ist Facharzt für Psychotherapeutische Medizin, Ordinarius für Medizinische Psychologie und Psychotherapie und Ärztlicher Direktor des Instituts für Medizinische Psychologie an der Universität Heidelberg. Wissenschaftliche Forschungsschwerpunkte: Subjektive Krankheits- und Gesundheitstheorien, Ritualdynamik beim Gebrauch und Missbrauch psychoaktiver Substanzen, Interkulturelle Aspekte der Heilkunde. Wichtigste Buchpublikationen: *Krebs und Angst* (1986), *Die Kunst zu leben – Krebs und Psyche* (2003), *Was uns gesund macht – Ganzheitliche Heilkunde statt seelenloser Medizin* (2005). Mehrjährige Vorstandstätigkeit im Europäischen Collegium für Bewusstseinsstudien, dessen Ehrenpräsident Albert Hofmann ist. Rolf Verres ist auch künstlerisch als Pianist und Fotograf aktiv (www.rolf-verres.de). Mit Albert Hofmann verbindet ihn eine langjährige Freundschaft.

Frank Petersen

Frank Petersen, born in Ludwigsburg in 1960, studied microbiology at the universities of Hohenheim and Tübingen, Germany. After obtaining his doctorate at the Institute of Microbiology/Antibiotics under the supervision of Professor Hans Zähner, he joined the Natural Products research group at Ciba in 1991. Heading the natural products microbiology laboratory, he introduced novel approaches in chemical screening, microbial physiology and computer-assisted optimization of secondary metabolite production. From 1996 to 1998, he was a team member in the development program for epothilone B, a novel tubulin depolymerization inhibitor. Since his appointment as program leader in 1999 and as head of the Novartis Natural Products unit in 2001, he has established microbial sourcing collaborations with various institutes in Africa and Asia. In 2004, he was appointed as an advisor to the US National Institutes of Health on questions relating to Natural Products research. In 2005, Frank Petersen took up a visiting professorship at the Shanghai Institute of Materia Medica/Chinese Academy of Sciences.

Rolf Verres

Rolf Verres, born in Coesfeld (North Rhine-Westphalia) in 1948, studied medicine and psychology at Münster and Heidelberg (Germany) and at Stanford (US). He is a specialist in psychotherapeutic medicine, Professor of Medical Psychology and Psychotherapy, and Medical Director of the Institute of Medical Psychology at the University of Heidelberg. His main research interests include subjective theories of disease and health, ritual dynamics in the use and abuse of psychoactive substances, and intercultural aspects of therapeutics. He has published a number of books on topics including cancer and holistic medicine – *Krebs und Angst* (1986), *Die Kunst zu leben – Krebs und Psyche* (2003), and *Was uns gesund macht – Ganzheitliche Heilkunde statt seelenloser Medizin* (2005). He served for several years on the Board of the European College for the Study of Consciousness, of which Albert Hofmann is the Honorary President. Rolf Verres also pursues a variety of artistic interests, notably as a pianist and photographer (www.rolf-verres.de). His friendship with Albert Hofmann dates back many years.

Abbildungsnachweis

Bildarchiv der Naturstoffgruppe von Novartis AG: S. 33, 41, 46, 57 (Abb. 29), 58 (Abb. 31), 63

Bildarchiv des Organisch-chemischen Instituts der Universität Zürich: S. 37 (Abb. 11).

Bildarchiv Günter Engel: S. 174, 185, 189f., 193–196, 199f., 204–206, 209, 211f., 215

Bildarchiv Rolf Verres, Foto Rolf Verres: S. 103, 117–119

Bildarchiv Rolf Verres, Foto Simon Duttwyler: S. 97

Bildarchiv Werner Huber, Foto Albert Hofmann: S. 75

Bildarchiv Werner Huber, Foto Werner Huber: S. 74, 77–88, 90–93

Firmenarchiv der Novartis AG: S. 20f., 31, 35, 37 (Abb. 10, 12), 38, 50, 54, 130f.

Pharmaziehistorisches Museum Basel: S. 32 (Abb. 5)

Sandoz-Bulletin, Heft 100, 1992: S. 11

Schematische Darstellung Rowan Morris und Thomas Schupp: S. 67

Strukturformeln Philipp Krastel: S. 34, 40, 44f., 47f., 51, 55, 57 (Abb. 30), 58 (Abb. 32), 61, 65

Strukturformeln Rudolf Giger: S. 12–14, 16f., 19, 22f., 25

Universitätsbibliothek Basel: S. 32 (Abb. 4: aus Jean-Jacques Boissard/Théodor de Bry, Stecher, *Bibliotheca chalcographica …*, 1652–1669, Nn4)

Illustration acknowledgements

Basel University Library: p. 32 (fig. 4: from Jean-Jacques Boissard/Théodor de Bry, engraver, *Bibliotheca chalcographica …*, 1652–1669, Nn4)

Diagram by Rowan Morris and Thomas Schupp: p. 67

Novartis Company Archives: pp. 20f., 31, 35, 37 (figs 10, 12), 38, 50, 54, 130f.

Picture library of Günter Engel: pp. 174, 185, 189f., 193–196, 199f., 204–206, 209, 211f., 215

Picture library of Novartis Natural Products unit: pp. 33, 41, 46, 57 (fig. 29), 58 (fig. 31), 63

Picture library of Rolf Verres, photo by Rolf Verres: pp. 103, 117–119

Picture library of Rolf Verres, photo by Simon Duttwyler: p. 97

Picture library of the Institute of Organic Chemistry, University of Zurich: p. 37 (fig. 11)

Picture library of Werner Huber, photo by Albert Hofmann: p. 75

Picture library of Werner Huber, photo by Werner Huber: pp. 74, 77–88, 90–93

Sandoz-Bulletin, Vol. 100, 1992: p. 11

Structural formulae by Philipp Krastel: pp. 34, 40, 44f., 47f., 51, 55, 57 (fig. 30), 58 (fig. 32), 61, 65

Structural formulae by Rudolf Giger: pp. 12–14, 16f., 19, 22f., 25

Swiss Museum of the History of Pharmacy, Basel: p. 32 (fig. 5)

Schwabe Verlag Basel

**Strömung, Kraft und Nebenwirkung.
Eine Geschichte der Basler
Pharmazie**
NjBl 180 / 2002. 192 Seiten
mit 93 Abbildungen, grossenteils
in Farbe. Broschiert.
ISBN-13: 978-37965-1866-9
ISBN-10: 3-7965-1866-4

Basel und die Pharmazie sind auf innige Weise miteinander verbunden. Wohl
kaum eine andere Stadt der Welt weist eine grössere Dichte an Arzneimittel-
industrie auf. Die historischen Wurzeln dieser Entwicklung reichen tief bis ins
Mittelalter hinein.
In diesem Buch werden die Quellen und die wichtigsten Strömungen, die
die Entwicklung der Basler Pharmazie geprägt haben, beschrieben. Die
Geschichte der Medizin und der Pharmazie sind keine isolierten Fächer: Die
Kulturgeschichte, die allgemeine gesellschaftliche Entwicklung und natürlich
ganz besonders die Geschichte der Naturwissenschaften und damit auch der
Technik haben sie auf vielfältige Weise geprägt. Beispiele aus der Geschichte
der Basler Pharmazie illustrieren diese komplexen Zusammenhänge.

www.schwabe.ch

Das Signet des 1488 gegründeten
Druck- und Verlagshauses Schwabe
reicht zurück in die Anfänge der
Buchdruckerkunst und stammt aus
dem Umkreis von Hans Holbein.
Es ist die Druckermarke der Petri;
sie illustriert die Bibelstelle
Jeremia 23,29: «Ist nicht mein Wort
wie Feuer, spricht der Herr,
und wie ein Hammer, der Felsen
zerschmettert?»